DES

FORMES IMAGINAIRES

EN ALGÈBRE.

ECCE LABORA ET NOLI CONTRISTARI

DES

FORMES IMAGINAIRES

EN ALGÈBRE.

TROISIÈME PARTIE.

—

REPRÉSENTATION ALGÉBRIQUE,

A L'AIDE DE CES FORMES,

DES DIRECTIONS DANS L'ESPACE.

PAR M. F. VALLÈS,

Inspecteur général honoraire des Ponts et Chaussées, Officier de la Légion d'Honneur,
Membre de la Société philomathique, de la Société météorologique de France
et des Académies de Laon, Cherbourg et Caen.
Membre correspondant de la Société Royale des Sciences de Liége,
de la Société Royale des Sciences de Prague, de la Société Impériale des naturalistes de Moscou,
dell' Accademia pontificia de' nuovi Lincei à Rome.

PARIS,

GAUTHIER-VILLARS, IMPRIMEUR-LIBRAIRE
DU BUREAU DES LONGITUDES, DE L'ÉCOLE POLYTECHNIQUE,
SUCCESSEUR DE MALLET-BACHELIER,
Quai des Augustins, 55.

—

1876

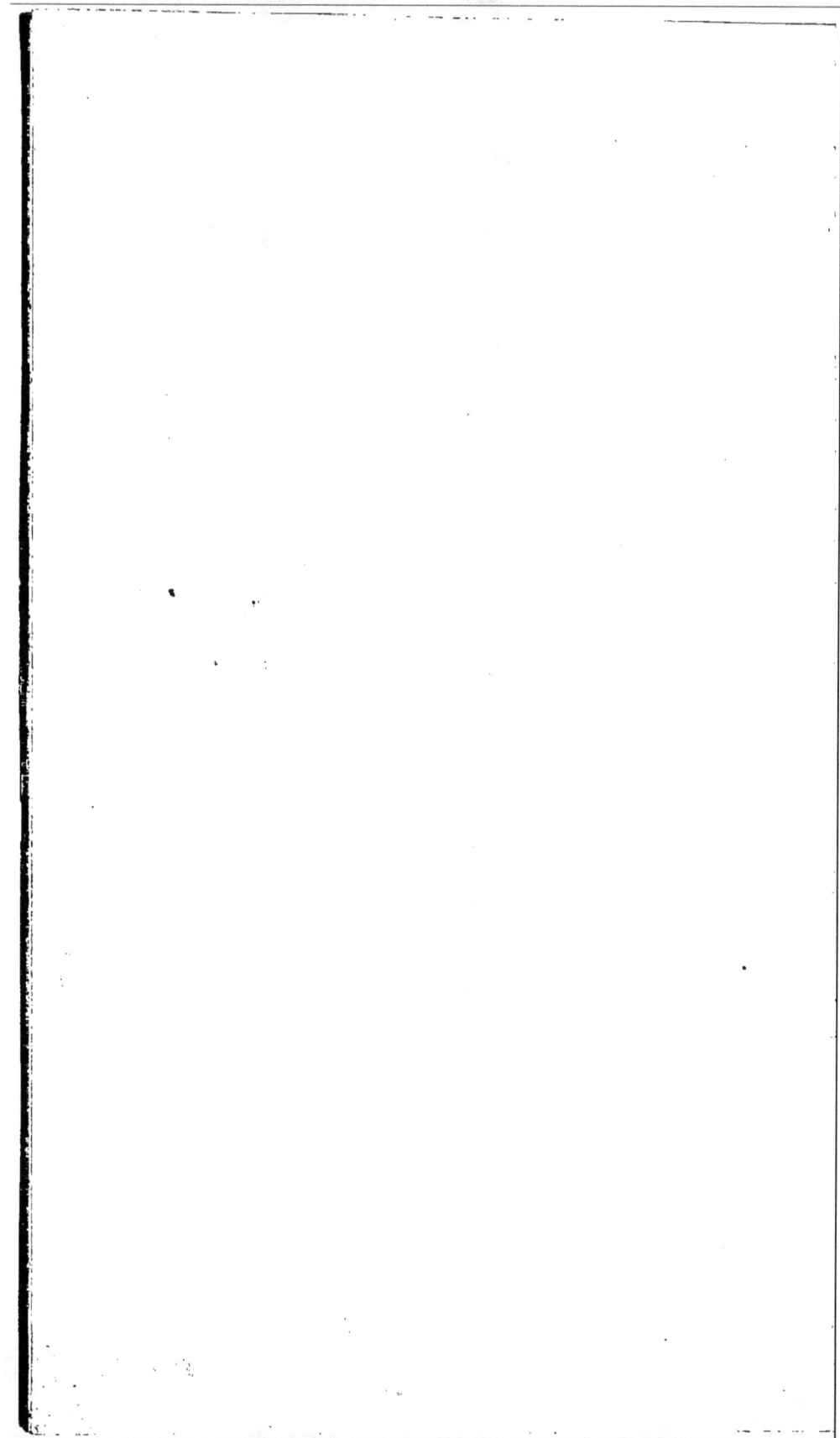

AVANT-PROPOS.

C'est pour la troisième fois que nous venons appeler l'attention du public sur la haute importance qu'il faut attribuer aux expressions imaginaires de l'Algèbre. Ce n'est pas à dire pour cela que nous nous refusions à reconnaître que ces formes ont été souvent employées par les géomètres dans leurs recherches analytiques ; leur emploi a été au contraire très-fréquent, mais rarement il a été rationnel. Le plus souvent c'est par voie de pure supposition, et sur de simples analogies plus ou moins fondées, que les expressions imaginaires ont été introduites dans les calculs ; c'est presque toujours en s'appuyant sur des bases à peu près conventionnelles qu'on a cru pouvoir édifier sinon des doctrines, cela n'était pas possible, du moins des formules auxquelles ne manquent, à coup sûr, ni le nombre ni la complication. De pareilles études témoignent sans doute d'une certaine habileté combinatoire chez leurs auteurs ; mais, l'esprit logique n'ayant pas présidé à leur établissement, nous ne pouvons voir en elles qu'un simple exercice de manipulations analytiques conduisant à des conséquences dont la vérité reste incertaine, ainsi qu'il arrive toutes les fois que la rationnalité du point de départ n'est pas établie.

Dire qu'il est à souhaiter qu'une telle manière de procéder soit abandonnée, ce n'est pas certainement contrevenir aux exigences naturelles du bon sens le plus vulgaire; demander qu'à des bases confuses et hypothétiques, s'appuyant sur des expressions auxquelles on avoue ne rien comprendre, on substitue des conceptions rationnelles, parfaitement définies, précises et vraies, il n'y a rien que de très-légitime dans l'énonciation d'un tel vœu.

La réalisation de ce projet est-elle possible? Nous n'hésitons pas à répondre à cette question par l'affirmative, et nous croyons avoir suffisamment justifié cette réponse dans nos précédentes publications.

En nous expliquant, dans la première Partie de nos études, sur l'interprétation des formes imaginaires en abstrait et en concret, il nous semble que, au point de vue algébrique, nous avons établi que, si, avec la seule idée de l'unité numérique, nous ne pouvons réaliser l'opération représentée par $\sqrt{-1}$, cette impossibilité de réalisation actuelle dans les moyens n'est pas un obstacle à la rationnalité de la présence de cette expression dans les calculs et par suite à la conception de toutes les conséquences logiques que cette présence, dûment justifiée, autorise.

C'est dans cette considération surtout qu'il faut chercher le mot de l'énigme de l'imaginaire. C'est parce que l'imaginaire intervient dans les questions comme une conséquence nécessaire, obligée, de raisonnements nets, précis, irréfutables, qu'il ne nous a jamais paru possible de soutenir qu'il était l'indice du néant, d'un non-sens, d'une convention. Telles ne sont pas, telles ne peuvent être les conclusions auxquelles l'exercice bien dirigé de notre raison peut nous conduire. L'imaginaire, liée au point de départ par les lois de la logique, est et ne saurait être qu'une émanation non moins logique de l'énoncé, qu'une véritable équivalence de cet énoncé même, présentée sous une autre forme sans doute, mais qui, quelles que soient les impossibilités de réalisation de cette forme, ne saurait être d'une nature différente de celle qui caractérise l'origine dont elle est la filiation légitime et nécessaire.

Quant à ces impossibilités de réalisation, au point de vue algébrique, elles peuvent nous arrêter dans l'exécution, mais elles ne sauraient avoir l'étrange propriété de nous entraîner à prétendre que les lois du raisonnement peuvent faire disparaître d'un énoncé la moindre parcelle de ce que nous lui avons confié. Reconnaissons par suite que dans le résultat il est impossible que nous ne retrouvions pas tout ce qui figure dans les prémisses.

Ne disons donc pas que l'imaginaire est ou une convention, ou l'indice absolu d'un néant, ou un fatal et inévitable non-sens; mais affirmons qu'il est toujours quelque chose et que ce quelque chose sera ce que la nature de la question proposée lui permettra d'être, tantôt une impossibilité si cette question est en effet impossible avec les données qui y figurent, tantôt une réalisation si la demande est conciliable avec les propriétés des quantités auxquelles elle s'applique.

A nous de chercher, dans chaque cas, ce qui se peut et ce qui ne se peut pas.

La praticabilité de l'opération $\sqrt{-1}$ est impossible, il est vrai, avec les moyens que l'Algèbre met à notre disposition; mais, s'il ne nous était permis de raisonner que sur les choses que nous sommes en mesure de réaliser nous-mêmes, il faudrait à coup sûr renoncer à l'étude de presque toutes les sciences. Le temps, la force, l'étendue sont et seront toujours, au point de vue de leur réalisation, en dehors de nos moyens d'action ; mais il suffit que les conditions essentielles de leur existence dans le monde nous soient connues pour que nous puissions nous élever à la conception des divers effets résultant de leur action, soit individuelle, soit simultanée. Dans le cours de cet écrit, nous présenterons de nouveaux développements sur cet important sujet.

En conséquence, à la condition qu'une opération, quoique inexécutable en Algèbre, intervienne *rationnellement* dans les calculs, à la condition que les causes de cette intervention soient bien déterminées, que tout ce que ces causes autorisent ou défendent soit bien défini, il sera permis à notre intelligence de scruter dans tous ses détails ce que cette intervention signifie en principe et de procéder à la détermination de ses effets.

A envisager l'Algèbre comme réduite aux seules ressources de la pluralité numérique, et par conséquent de l'unité indivisible, cette science abonde en opérations irréalisables. Dans cette hypothèse la plupart des fractions deviennent des impossibilités : il en est de même de l'extraction des racines. Or sera-ce à dire pour cela que toutes les combinaisons analytiques dans lesquelles figureront ces opérations devront d'ores et déjà être mises à l'index et que, irréalisables pour le nombre, elles le seront également pour toutes les autres quantités, à la mesure desquelles les lois et les procédés de l'Algèbre peuvent être appliqués?

Il n'est pas un géomètre qui voulût soutenir une pareille thèse; il n'en est pas un qui ne sache que, si les quantités étudiées jouissent de certaines propriétés qui n'appartiennent pas au nombre, si, par exemple, les quantités possèdent le privilége d'être *continues*, alors cet état d'incompréhension que fait naître dans notre esprit l'impraticabilité d'une division ou d'une extraction de racine disparaît entièrement; il se transforme alors en une perception très-nette, tant en théorie qu'en pratique, de ce qu'il faudra faire sur cette quantité pour obtenir le résultat indiqué par les formules, malgré les impossibilités qui figurent dans celles-ci, lorsqu'on les envisage comme s'appliquant exclusivement à l'unité numérique indivisible.

Cela posé, guidé par cette première expérience de la transformation que le principe de la continuité fait subir, au point de vue du concept, aux formules analytiques et à leurs applications, il est naturel et il ne peut être que très-utile de se demander si les autres natures d'opérations impraticables qu'on rencontre en Algèbre, les imaginaires par exemple, qui se montrent réfractaires non-seulement à l'idée de pluralité, mais encore à celle de continuité, ne seraient pas susceptibles d'être conçues pour d'autres quantités qui, mieux dotées que le nombre et que les espèces continues, jouiraient de propriétés plus nombreuses et plus étendues que celles-ci. Peut-être parmi ces propriétés nouvelles s'en trouvera-t-il quelques-unes auxquelles pourront s'adapter les formes imaginaires, et, s'il en est ainsi, ces formes, toujours analytiquement irréalisables et jusqu'alors incomprises quant à leurs effets, deviendront l'indice algébrique d'une application concrète très-possible, d'une conception aussi simple qu'inattendue.

Or cette assimilation entre les formes imaginaires de l'Algèbre et les propriétés de certaines espèces, nous l'avons trouvée dans la considération des quantités géométriques qui, outre le principe de la continuité, possèdent aussi celui de la *direction;* de telle sorte que, si, d'une part, tout ce qui dans l'Algèbre est impossible en réel pour le nombre se réalise et s'explique par l'intervention de la continuité, d'autre part, tout ce qui se rattache aux obstacles de l'imaginarité s'interprète et se comprend par la direction.

Nous n'avons pas à revenir ici sur toutes ces choses, qui ont été suffisamment expliquées dans la première Partie de nos études sur les formes imaginaires et dont nous avons présenté de nombreuses et remarquables applications dans la deuxième

Partie. Le lecteur trouvera dans ces écrits tous les développements sur lesquels s'appuie la légitimité de cette assimilation, disons mieux de cette équivalence.

Mais, dans ce premier travail, nous ne nous sommes exclusivement occupé que des directions qui sont toutes situées sur un même plan. Notre intention est aujourd'hui d'élargir la question, de lui faire acquérir toute la généralité dont elle est susceptible, d'étudier, en un mot, les directions dans l'espace, et de poser ainsi les bases des équivalences qui existent entre l'Algèbre et la Géométrie tout entière.

Disons cependant que, si nous nous en étions tenu à certains principes, depuis longtemps accrédités dans la Science, nous aurions été arrêté dès l'abord, et nous aurions dû renoncer à notre entreprise.

Pour ceux, en effet, qui admettent et proclament que toute expression imaginaire, quelle qu'elle soit, est toujours réductible à la forme simple $A + B\sqrt{-1}$, ce serait folie que de rechercher dans le domaine de l'Algèbre des formules susceptibles de représenter autre chose que les directions sur le plan; car, si l'on prétendait que de telles formules existent, on objecterait que, en vertu du principe ci-dessus, ces formules peuvent être ramenées à la forme $A + B\sqrt{-1}$ ou à son équivalente $\rho(\cos\alpha + \sqrt{-1}\sin\alpha)$, qui est et ne peut être autre chose que la longueur ρ dirigée suivant l'angle α et dans le plan même de cet angle.

Heureusement nous nous sommes toujours tenu en défiance contre l'exclusivisme du principe en question, par ce motif que toutes les démonstrations qu'on a essayé d'en donner reposent sur l'hypothèse complétement gratuite, que les formules établies sur la considération que les quantités qui y figurent sont réelles continuent d'être applicables aux cas où ces quantités deviennent imaginaires, soit que ces quantités remplissent la fonction de multiplicateurs ou d'exposants, soit qu'on les introduise sous les indices trigonométriques ou logarithmiques, soit même qu'on les considère comme représentant certains ordres de différentiation ou d'intégration. Or, comme il serait déraisonnable d'attribuer un degré de certitude quelconque à des conséquences purement déduites d'une hypothèse que rien ne justifie, nous n'avons jamais cessé, pour notre part, de considérer comme non avenu le principe de la réductibilité de toutes les formes imaginaires en une seule.

Mais nous avons fait plus : déjà, dans notre première publication, nous avions signalé les nombreuses contradictions qui résultent de ce principe. Nous revenons sur ce sujet dans la présente étude avec une nouvelle insistance, et il nous semble que, à la suite de la discussion approfondie à laquelle nous nous sommes livré, la question peut être considérée aujourd'hui comme souverainement jugée. Elle le serait, en effet, si les hommes savaient se résigner à se prononcer en dehors du cercle de leurs habitudes et des entraînements sincères, je le veux bien, mais irréfléchis, du parti pris. Heureusement les droits de la vérité sont imprescriptibles; sachons donc attendre, et leur heure viendra.

Il y a déjà fort longtemps que les bases du travail que nous adressons aujourd'hui au public ont été élaborées et arrêtées. Dans une Lettre du 10 juillet 1847, adressée à Arago, alors Secrétaire perpétuel, et communiquée par lui à l'Académie des Sciences, nous avons fait connaître l'équivalent algébrique de la double perpendicularité de l'axe des z par rapport aux axes des x et des y, et celui d'une direction située d'une manière quelconque dans l'espace. Or, après un si long temps écoulé, nous n'avons rien à retirer de ce que nous avons dit alors sur ces deux points fondamentaux de notre théorie.

On ne nous accusera donc pas d'impatience; nous espérons

qu'au contraire, dans cette longue attente, le public voudra bien voir la preuve du désir qui nous anime d'avoir moins en vue notre personnalité que les intérêts supérieurs de la Science. Pendant trente années nous nous sommes appliqué à revenir sur notre œuvre, à améliorer son plan d'exposition, à perfectionner ses détails. Peut-être même aurions-nous attendu encore; mais, indépendamment d'autres motifs sur lesquels nous nous expliquerons, l'âge est venu nous avertir que nous n'avions plus devant nous qu'un petit nombre d'années pendant lesquelles l'activité de notre esprit ne serait pas assez éteinte pour nous empêcher de soutenir sans faiblir le choc de la controverse. D'autres travaux réclament d'ailleurs une part du temps qui peut nous être dévolu. Or le père de famille se doit à tous ses enfants et ne peut sans injustice en négliger aucun.

On le voit donc, le moment est venu de mettre un terme au silence du cabinet, et de livrer à la publicité les conceptions de nos jeunes années et les labeurs non interrompus de l'âge mur.

DES

FORMES IMAGINAIRES

EN ALGÈBRE.

TROISIÈME PARTIE.

REPRÉSENTATION A L'AIDE DE CES FORMES DES DIRECTIONS DANS L'ESPACE.

CHAPITRE PREMIER.

PRINCIPE GÉNÉRAL DES PERPENDICULARITÉS DANS L'ESPACE, SOIT POUR LES DROITES, SOIT POUR LES ARCS.

SOMMAIRE. — I. Coup d'œil rétrospectif sur les directions planes. — II. Détermination de l'équivalent algébrique de la double perpendicularité. — III. Nécessité d'explications subsidiaires. — IV. L'impossibilité d'exécuter certaines opérations algébriques ne fait pas obstacle à ce qu'elles interviennent dans nos supputations. — V. Observations sur les exposants réels et imaginaires de $\sqrt{-1}$. — VI. De l'hypothèse des perpendicularités de divers ordres et de leur représentation algébrique. — VII. Objection déduite de ce que $\sqrt{-1}^{\sqrt{-1}}$ est réel. — VIII. Des arcs positifs, négatifs et perpendiculaires, de leur représentation et de celle des directions qui leur correspondent. — IX. Nécessité de bien distinguer, dans les lignes trigonométriques des arcs, ce qui concerne les longueurs de ce qui concerne les directions. — X. Le point de départ de la mesure des arcs est celui où l'axe des x rencontre la sphère de rayon unité ayant son centre à l'origine. Tous les arcs de grand cercle issus de cette origine ont leur cosinus réel. — XI. Discussion sur les erreurs commises au sujet de l'évaluation algébrique de $\cos\left(x\sqrt{-1}\right)$ et de $\sin\left(x\sqrt{-1}\right)$. — XII. Réfutation des assertions émises sur la réalité de $\sqrt{-1}^{\sqrt{-1}}$. — XIII. Le point de départ de ces assertions, la formule d'Euler, n'est qu'une hypothèse, et cette hypothèse n'est pas exacte. — XIV. Discussion à ce sujet. — XV. Examen de cette opinion, que la formule d'Euler serait non pas un théorème, mais une définition.

I.

Ainsi que nous l'avons expliqué dans l'Avant-Propos, nous nous sommes borné, dans nos précédents Ouvrages, à considérer l'attribut de direction dans l'hypothèse restreinte où les figures étudiées étaient contenues en entier dans un seul et même plan (¹).

On conçoit cependant que, au point de vue directif, la question est susceptible d'être généralisée.

Car de ce que nous possédons la conception géométrique de la direction dans l'espace, de ce que nous avons des moyens sûrs d'indiquer et de préciser une direction, de manière à la rendre distincte de toute autre, il est naturel de se demander s'il n'existerait pas en Algèbre des expressions susceptibles d'être la représentation de ces directions, c'est-à-dire des expressions qui, par les opérations algébriques qui y figureraient, deviendraient les véritables équivalents des procédés et des moyens à l'aide desquels nous parvenons en Géométrie à réaliser le tracé d'une direction.

C'est à ce nouveau point de vue que nous nous proposons maintenant d'étudier la question, de rechercher si elle est possible ou si elle ne l'est pas, et, dans le cas où elle le serait, de déterminer la nature et le nombre des opérations qui doivent figurer dans ces expressions, aussi bien que les rapports mutuels dans lesquels elles doivent s'y trouver.

Mais, afin de nous mieux diriger dans cette recherche, rappelons succinctement ce que nous avons fait lorsqu'il a été question des directions dans le plan.

(¹) Des formes imaginaires en Algèbre :

Première Partie. — Interprétation de ces formes en abstrait et en concret. In-8; Paris, 1869.

Deuxième Partie. — Intervention de ces formes dans les équations des cinq premiers degrés. Grand in-8 lithographié; Paris, 1873.

Après avoir remarqué qu'une droite, passant par un point fixe du plan, peut prendre diverses positions autour de ce point, nous avons constaté d'abord que, ayant fait choix d'une quelconque de ces directions pour point de départ, la construction d'un premier angle droit nous a conduit à la direction perpendiculaire à celle de base ; puis qu'un deuxième angle droit, construit à la suite du précédent, nous a fait passer à la direction inverse de la première, soit à -1 ; qu'un troisième angle droit, venant à la suite des deux autres, fait aboutir au négatif de la perpendiculaire ; qu'enfin, avec un quatrième angle droit, on est ramené exactement sur la direction primitive, et l'on peut ensuite reproduire indéfiniment la même série.

Ces faits géométriques ainsi constatés, nous nous sommes demandé s'il n'existerait pas en Algèbre une expression x jouissant de la propriété que ses diverses puissances reproduiraient exactement les mêmes résultats que cette succession d'angles droits, c'est-à-dire des puissances telles qu'on eût

$$x^2 = -1, \quad x^3 = -x; \quad x^4 = 1, \quad x^5 = x, \ldots$$

Or on reconnaît sans peine que c'est là la propriété caractéristique de $\sqrt{-1}$, de sorte que l'opération $\sqrt{-1}$, irréalisable en Algèbre avec la seule idée de nombre, représente celle qui, en Géométrie, consiste à faire un angle droit : elle devient ainsi l'équivalent de la perpendicularité, et ses diverses puissances sont tout à fait aptes à représenter cette perpendicularité dans toutes ses répétitions successives.

Ce premier fait établi, nous avons démontré sans peine que $\cos\alpha + \sqrt{-1}\sin\alpha$ doit représenter la direction d'une droite qui fait avec celle de base un angle α, et ensuite que le binôme $a + b\sqrt{-1}$, qui peut se mettre sous la forme

$$r(\cos\alpha + \sqrt{-1}\sin\alpha),$$

représentera cumulativement une longueur r dirigée suivant l'angle α, de sorte que, dans cette expression, r figure l'élément *continu* et $\cos\alpha + \sqrt{-1}\sin\alpha$ l'élément *directif*.

Nous avons ensuite fait remarquer que, la base de ces recherches étant que l'assimilation entre les procédés de l'Algèbre et ceux de la Géométrie se fait par les puissances dans la première, alors que les angles ou arcs marchent par voie d'addition dans la seconde, il est nécessaire que l'expression algébrique des directions par rapport aux arcs puisse se faire par une exponentielle de ces arcs.

Et, en effet, puisqu'on a identiquement

$$\cos\frac{\pi}{2} + \sqrt{-1}\sin\frac{\pi}{2} = \sqrt{-1},$$

il viendra, en extrayant la racine $\frac{\pi}{2}$,

$$\cos 1 + \sqrt{-1}\sin 1 = \sqrt{-1}^{\frac{1}{\frac{\pi}{2}}},$$

et, en élevant à la puissance α,

$$\cos\alpha + \sqrt{-1}\sin\alpha = \sqrt{-1}^{\frac{\alpha}{\frac{\pi}{2}}}.$$

On peut d'ailleurs donner au second membre les formes successives $(-1)^{\frac{\alpha}{\pi}}$, $(+1)^{\frac{\alpha}{2\pi}}$ et plus généralement $(+1)^{\frac{\alpha}{2k\pi}}$, k étant un nombre entier quelconque.

II.

Ces principes rappelés, passons à l'étude des directions dans l'espace.

Pour simplifier à la fois le discours et les conceptions, appelons la ligne de base *axe des x*, sa perpendiculaire *axe des y*, ainsi qu'on a coutume de le faire, et donnons le nom d'*axe des z* à une direction perpendiculaire aux deux précédentes. La question est de savoir si ce dernier axe, résultat d'une double perpendicularité, peut, au point de vue de sa direction, avoir une représentation algébrique.

Nous devrons d'abord observer que, d'après ce qui a été

établi pour les directions planes, les perpendiculaires à l'axe des x, dans le plan des xy, ont pour représentant algébrique $\sqrt{-1}$.

Nous remarquerons, en second lieu, que, dans ce même plan, une direction quelconque, faisant un angle α avec l'axe des x, est représentée par $\cos\alpha + \sqrt{-1}\sin\alpha$, et que, réciproquement, il n'existe pas un cas particulier de cette forme qui ne convienne à une direction tracée sur ce plan. Il résulte de là que cette sorte d'expression est impropre à nous faire sortir du plan, et par suite à nous conduire vers le but que nous nous proposons d'atteindre. Il faut donc chercher autre chose, et ce quelque chose doit être franchement distinct de la forme ci-dessus.

D'ailleurs, puisque, dans le cas précédent, celui de la perpendicularité simple, c'est par les puissances que l'assimilation avec l'Algèbre s'est faite, on est conduit à penser, et l'on est même forcé d'admettre que ce ne saurait être en dehors des puissances qu'on doit chercher ce qui peut concerner la représentation algébrique de la perpendicularité dans l'espace; car, pour tant que celle-ci soit dans l'espace, elle n'en est pas moins dans le plan des yz, par exemple, et il faut bien que, dans ce plan, nous puissions retrouver les lois qui régissent les perpendicularités, lois qui, nous le répétons, consistent en ce que l'assimilation avec l'Algèbre se fait par les puissances.

Seulement, tandis que, dans le plan des xy, c'est en partant d'une ligne de base sur laquelle se comptent les directions $+1$ et -1 que nous sommes arrivé à celle des y, dans le plan des yz, nous devons partir des directions $+\sqrt{-1}$ et $-\sqrt{-1}$ pour arriver à celle des z, et c'est par cette nouvelle voie que nous devons tâcher de trouver le lien susceptible de rattacher $+\sqrt{-1}$ à $-\sqrt{-1}$. Cette considération, jointe à la précédente, nous conduit à peu près nécessairement à écrire que ce que nous cherchons doit être de la forme $\sqrt{-1}^{\tau}$, sous la condition toutefois que τ ne sera pas réel; car, s'il l'était, nous resterions évidemment dans le plan des xy, puisque toutes les puissances réelles de $\sqrt{-1}$ appartiennent à des directions situées dans ce plan.

Parvenu à ce point, et remarquant qu'il s'agit de se renseigner sur la forme d'un exposant affectant $\sqrt{-1}$, il devient apparent que nous serons bien plus facilement conduit à trouver ce que nous cherchons, si le point de départ $\sqrt{-1}$ et le point d'arrivée $-\sqrt{-1}$, si, disons-nous, ces deux extrêmes, dont $\sqrt{-1}^{\tau}$ est l'intermédiaire, sont eux-mêmes exprimés par des puissances de $\sqrt{-1}$; la comparaison doit alors devenir, pour ainsi dire, concluante par elle-même; cela est facile pour $\sqrt{-1}$, que nous pouvons écrire $\sqrt{-1}^{+1}$; cela n'est pas aussi immédiat, mais n'est guère plus difficile pour $-\sqrt{-1}$, qui est égal à $\sqrt{-1}^{-1}$.

Mais, au point de vue des puissances, que voyons-nous maintenant? Qu'une première perpendicularité sur l'axe des y étant représentée par $\sqrt{-1}^{\tau}$, la seconde perpendicularité le sera par $\sqrt{-1}^{\tau^2}$, et, puisque celle-ci doit nous conduire aux y négatifs, il faudra que τ soit tel que son carré devienne -1. Or c'est encore là la propriété caractéristique de $\sqrt{-1}$; d'où il suit que le représentant algébrique de l'axe des z doit être $\sqrt{-1}^{\sqrt{-1}}$.

On aura donc successivement, dans le plan des yz, savoir :

Pour l'axe des z..... $\sqrt{-1}^{\sqrt{-1}}$,

Pour les y négatifs.. $\sqrt{-1}^{(\sqrt{-1})^2} = \sqrt{-1}^{-1} = -\sqrt{-1}$,

Pour les z négatifs.. $\sqrt{-1}^{(\sqrt{-1})^3} = \sqrt{-1}^{-\sqrt{-1}} = -\sqrt{-1}^{\sqrt{-1}}$,

Pour les y positifs... $\sqrt{-1}^{(\sqrt{-1})^4} = \sqrt{-1}$,

et ainsi de suite.

Telle est la série de déductions qui, depuis fort longtemps, nous a conduit à la constatation de ces résultats, qui sont la clef de la représentation algébrique des directions dans l'espace. Si nous n'avons pas publié nos idées à cet égard, c'est que nous rencontrions tant de répulsion, ou d'indifférence, si l'on veut, à accueillir ce qui se rapporte aux directions dans un plan, que nous nous sommes toujours demandé si nous pouvions espérer d'obtenir, pour ce qui est plus complexe, une attention qu'on semblait peu disposé à accorder à des conceptions beaucoup plus simples.

Il se peut aussi que, pour ce qui s'applique à ce sujet, comme pour tant d'autres idées, le moment de la maturité ne fût pas encore venu. Il nous a donc paru sage d'attendre, espérant toujours en des temps meilleurs. Peut-être même attendrions-nous encore, malgré les années qui nous pressent, si le mouvement intellectuel qui se fait aujourd'hui ne nous avait fait craindre que l'initiative vînt de l'étranger, et que notre pays perdît ainsi le bénéfice de s'être fait entendre le premier.

III.

Avant d'aller plus loin dans ces recherches, il n'est pas inutile de présenter quelques observations subsidiaires.

C'est surtout lorsque l'ordre d'idées sur lesquelles est fondée une théorie présente un caractère non équivoque de nouveauté, et même d'étrangeté pour un grand nombre d'esprits, lorsque, par conséquent, ces esprits sont naturellement disposés à ne l'admettre qu'à très-bon escient et sous la réserve des preuves les plus solides, c'est surtout alors, disons-nous, qu'il importe de ne pas se montrer avare d'explications, et de faire voir que quelque nouveaux, quelque étranges que paraissent au premier abord les faits mathématiques qui servent de base à cette théorie, ils n'en sont pas moins en liaison intime, et de tout point rationnels, avec les principes fondamentaux généralement prouvés et reconnus comme d'incontestables vérités dans la science à laquelle la théorie en question doit se rattacher.

La nécessité de ces explications devient encore plus grande lorsque, à la suite des faits exceptionnels révélés par la nouvelle théorie, et restés inaperçus jusqu'alors, viennent se placer des conséquences en contradiction manifeste avec certaines propositions qui ne sont qu'accessoires, il est vrai, qui, en outre, ne sont établies que par voie d'analogie et non sur des raisonnements sérieux, mais qui, s'appuyant sur des croyances à peu près générales, exigent, pour être extirpées, un insistance toute particulière.

C'est par ces divers motifs que nous avons cru devoir présenter les explications de détail qui vont suivre.

IV.

Qu'il nous soit d'abord permis de reproduire ici certaines idées déjà exposées, il est vrai, dans notre Ouvrage sur les principes qui régissent les formes imaginaires, mais sur lesquelles il y a intérêt à revenir toutes les fois que de nouvelles espèces algébriques viennent se présenter dans nos recherches.

Quelle que soit l'impossibilité dans laquelle nous nous trouvons d'attacher une idée de réalisation à l'opération $\sqrt{-1}$, lorsqu'il s'agit de l'appliquer à la seule considération de l'unité numérique ou d'une collection quelconque de ces unités, c'est-à-dire au nombre, il ne nous est pas toutefois interdit de comprendre que, même dans ce cas, il est tels usages de cette opération dont nous pourrons avoir l'intelligence dans les calculs et dont nous pourrons tirer profit, pourvu que ces usages ne s'écartent ni des règles que l'Algèbre impose au calculateur, ni de la définition mathématique de $\sqrt{-1}$.

Il n'est pas inutile de présenter à ce sujet quelques observations, et de faire voir qu'à tout instant, sans hésitation, c'est précisément ainsi que nous en agissons pour une foule d'opérations, différentes sans doute de celle représentée par $\sqrt{-1}$, mais qui, par rapport au nombre, ne sont pas moins impossibles qu'elle.

Supposons, par exemple, qu'on mette à notre disposition 13 boules et 3 urnes, qu'on nous propose de distribuer ces boules entre les urnes, de manière que chacune de celles-ci contienne le même nombre de boules, et qu'on demande quel doit être ce nombre.

Pour résoudre cette question, il faudra diviser 13 par 3, et, par conséquent, $\frac{13}{3}$ sera le nombre de boules demandé; mais, comme $\frac{13}{3}$ est une opération impossible avec la seule idée de nombre, nous nous trouvons en présence d'un empêchement absolu.

On change alors le nombre de boules, on le porte à 20, et l'on demande d'appliquer la même opération à cette nouvelle donnée. Ici encore nous nous trouvons en présence d'un nouvel empêchement, parce que le nombre de $\frac{20}{3}$ boules demandé comporte une opération non moins impossible à réaliser sur le nombre que la précédente.

Voilà donc deux impossibilités numériques $\frac{13}{3}$ et $\frac{20}{3}$ bien constatées.

Est-ce à dire pour cela que nous devrons nous abstenir à tout jamais de faire intervenir dans les calculs ces impossibilités, et que, par cela seul qu'elles sont irréalisables par elles-mêmes, nous devrons nous interdire d'en faire usage ?

Il n'est pas un calculateur qui ne s'empresse de repousser une telle conclusion ; car l'admettre, ce serait s'interdire de raisonner sur les inconnues des problèmes, puisque, lorsqu'on cherche à mettre ceux-ci en équation, on ne sait pas encore si les inconnues représenteront des choses possibles ou impossibles.

Si maintenant, dans l'espèce actuelle, on nous demande quel sera le nombre uniforme de boules que contiendra chaque urne après qu'on y aura mis le tiers de l'un et de l'autre tas, nous n'hésiterons pas à dire, quelle que soit l'impossibilité respective de $\frac{13}{3}$ et de $\frac{20}{3}$, que le nombre demandé doit être la somme de ces deux impossibilités, c'est-à-dire $\frac{13}{3} + \frac{20}{3}$ ou $\frac{33}{3}$, et que par conséquent ce nombre est égal à 11.

On voit, par cet exemple fort simple, que les impossibilités algébriques, à la condition toutefois qu'elles comporteront une définition mathématique, peuvent devenir d'utiles instruments de calcul ; que si, considérées en elles-mêmes et indépendamment de l'*usage* qu'on en pourra faire, elles constituent des empêchements, ces empêchements ne sauraient être considérés comme absolus. Cela tient, ainsi que nous venons de le voir dans l'exemple cité, à ce que ces empêchements qui résultent d'opérations actuellement inexécutables peuvent, suivant la nature des calculs autorisés auxquels on les soumet ultérieurement, être dénoués par les opérations nouvelles détruisant les obstacles introduits par les premières et nous ramenant ainsi dans le domaine des choses possibles.

Sans doute cela n'arrivera pas toujours : ce sont là des effets qui dépendront évidemment de la nature particulière de ces nouvelles opérations ; car quelquefois celles-ci ne feront qu'ajouter un empêchement de plus à l'empêchement initial, tandis que d'autres fois, au contraire, elles feront disparaître celui-ci. Nous venons de présenter un exemple fort simple de ce dernier cas ; mais si, au lieu de porter à 20 la seconde collection de boules, nous l'avions constituée avec 19 seulement, alors, aux deux empêchements primitifs $\frac{13}{3}$ et $\frac{19}{3}$, nous aurions eu à en ajouter un troisième $\frac{32}{3}$.

En résumé, l'on voit qu'une expression rendue impossible par le fait d'une opération algébrique, inexécutable sur l'espèce dont on s'occupe, ne saurait, par cela même, être frappée d'interdiction pour le calcul, c'est-à-dire pour d'autres opérations ; parce que la nature de celles-ci peut être telle qu'elle entraîne l'annulation de l'opération productrice de l'empêchement initial, et, comme c'est là une chose que nous ne pouvons savoir d'avance, il n'y a rien que de rationnel à en faire l'essai.

Or ce que nous acceptons, ce que nous pratiquons à tout instant pour les empêchements résultant d'opérations que nous sommes convenus de considérer comme réelles, doit tout aussi bien s'appliquer à celle qu'il nous a plu d'appeler *imaginaire*, parce que, comme les autres, celle-ci fait partie du domaine de l'Algèbre, parce que, comme elles, elle possède aussi sa définition mathématique.

Par conséquent, sous la condition toute naturelle d'obéir à ce qu'exige cette définition, nous pouvons en faire un instrument de calcul et la soumettre à de nouvelles opérations, sous cette seule réserve, que l'usage de ces opérations sera conforme aux règles que l'Algèbre autorise et prescrit.

Cela posé, si la présence de $\sqrt{-1}$ dans $a\sqrt{-1}$ soumet le nombre a à une opération irréalisable et le place dans un état actuel d'impossibilité, cela n'empêchera pas de comprendre que le produit de $a\sqrt{-1}$ par $a\sqrt{-1}$, si on l'exécute conformément à ce qu'exige la définition de $\sqrt{-1}$ et aux règles qu'autorise l'Algèbre, me donnera pour résultat $-a^2$, de telle sorte que, tout en reconnaissant que l'adjonction factorielle de $\sqrt{-1}$ à a crée une véritable impossibilité numérique, cette adjonction n'en possède pas moins le privilége, au point de vue des lois algébriques, de changer le signe du carré de a, propriété précieuse dans toutes les questions en grand nombre où ce n'est pas la racine elle-même, mais son carré qu'on a intérêt à connaître.

Nous pouvons en dire autant de l'opération qui consiste à élever le nombre à la puissance imaginaire $\sqrt{-1}$. Certes, je n'ai aucun moyen avec la simple conception de ce qu'est le nombre d'interpréter l'opération $a^{\sqrt{-1}}$; mais il est tel usage de cette expression, tout impossible qu'elle est, dont il me sera permis d'avoir la parfaite intelligence et de tirer profit dans certaines occasions. Ainsi, lorsque, dans une question qui m'a conduit à chercher la valeur de a^m, je constate que m est égal à $\sqrt{-1}$, je me trouverai momentanément dans l'impossibilité de savoir quelle signification il faut attribuer à une telle expression; mais si, dans cette question, il arrive que ce n'est pas de a^m, mais de a^{m^2}, que je dois faire usage pour obtenir un certain résultat, l'impossibilité première, au point de vue de cet usage, conduit à $a^{(\sqrt{-1})^2}$ ou a^{-1}, et enfin à $\frac{1}{a}$, résultat parfaitement compréhensible, bien que $a^{\sqrt{-1}}$ ne le soit pas.

Or c'est précisément là le problème que nous avons eu à résoudre lorsque, des y positifs représentés par $\sqrt{-1}$, nous avons voulu passer, par la voie de la perpendicularité des z, aux y négatifs représentés par $\frac{1}{\sqrt{-1}}$, c'est-à-dire de $\sqrt{-1}$ à son inverse. Cela nous a conduit dans cette espèce, comme nous venons de le constater pour le cas général, à faire usage de l'exposant $\sqrt{-1}$, imaginaire il est vrai, mais dont le carré se dénoue en réel.

Peut-être s'étonnerait-on moins de tout ce que nous disons ici, si l'on voulait bien réfléchir que, dans maintes et maintes occasions, les choses de ce monde ne se passent pas autrement, soit au physique, soit au moral.

Certes, les progrès de l'humanité seraient fort loin de l'état d'avancement dans lequel ils se trouvent aujourd'hui, si les hommes de génie qui nous ont précédés n'avaient pu raisonner et agir que sur les choses dont la conception nette et entière leur aurait été préalablement acquise.

Est-ce que Newton avait conscience de ce que doit être ce qu'il a appelé l'*attraction* lorsqu'il formulait des lois aussi régulières, aussi positives en fait que l'attraction est incertaine dans son essence ?

Qui de nous pourrait affirmer qu'il possède des notions complètes et précises sur la constitution intime de la chaleur, de la lumière, de l'électricité, de toutes les forces en général? Et cependant ne faisons-nous pas un usage journalier de toutes ces choses, quelque impénétrable que demeure leur essence, et ne sommes-nous pas parvenus à réglementer en grande partie les conditions de cet usage ?

Au point de vue de l'équilibre vital, l'influence du moral sur le physique est indéniable ; mais ce qu'est cette influence par elle-même nous l'ignorons complétement. Cela ne nous empêche pas cependant de chercher à la diriger, soit pour la combattre quelquefois, soit dans d'autres circonstances pour en tirer profit.

Enfin qui pourrait expliquer ce que sont, dans leur nature propre, les sentiments de sympathie qui rapprochent les personnes et ceux d'antipathie qui les éloignent, sentiments qui, parvenus à leur paroxysme, et que nous appelons alors l'*amour* ou la *haine,* sont les mobiles les plus déterminants, les plus énergiques des actes de la vie humaine? Personne assurément ne pourra mettre à jour l'essence de ces sentiments, et cependant ce sujet, plus que tout autre peut-être, est et sera l'éternel objet de nos plus profondes méditations.

On le voit donc, l'ignorance dans laquelle nous pouvons être des causes premières n'est pas un obstacle à l'exercice du raisonnement. Cet exercice est un droit naturel que le don de l'intelligence assure à l'homme et en vertu duquel, au milieu des plus profonds mystères, viennent resplendir de magnifiques clartés; cet exercice se pratique, quelle que puisse être l'essence même des causes, d'abord par la connaissance des effets nécessaires et immédiats qu'elles produisent, et ensuite par l'étude des conséquences diverses et non moins nécessaires qui découlent de ces faits primitifs.

Qu'importe au navigateur d'être édifié sur la cause originelle du vent qui le pousse et sur l'essence de cette force? Il lui suffit de connaître ses directions successives pour interroger son intelligence sur les usages incessants qu'il en doit faire et arriver ainsi au but qu'il se propose d'atteindre.

Revenant maintenant à l'objet spécial qui nous occupe, nous pourrons affirmer que les impossibilités, les incompréhensions algébriques, qu'elles soient réelles ou imaginaires, mais sous la condition qu'elles seront mathématiquement définies, c'est-à-dire que leurs effets dans les calculs seront bien précisés, que ces impossibilités, disons-nous, seront dans tous les cas de précieux instruments de recherches, et qu'avant de les condamner, dès leur apparition, comme des empêchements absolus, il faut, dans chaque question, s'enquérir de l'usage qu'on en doit faire, car, suivant la nature de cet usage, l'empêchement pourra ou persister ou complétement disparaître.

En un mot, la présence d'une impossibilité, dans le cours des calculs auxquels une question donne lieu, ne préjuge rien sur la solubilité ou l'insolubilité finale de celle-ci. Tant que les opérations voulues par l'état de la question ne sont pas consommées, il n'est pas permis de se prononcer.

V.

Revenons maintenant avec quelques détails sur cette faculté remarquable que possède $\sqrt{-1}$, soit par ses puissances réelles, soit par son emploi en qualité d'exposant, de représenter les perpendicularités de toute sorte et leurs évolutions, et de consacrer ainsi entre l'Algèbre et la Géométrie le principe d'une assimilation beaucoup plus complète, beaucoup plus étendue que celle qu'on a entrevue jusqu'à présent.

Lorsque dans la recherche à laquelle nous venons de procéder pour la perpendicularité dans l'espace, nous avons été conduit à reconnaître que ce qui fait l'objet de nos investigations doit être représenté par $\sqrt{-1}^{\tau}$, nous avons eu soin d'appeler l'attention du lecteur sur cette circonstance que, sous peine de rester confiné dans le plan des xy, il fallait que τ ne fût pas réel, puisque, dans le cas de la réalité de τ, toute expression de la forme $\sqrt{-1}^{\tau}$ appartient nécessairement à une direction située sur ce plan.

Par exemple, parce que $-\sqrt{-1}$ est égal à $\sqrt{-1}^{3}$, nous n'aurions pas pu dire, après avoir constaté que $\sqrt{-1}^{\tau^2}$ doit nous conduire à $-\sqrt{-1}$, que l'on doit avoir $\tau^2 = 3$, d'où $\tau = \sqrt{3}$. Sans doute ce résultat est vrai ; il exprime en effet que la direction $-\sqrt{-1}$ qui correspond à l'angle de 270 degrés peut s'obtenir par celle qui résulte de la répétition de l'angle de 135 degrés; mais cela ayant lieu et ne pouvant avoir lieu que dans le plan des xy ne nous aurait rien appris de plus que ce que nous savons déjà. Une pareille solution ne pouvait donc nous convenir, puisqu'elle nous maintient dans un plan duquel nous cherchons à sortir. Il nous en fallait une seconde tout à fait distincte de la première et susceptible d'exprimer avec des formes nouvelles des faits géométriques nouveaux. Si cette solution n'avait pas existé, dans les conditions pressenties et ci-dessus exprimées, nous aurions dû renoncer à l'espoir de donner à la perpendicularité des z une représentation algébrique. Or ce qui est vraiment digne d'intérêt, c'est que non-seulement cette solution existe, mais encore que c'est dans l'expression qui déjà nous a permis de représenter le premier ordre de perpendicularité que nous trouvons les moyens d'obtenir l'équivalent algébrique de la perpendicularité du second ordre.

Nous devons d'ailleurs placer ici une remarque, sans laquelle notre argumentation pourrait paraître incomplète.

Au point de vue géométrique, il y a une infinité de manières d'aller dans l'espace des y positifs aux y négatifs, en faisant deux angles droits ; car toute ligne qui, partant de l'origine, est située dans le plan des xz, est perpendiculaire à l'axe des y et indique, par conséquent, une des voies qu'on peut suivre pour parvenir de $+y$ à $-y$ par une double perpendicularité. Or il importe de faire voir que, sinon explicitement, du moins implicitement, c'est bien à celle de ces lignes qui appartient au plan des yz, c'est-à-dire à l'axe des z, que conviennent nos raisonnements.

En effet, nous venons de rappeler que toutes les solutions possibles de la question qui nous occupe sont des lignes partant de l'origine et situées dans le plan de xz. Elles constituent donc, dans ce plan, l'ensemble des directions qu'on peut y tracer autour du point O. Or, de ce qui a été établi pour l'expression des directions dans un plan, il résulte que si, dans celui des xz, on prend l'axe des x comme ligne de base et dans l'hypothèse où $\sqrt{-1}$ représente la perpendicularité de l'axe des z, la direction d'une ligne quelconque, faisant avec celle de base un angle β, sera représentée à son tour par une expression de la forme

$$\cos\beta + \sqrt{-1}\sin\beta.$$

Or celles-ci ne jouissent de la propriété de devenir perpendiculaires aux x, et d'être par conséquent l'axe des z, que lorsque β est égal à un angle droit, et comme, dans ce cas, l'expression ci-dessus se réduit à $\sqrt{-1}$, on voit que c'est bien en effet à la direction même de l'axe des z que nos raisonnements ont été appliqués.

VI.

Cette souplesse d'assimilation avec les perpendicularités géométriques, que possèdent $\sqrt{-1}$ et ses puissances réelles et imaginaires, ne saurait passer inaperçue. Quel que soit l'accueil qu'on voudra lui faire dans le présent, il ne nous paraît pas possible qu'elle n'ait pas un jour raison de l'antipathie de certains préjugés. Elle établit entre l'Algèbre et la Géométrie une liaison trop intime pour que tôt ou tard un fait d'une si haute importance n'occupe pas dans la Science une place qui lui est nécessairement réservée.

Nous pouvons même dès à présent faire un pas de plus dans cet ordre de considérations. Sans approfondir complétement ce sujet, nous lui réserverons quelques explications destinées à en faire bien comprendre la portée.

Si, dans l'ordre naturel géométrique, il nous est interdit d'aller au delà de trois axes perpendiculaires entre eux, rien n'empêche l'esprit d'avoir la conception d'une succession de perpendicularités, enchaînées les unes aux autres par des lois de même forme et de même nature que celles qui lient les premières entre elles. Consacrons quelques explications au développement de cette pensée.

Nous avons vu que pour une seule droite, axe des y, perpendiculaire à une autre, axe des x, le symbole algébrique de la perpendicularité est caractérisé par $\sqrt{-1}$, expression qui jouit de cette propriété, que sa répétition, par voie de multiplication, produit le résultat -1, de même que la double répétition de l'angle droit, à partir d'une direction, conduit à la direction inverse.

Pour une nouvelle droite, axe des z, perpendiculaire à deux autres déjà caractérisées chacune par $+1$ et $\sqrt{-1}$, le symbole de la double perpendicularité ne se borne pas à $\sqrt{-1}$, mais à la puissance $\sqrt{-1}$ de cette expression. Or ce symbole $\sqrt{-1}^{\sqrt{-1}}$ doit jouir de cette propriété que, par rapport à la caractérisation des y, déjà faite par $\sqrt{-1}$, l'opération à l'aide de laquelle on passe de $\sqrt{-1}$ à $\sqrt{-1}^{\sqrt{-1}}$ étant doublement répétée, doit conduire à l'expression $-\sqrt{-1}$; de même que la double répétition de l'angle droit, à partir de y et dans un plan perpendiculaire à x, conduit à la direction des y négatifs.

Cela posé, continuant, au point de vue abstractif, cette loi de transmission et de dépendance des perpendiculaires les unes par rapport aux autres, nous pouvons supposer une quatrième droite, axe de v, à la fois perpendiculaire aux trois précédentes et contenue avec l'axe des z dans un plan qui serait en même temps perpendiculaire aux y et aux x, sans toutefois se confondre ni avec l'une ni avec l'autre de ces coordonnées.

Or, dans ce plan des zv, où déjà les z sont représentés par $\pm\sqrt{-1}^{\sqrt{-1}}$ par rapport aux x et aux y, comment seront représentés les v par rapport aux z, et, par suite, par rapport aux autres coordonnées?

Nous nous dispenserons de répéter ici les raisonnements à l'aide desquels nous avons déjà établi, dans ce qui précède, qu'il est impossible pour cela d'exécuter sur $\sqrt{-1}^{\sqrt{-1}}$ une modification de même nature que celles déjà introduites dans le cours de ces recherches, et d'élever, par conséquent, l'exposant $\sqrt{-1}$ à une puissance quelconque réelle. En agissant ainsi, nous ne sortirions pas de la représentation d'une direction à trois ordonnées, tandis que nous voulons nous élever à un ordre supérieur, c'est-à-dire à la direction à quatre ordonnées pour laquelle, ou il n'existera pas de forme d'écriture possible, ou il existera une forme nouvelle nécessairement distincte des précédentes.

Cela posé, et sans de plus amples explications, qui ne seraient qu'une répétition de ce qui a été déjà dit, on sera naturellement conduit, pour l'essai qu'on se propose, à faire usage du symbole $[\sqrt{-1}]^{\sqrt{-1}^{\tau}}$ complétement différent des précédents si τ n'est pas réel.

Admettons, en conséquence, que le symbole $[\sqrt{-1}]^{\sqrt{-1}^{\tau}}$ représente, dans les conditions ci-dessus énoncées, la direction des ordonnées v perpendiculaires aux z et en même temps aux x et aux y.

Si donc, dans le plan des zv, pour passer de z à son angle droit ou à v, il faut dans $\sqrt{-1}^{\sqrt{-1}}$ élever à la puissance τ l'exposant $\sqrt{-1}$, on en conclura que, pour passer ensuite de v à son angle droit, il faudra une seconde fois élever cet exposant à la même puissance τ, ce qui donne $[\sqrt{-1}]^{\sqrt{-1}^{\tau^2}}$. Or, comme après cette double perpendicularité nous tombons sur les z négatifs représentés par $-\sqrt{-1}^{\sqrt{-1}}$, il faudra, pour qu'il y ait accord entre l'Algèbre et notre conception, qu'on ait

$$[\sqrt{-1}]^{\sqrt{-1}^{\tau^2}} = -\sqrt{-1}^{\sqrt{-1}};$$

mais, parce que $-\sqrt{-1}$ est égal à $\sqrt{-1}^{-1}$, le second membre devient $\sqrt{-1}^{-\sqrt{-1}}$. Égalant alors les exposants, il vient

$$\sqrt{-1}^{\tau^2} = -\sqrt{-1},$$

et il s'agira maintenant de trouver la valeur de τ qui satisfait à cette condition.

Or on reconnaîtra facilement que celle-ci est l'exacte reproduction de celle que nous avons déjà obtenue pour la perpendicularité des z, et que, par suite, elle donnera comme elle pour τ la valeur $\sqrt{-1}$.

Concluons donc que, si trois perpendicularités successives et distinctes x, y, z, v par rapport à la direction primitive des x étaient possibles en Géométrie, comme le sont les deux y et z, et si la troisième v obéissait au même ordre de conditions qui régit les premières, la représentation algébrique de cette dernière s'obtiendrait par l'expression $\sqrt{-1}^{\sqrt{-1}^{\sqrt{-1}}}$;

Que, si à cette troisième perpendicularité on voulait en ajouter une quatrième que nous appellerons celle de l'axe des u, sans entrer dans d'inutiles répétitions, nous prendrons immédiatement, pour représenter la perpendicularité de cet ordre, l'expression $[\sqrt{-1}]^{\sqrt{-1}^{\sqrt{-1}^{\tau}}}$, forme qui sera distincte des précédentes si τ n'est pas réel. Or, si ce premier angle droit des u sur les v est ainsi exprimé, celui qu'on fera à la suite dans le plan des uv, et qui conduit aux v négatifs, le sera par $[\sqrt{-1}]^{\sqrt{-1}^{\sqrt{-1}^{\tau^2}}}$; et, comme les v négatifs sont représentés par $[-\sqrt{-1}]^{\sqrt{-1}^{\sqrt{-1}}}$, il viendra

$$[\sqrt{-1}]^{\sqrt{-1}^{\sqrt{-1}^{\tau^2}}} = [-\sqrt{-1}]^{\sqrt{-1}^{\sqrt{-1}}};$$

mais, $-\sqrt{-1}$ qui figure dans le second membre étant égal à $\sqrt{-1}^{-1}$, cette équation se transforme comme suit :

$$[\sqrt{-1}]^{\sqrt{-1}^{\sqrt{-1}^{\tau^2}}} = [\sqrt{-1}]^{-\sqrt{-1}^{\sqrt{-1}}}.$$

Les racines étant maintenant égales, il faudra que les exposants le soient, ce qui donne

$$\sqrt{-1}^{\sqrt{-1}^{\tau^2}} = -\sqrt{-1}^{\sqrt{-1}}.$$

Or on reconnaît là la condition qui a donné τ pour le cas de la perpendicularité du troisième ordre, et de laquelle on a déduit $\tau = \pm\sqrt{-1}$.

Il est évident que des raisonnements tout pareils s'appliqueraient mot pour mot aux perpendicularités des 5ᵉ, 6ᵉ, 7ᵉ ordre, et en général d'un ordre quelconque.

On ne saurait, ce nous semble, prendre connaissance de ces résultats sans être frappé de quelque étonnement. N'est-il pas surprenant, en effet, que dans ces formes énigmatiques de l'Algèbre qui se sont introduites dans la science du calcul, à notre insu pour ainsi dire, comme malgré nous, et sans que nous ayons su d'abord en saisir ni l'intelligence ni les usages, n'est-il pas surprenant, disons-nous, que ce soit précisément dans ces formes mêmes que se trouvent les moyens de faire passer la science de l'étendue tout entière dans le domaine des combinaisons analytiques; de telle sorte qu'à l'aide de ces combinaisons on arrive à connaître les propriétés d'un ensemble de lignes, d'angles et de plans aussi exactement, mieux peut-être, que si on les suivait du regard dans leurs détails les plus compliqués? Notre étonnement ne redouble-t-il pas encore lorsque nous reconnaissons que, dans l'entière série de ces formes, deux seulement suffisent pour étudier et expliquer toutes les questions que notre géométrie terrestre peut soumettre à la sagacité de notre intelligence, et qu'il en est une foule d'autres, déjà explorées, toutes préparées d'avance, sur le sens et les propriétés desquelles nous sommes bien fixés, susceptibles de s'appliquer, dès à présent, non pas à une géométrie de trois dimensions seulement, mais à une science infiniment plus générale dont cette géométrie ne serait qu'un infime échantillon, et qui, constituée comme elle dans ses bases principales et dans les divers rapports qui lient ces bases entre elles, accepterait successivement des nombres de plus en plus considérables de dimensions, sans que rien limitât cette faculté d'introduire perpendicularités sur perpendicularités, étendues sur étendues.

On le voit donc dès à présent, de nouvelles formes sont là toutes prêtes pour les besoins des futures combinaisons de l'esprit. Sans emploi aujourd'hui, quant à leurs applications diverses, peut-être seront-elles appelées demain à fournir leur contingent d'utilité. Bornées, au point de vue de la Géométrie, à leurs deux premiers échelons, qui pourrait prétendre que, dans les recherches scientifiques de l'avenir, et pour des quantités autres que les droites et leurs directions, elles ne seront pas utilisées avec tous leurs degrés et dans tout leur ensemble?

Celui qui le premier employa les mots *élévation aux puissances*, pour désigner l'opération de calcul ainsi nommée, ne prévoyait pas sans doute combien un jour serait complète la justification de l'usage qu'il fit de ces expressions. Ainsi, tandis que c'est par une élévation aux puissances que se trouve caractérisée en Algèbre la double perpendicularité, nous voyons que ce serait par une nouvelle élévation aux puissances que devrait l'être la perpendicularité triple, et par de nouvelles et successives élévations aux puissances que les diverses perpendicularités succédant aux précédentes devraient l'être à leur tour; de sorte qu'à mesure que l'esprit élève d'un degré ses conceptions relatives à la création de perpendicularités consécutives, le calcul, de son côté, élève à une puissance nouvelle l'exposant de la forme algébrique primitive de la perpendicularité.

VII.

Nous aurions maintenant à nous occuper d'une objection qui s'est déjà produite depuis longtemps et à laquelle la routine ne manquera pas de recourir encore au sujet de l'expression $\sqrt{-1}^{\sqrt{-1}}$. On a dit que cette expression ne constitue pas une forme algébrique nouvelle. Il est admis en effet, par beaucoup d'esprits, que, sous quelque aspect que se présente une expression imaginaire, cette expression est toujours réductible à la forme simple $a + b\sqrt{-1}$, et l'on paraît croire de bonne foi que cette proposition est appuyée sur des raisonnements inattaquables. Plus particulièrement pour $\sqrt{-1}^{\sqrt{-1}}$, on prétend que non-seulement cette expression peut, comme toutes les autres, se ramener à la forme de l'imaginaire simple, mais que de plus, lorsqu'on cherche à opérer cette transformation, on arrive à ce résultat que $\sqrt{-1}^{\sqrt{-1}}$ est réel et égal à $e^{-\frac{1}{2}\pi}$, ainsi qu'Euler l'a fait observer le premier.

Certes, si toutes ces choses étaient vraies, il faudrait prendre condamnation et renoncer à l'espoir de faire rentrer dans le domaine de l'Algèbre la supputation des directions considérées dans l'espace. Les idées que nous poursuivons ici ne seraient que des utopies, et il ne nous resterait plus qu'à déposer immédiatement la plume.

Mais il s'en faut, à notre avis, que le principe de la réductibilité de toute expression imaginaire à la forme simple $a + b\sqrt{-1}$ soit exact. Malheureusement ce principe, douteux seulement pour quelques rares esprits, est admis par le plus grand nombre. Or ce n'est pas chose facile que de déraciner des croyances générales. Il semble qu'enlever une pierre à l'édifice est un sacrilége, et qu'un tel acte ne peut amener pour conséquence que des ruines. On ne s'informe pas si la pierre est mauvaise, auquel cas la remplacer par une bonne serait plutôt un moyen de conserver que de détruire. Non, ce n'est pas ainsi qu'on procède, et, chose remarquable, dans la science prétendue exacte par excellence, on en est venu, dans certains cas, à se passer de justifications suffisantes, à se contenter d'à peu près, à substituer à des convictions qui ne devraient avoir d'autre base que ce que permettent en droit rigoureux la science et la logique, à leur substituer, dis-je, des croyances faciles et complaisantes fondées sur les entraînements de simples aperçus analogiques, attribuant ainsi à de vagues présomptions toute la puissance des arguments vraiment mathématiques.

Il semble cependant que, l'éveil une fois donné, on devrait être bientôt en mesure de savoir ce qu'on doit admettre, ce qu'on doit rejeter. Une discussion sérieuse, qui ne serait ni longue ni difficile, ne pourrait manquer de mettre promptement toute chose à sa place; mais on ne veut pas discuter; on le veut d'autant moins qu'on sent bien que le terrain sur lequel on est placé n'est pas très-solide, et, comme assez souvent on aime moins la science pour elle-même que pour soi, on n'est nullement empressé de s'exposer aux désagréments qui seraient la conséquence d'un échec. Dans cette situation, tout en dénigrant en particulier les idées nouvelles et les prenant en pitié, on a recours, vis-à-vis du public, au moyen si commode de l'abstention qui, outre qu'il ne compromet rien dans le présent, permet à un moment donné de se ranger très-honorablement sous la bannière du parti victorieux.

Mais n'insistons pas davantage sur ces agissements des défaillances humaines. Pour nous qui n'exploitons pas la science en vue d'intérêts autres que les siens, qui ne la cultivons que dans l'unique but de la recherche et de la connaissance de ce qui est vrai, nous nous consolerons en pensant que cette abstention même exprime sinon la crainte d'une défaite, du moins un aveu d'impuissance, et qu'après tout, si nous nous sommes trompé, il ne nous en coûtera pas de faire amende honorable; si, au contraire, nos idées sont assises sur le terrain de la vérité, il faudra bien tôt ou tard qu'elles finissent par avoir raison.

Nous nous bornons en ce moment à signaler l'objection, et voici les motifs qui nous déterminent à attendre pour la réfuter. Comme le prétendu fait, que $\sqrt{-1}^{\sqrt{-1}}$ est réel, a pour origine l'emploi d'un arc imaginaire, comme cet emploi a été fait sans qu'on sût ce que peut être un pareil arc, sans qu'on se fût enquis de la véritable influence qu'il faut lui attribuer dans les calculs, comme enfin on a admis, sans se douter même de la nécessité d'une démonstration, que les formules établies pour des arcs réels sont de tout point applicables à des arcs imaginaires, il devient nécessaire de revenir sur les principes de toutes ces choses et de s'éclairer sur leur véritable portée. Il nous sera ensuite facile de combattre non-seulement l'erreur que nous signalons, mais encore plusieurs autres avec elle.

VIII.

Reportons-nous à cet effet au rôle que jouent les arcs dans la fixation et la supputation des directions, et cherchons à nous rendre compte de l'extension d'idées qui doit nécessairement se produire en nous lorsque la perpendicularité et l'arc, sortant simultanément du plan dans lequel jusqu'ici nous les avons supposés confinés, viennent se placer dans de nouveaux rapports relativement à leurs précédentes situations.

Remarquons à ce sujet qu'ayant fait choix dans le plan d'une origine et d'une ligne de base, si l'on compte d'abord les arcs en s'élevant au-dessus de cette base et qu'on veuille ensuite les compter en dessous, il sera nécessaire, en vertu des lois qui régissent l'opposition dans le mode d'existence ou d'action, d'attribuer aux seconds le facteur -1 si déjà on a appliqué aux premiers le facteur $+1$. Remarquons ensuite qu'ayant compté au-dessus de la ligne de base un premier arc α, puis un deuxième arc α égal au précédent, puis encore un troisième, un quatrième et ainsi de suite ; les directions déterminées par les lignes qui, partant de l'origine, aboutissent à l'extrémité de ces arcs, auront successivement pour facteurs algébriques

$$(\cos\alpha + \sqrt{-1}\,\sin\alpha)^1,$$
$$(\cos\alpha + \sqrt{-1}\,\sin\alpha)^2,$$
$$(\cos\alpha + \sqrt{-1}\,\sin\alpha)^3,$$
$$\ldots\ldots\ldots\ldots\ldots\ldots$$

Il a été établi en outre que, si, au-dessous de la ligne de base, on porte à la suite les uns des autres une seconde série d'arcs égaux à α, les directions des lignes qui, partant de l'origine, aboutissent à l'extrémité des arcs ainsi déterminés, et que, d'après la remarque précédente, nous devons désigner par $-\alpha$, -2α, $-3\alpha, \ldots$, ces directions, dis-je, auront successivement pour facteurs algébriques

$$(\cos\alpha + \sqrt{-1}\,\sin\alpha)^{-1},$$
$$(\cos\alpha + \sqrt{-1}\,\sin\alpha)^{-2},$$
$$(\cos\alpha + \sqrt{-1}\,\sin\alpha)^{-3},$$
$$\ldots\ldots\ldots\ldots\ldots\ldots$$

On peut donc dire que c'est toujours la même expression $\cos\alpha + \sqrt{-1}\,\sin\alpha$ qui figure dans ces facteurs, que cette expression en est la racine qui se trouve élevée aux puissances 1, 2, 3,... pour les arcs qui sont comptés dans un sens, et aux puissances -1, -2, $-3, \ldots$ pour ceux qui sont comptés en sens inverse.

Si maintenant on se demande ce qui adviendra pour des arcs qui, n'étant comptés ni sur l'une ni sur l'autre de ces directions, se trouveraient sur une circonférence dont le plan passant par la ligne de base serait perpendiculaire à celui de la circonférence précédente, la réponse à cette question se présentera pour ainsi dire instinctivement d'elle-même. En effet, si les arcs directs et inverses dont il a été d'abord parlé sont respectivement désignés les uns par $+\alpha$, $+2\alpha$, $+3\alpha, \ldots$, les autres par $-\alpha$, -2α, $-3\alpha, \ldots$, ne faut-il pas, en vertu des lois qui relient la direction perpendiculaire aux deux précédentes, que les nouveaux arcs perpendiculaires aux premiers soient caractérisés par $\pm\alpha\sqrt{-1}$, $\pm 2\alpha\sqrt{-1}$, $\pm 3\alpha\sqrt{-1}, \ldots$, les signes $+$ et -1 s'appliquant respectivement à ceux qui sont situés au-dessus du plan de base et à ceux qui sont situés au-dessous ; de telle sorte que, dans leurs rapports avec les directions situées sur ce dernier plan, les droites qui, partant de l'origine, aboutissent aux extrémités des nouveaux arcs auraient pour facteurs algébriques de leurs directions la même expression $\cos\alpha + \sqrt{-1}\sin\alpha$ élevée à des puissances dont les degrés seraient ce qui reste de l'expression de l'arc après qu'on l'a divisée par α, c'est-à-dire les facteurs

$$(\cos\alpha + \sqrt{-1}\sin\alpha)^{\sqrt{-1}},$$
$$(\cos\alpha + \sqrt{-1}\sin\alpha)^{2\sqrt{-1}},$$
$$(\cos\alpha + \sqrt{-1}\sin\alpha)^{3\sqrt{-1}},$$
$$\ldots\ldots\ldots\ldots\ldots\ldots$$

Telles seraient donc, en ce qui concerne les équivalences algébriques, les expressions qui, dans le plan des xz perpendiculaire à celui des xy, représenteraient la succession des directions aboutissant aux angles α, 2α, $3\alpha, \ldots$, situés dans ce plan, et l'on voit combien y paraît naturelle l'intervention de l'exposant $\sqrt{-1}$.

Au point de vue où nous permet de nous placer la généralité des principes qui ont été précédemment exposés, il n'y a rien que de très-admissible dans une telle conclusion.

Il faut reconnaître toutefois qu'on ne saurait voir dans cette manière de procéder qu'une simple induction, d'accord sans doute avec les principes, et par cela même très-plausible, mais incomplète quant aux preuves, et présupposée plus encore que justifiée. Or nous nous méfions trop de ce qui n'est qu'analogie, et nous n'avons que trop souvent constaté que les inductions peuvent facilement conduire à l'erreur pour que nous consentions volontairement à rester dans cette situation.

Pour nous éclairer à ce sujet, considérons la sphère dont le centre est à l'origine et sur laquelle reste toujours fixé l'arc α, dans le mouvement de rotation qu'on lui fait faire autour de son point de départ pour le transporter de la situation positive à la situation négative. Cet arc aura décrit un angle droit sur la sphère pour passer de α à $\alpha\sqrt{-1}$, et il en décrira un second pour passer de $\alpha\sqrt{-1}$ à $-\alpha$. Lorsqu'il est dans la position α, son extrémité correspond à la direction $(\cos\alpha + \sqrt{-1}\,\sin\alpha)^{+1}$. Lorsqu'il occupe celle $-\alpha$, son extrémité correspond à la direction $(\cos\alpha + \sqrt{-1}\,\sin\alpha)^{-1}$. La question sera maintenant de savoir si, lorsqu'il est dans la position perpendiculaire, la direction déterminée par son extrémité mobile ne serait pas susceptible d'être algébriquement représentée par une certaine puissance de la même expression $\cos\alpha + \sqrt{-1}\,\sin\alpha$. Si nous appelons τ cette puissance, l'élévation de $\cos\alpha + \sqrt{-1}\,\sin\alpha$ à cette puissance sera, en ce qui concerne les directions, l'opération algébrique équivalente à celle qui consiste en Géométrie à faire tourner d'un angle droit sur la sphère l'arc α; par conséquent, si j'augmente la rotation d'un angle droit, cela exigera algébriquement qu'on élève de nouveau à la puissance τ, et par suite $(\cos\alpha + \sqrt{-1}\,\sin\alpha)^{\tau^2}$ sera l'expression de la direction correspondant à la position occupée alors par l'extrémité de l'arc. Or cette direction ayant aussi pour expression $(\cos\alpha + \sqrt{-1}\,\sin\alpha)^{-1}$, il sera nécessaire qu'il y ait égalité entre ces deux formes, et de là on déduira que la valeur de τ doit être $\sqrt{-1}$. Tout ce qui précède se trouve ainsi parfaitement justifié.

Examinons maintenant si cette nouvelle manière d'envisager la question se trouve en concordance avec le résultat de nos premières recherches, c'est-à-dire si la direction de l'axe des z, déduite de l'expression générale des directions dans le plan des xz, nous donnera la même valeur que celle que nous avons directement déduite des considérations relatives au plan des yz. Or, puisque, dans les xz, l'expression générale des directions est

$$(\cos\alpha + \sqrt{-1}\sin\alpha)^{\sqrt{-1}},$$

lorsque je supposerai que l'angle α devient égal à $\frac{\pi}{2}$, la direction deviendra précisément celle de l'axe des z ; mais, parce que dans ce cas $\cos\alpha$ est nul et $\sin\alpha$ est égal à l'unité, l'expression deviendra $\sqrt{-1}^{\sqrt{-1}}$, ainsi que nous l'avons précédemment constaté. Il y a donc complète concordance entre toutes ces choses; elles se contrôlent les unes par les autres, et il en résulte un ensemble de vues dont la rationnalité se trouve établie dans tous ses détails.

IX.

A ces premières considérations, qui s'appliquent directement aux arcs eux-mêmes, ajoutons-en d'autres qui auront pour objet de fixer le sens qu'on doit attribuer aux lignes trigonométriques de ces arcs considérés dans l'ensemble des situations qu'ils peuvent occuper, et appelons l'attention du lecteur sur la nécessité qu'il y a de bien distinguer ce qui concerne les longueurs de ces lignes de ce qui concerne leurs directions. On verra que c'est à la confusion qui règne à cet égard dans la science qu'on doit attribuer les méprises consignées en grand nombre dans les ouvrages les plus estimés.

Si l'on convenait que les symboles qui servent à représenter les sinus et cosinus des arcs doivent s'appliquer à la fois à la longueur et à la direction de ces lignes trigonométriques, l'expression de la direction qui correspond à un angle α devrait s'écrire

$$\cos\alpha + \sin\alpha,$$

celle relative à l'angle $-\alpha$ s'écrirait

$$\cos(-\alpha) + \sin(-\alpha),$$

celle enfin qui est déterminée par l'angle $\alpha\sqrt{-1}$ aurait pour représentant

$$\cos(\alpha\sqrt{-1}) + \sin(\alpha\sqrt{-1}).$$

Mais, sous l'empire de cette convention, on n'aurait évidemment aucun moyen de distinguer le cas où l'on voudrait s'occuper de la longueur seule de ces lignes de celui où il serait nécessaire d'avoir simultanément égard et à leur longueur et à leur direction.

On voit donc que, pour éviter toute confusion, il convient à tous égards de n'attribuer aux symboles des sinus et des cosinus d'autre fonction que celle de représenter en toute circonstance et exclusivement les longueurs de ces lignes, sauf, pour se rendre compte des directions, à déterminer par des recherches préalables et spéciales quels peuvent être, en Algèbre, les signes d'opérations représentatifs de ce second élément, dans les circonstances diverses où les arcs peuvent se trouver.

C'est ce que nous avons fait lorsqu'il s'est agi des directions dans le plan. Nous avons alors prouvé d'abord que les cosinus ont toujours pour signes directifs ± 1, ensuite que les signes directifs des sinus sont $\pm\sqrt{-1}$, et nous avons reconnu d'après cela que l'expression $\pm\cos\alpha \pm \sqrt{-1}\sin\alpha$ est susceptible de représenter la généralité des directions dans le plan.

Cette expression, dans laquelle $\sin\alpha$ et $\cos\alpha$ doivent toujours être considérés comme représentant les longueurs effectives du sinus et du cosinus, se distingue ainsi nettement, par l'intervention de $\sqrt{-1}$, de celle $\cos\alpha + \sin\alpha$ dans laquelle les longueurs sont seules mises en jeu, de sorte que toute confusion devient impossible ; puis, pour compléter dans chaque cas la détermination spéciale des éléments directifs, il n'y aura plus qu'à faire un choix convenable des signes + et — accolés à chaque terme, choix qui dépendra du rang occupé par le cadran de la circonférence dans lequel l'extrémité de l'arc se trouvera située.

Si maintenant il s'agit de l'arc $\alpha\sqrt{-1}$ situé dans la circonférence tracée sur le plan de xz, la formule générale, mais conventionnelle, des directions

$$\cos(\alpha\sqrt{-1}) + \sin(\alpha\sqrt{-1})$$

ne pourra sortir du domaine de la convention et entrer dans

celui des supputations et des mesures algébriques, qu'à la condition de savoir préalablement quelles peuvent être les directions des sinus et cosinus du nouvel arc qu'on considère.

Or, en se conformant aux définitions générales de ces lignes, et à la manière dont on peut les obtenir *géométriquement* pour l'arc perpendiculaire $\alpha\sqrt{-1}$, on reconnaît, d'une part, que le cosinus sera toujours sur la ligne de base, et que, tant en longueur qu'en direction, il sera exactement le même que celui des arcs $+\alpha$ et $-\alpha$, supposés tracés sur la circonférence de base ; d'autre part, qu'il en sera aussi de même pour la longueur du sinus, mais que, quant à la direction, elle diffère essentiellement de celles $\pm\sqrt{-1}$ appartenant aux arcs $\pm\alpha$. Il résulte des recherches ci-dessus exposées qu'elle doit être représentée par $\pm\sqrt{-1}^{\sqrt{-1}}$ suivant que l'arc s'élève au-dessus du plan de base ou qu'il est situé au-dessous. Dès lors, continuant de n'attribuer aux symboles des cosinus et des sinus que la fonction de représenter la longueur de ces lignes, nous pourrons dire que les directions correspondant aux arcs perpendiculaires au plan de base ont pour expression algébrique

$$\pm\cos\alpha \pm \sqrt{-1}^{\sqrt{-1}}\sin\alpha,$$

forme complétement distincte des précédentes, avec laquelle toute confusion est rendue impossible et qu'un choix convenable des signes $+$ et $-$ spécialisera pour chacune des positions que l'extrémité de l'arc $\alpha\sqrt{-1}$ pourra occuper sur sa circonférence, soit au-dessus, soit au-dessous du plan de base.

Ces premières constatations ainsi établies, entrons plus avant dans le détail des faits qui en sont les conséquences nécessaires.

X.

Les lois de la Géométrie nous enseignent que, si l'on ne sort pas d'un même plan, le cosinus ne change ni de direction ni de longueur lorsque d'un arc positif on passe au même arc négatif, que par conséquent, lorsqu'on fait usage de cette sorte de fonction, il est nécessaire d'admettre l'égalité $\cos\alpha = \cos(-\alpha)$. Or les mêmes lois nous apprennent qu'il en est encore ainsi pour les arcs perpendiculaires aux premiers. Nous sommes donc contraint d'ajouter un troisième terme à l'égalité précédente et d'écrire qu'on a

$$\cos\alpha = \cos(-\alpha) = \cos(\pm\alpha\sqrt{-1});$$

de sorte qu'il faudra ou renoncer à introduire en Algèbre le calcul des fonctions trigonométriques, ou se soumettre à la condition de considérer comme égales à tous les points de vue, tant pour le continu que pour le directif, les expressions

$$\cos(\pm\alpha), \quad \cos(\pm\alpha\sqrt{-1}).$$

Agir autrement ce serait contrevenir aux lois géométriques que ces symboles représentent.

En ce qui concerne le sinus, l'égalité analogue

$$\sin(\pm\alpha) = \sin(\pm\alpha\sqrt{-1})$$

existera pareillement, mais pour les grandeurs seulement de ces lignes qui, pour ces divers arcs, sont toutes les mêmes. Quant aux directions, elles sont au contraire toutes différentes ; nous venons de voir, en effet, qu'elles prennent les valeurs $\pm\sqrt{-1}$ pour les deux arcs situés dans le plan de base et $\pm\sqrt{-1}^{\sqrt{-1}}$ pour les deux arcs perpendiculaires à ce plan.

On peut même donner une plus grande extension à cet ordre de faits, ainsi que nous allons l'expliquer.

Si l'on considère toujours la sphère qui a son centre à l'origine et que nous supposons avoir l'unité pour rayon, la rencontre de l'axe des x avec cette sphère est le point de départ des arcs $\pm\alpha$, $\pm\alpha\sqrt{-1}$ dont nous nous sommes occupé jusqu'ici ; mais il est évident qu'il y a une infinité d'autres arcs, issus du même point de départ, situés sur la même sphère et égaux, quant à leurs longueurs, à l'arc primitif α. L'ensemble de ces arcs forme une calotte sphérique autour de l'axe des x qui en est le pivot central, et leur extrémité est située, comme on sait, sur un même plan formant la base de la calotte. Dans le cas actuel, ce plan perpendiculaire au plan de base passe par la corde qui joint l'extrémité de α avec celle de $-\alpha$, corde qui est à son tour perpendiculaire à l'axe des x.

Or il résulte de ces dispositions et des lois géométriques qui les concernent que, si l'on prend à volonté l'un quelconque des arcs α qui sont les éléments de la calotte en question, et si l'on considère son plan qui passe nécessairement par l'axe des x, on constatera que, dans ce plan, le cosinus ainsi choisi s'obtiendra en projetant l'extrémité de l'arc sur l'axe des x, et de là il suit que ce cosinus, tant en longueur qu'en direction, sera encore le même que celui de $\pm\alpha$ et de $\pm\alpha\sqrt{-1}$. Voilà donc une infinité d'autres arcs, d'égale longueur à la vérité, mais distincts sur la sphère, par des situations très-différentes, qui ont tous pour leurs cosinus même grandeur et même direction.

Quant au sinus, il est représenté par la droite qui projette sur l'axe des x l'extrémité de l'arc choisi ; d'où l'on conclura que sa longueur sera constamment la même et égale à celle de $\pm\alpha$ et de $\pm\alpha\sqrt{-1}$; mais sa direction variera incessamment suivant la position de l'arc, et nous nous expliquerons sur sa représentation algébrique lorsque nous traiterons le problème général des directions dans l'espace.

Ce ne sont donc pas seulement les quatre arcs $\pm\alpha$, $\pm\alpha\sqrt{-1}$ qui ont en particulier même cosinus tant en grandeur qu'en direction, ce sont en outre tous ceux qui, partant de la même origine que ceux-ci, sont les éléments géométriques de la calotte sphérique ci-dessus définie. On peut prévoir d'après cela que c'est à d'autres formes encore que celles $\pm\alpha$, $\pm\alpha\sqrt{-1}$ que doit s'appliquer l'égalité ci-dessus constatée

$$\cos(\pm\alpha) = \cos(\pm\alpha\sqrt{-1}).$$

Il serait prématuré en ce moment de se prononcer sur ces formes, et par suite sur la représentation algébrique qu'il convient d'attribuer à ces arcs, suivant les diverses positions qu'ils occupent sur leur calotte. Nous avons besoin pour cela de donner à nos recherches un plus grand développement et d'entrer plus profondément que nous n'avons pu le faire jusqu'ici dans l'étude des faits géométriques comparés avec ceux de l'Algèbre; nous serons alors en mesure de nous prononcer catégoriquement sur ce point.

Quant à présent, bornons-nous à l'examen des égalités

$$\cos(\pm\alpha) = \cos(\pm\alpha\sqrt{-1}),$$

qui portent sur des arcs aussi bien définis au point de vue de la Géométrie qu'à celui de l'Algèbre, et expliquons-nous sur ce qu'elles paraissent offrir d'étrange au premier abord.

Nous ne cacherons pas que la première impression qu'ont éprouvée presque tous ceux auxquels nous avons eu occasion de faire connaître la propriété que possède $\cos\alpha\sqrt{-1}$ d'être exactement égal à $\cos\alpha$ a été celle de l'incrédulité. Cependant, lorsque je faisais remarquer qu'on n'était pas surpris que le cosinus restât le même alors que l'arc changeait de signe, lorsque j'ajoutais qu'attribuer à l'arc le facteur $\sqrt{-1}$ ce n'était pas en changer la longueur, mais le placer dans une autre direction pour laquelle la même invariabilité pouvait fort bien exister, je ne tardais pas à constater que, sous l'influence de ces premières observations, le doute devenait moins persistant et l'incrédulité moins confiante. Il restait cependant un scrupule. Comment admettre, m'a-t-on dit souvent, que le réel puisse être égal à l'imaginaire? A cela, je faisais remarquer qu'au point de vue de la forme c'est là chose courante parmi les géomètres; que, par exemple, ceux qui, ainsi que nous l'expliquerons tout à l'heure, pensent et écrivent que $\cos\alpha\sqrt{-1}$ est égal à $1 + \frac{\alpha^2}{2!} + \frac{\alpha^4}{4!} + \frac{\alpha^6}{6!} + \ldots$ [1] n'en agissent pas autrement, et qu'à tout prendre, mieux vaut encore, réel pour réel, accepter celui qui donne, pour valeur d'un cosinus, un véritable cosinus que celui qui conduit à une expression qui n'en saurait être un. J'ajoutais qu'au point de vue de la forme en-

---

(1) Ainsi que nous l'avons fait dans nos précédentes publications, nous continuons de représenter par la notation $n!$ le produit des nombres de la suite naturelle depuis 1 jusqu'à n.

core ceux qui prétendent que $\sqrt{-1}^{\sqrt{-1}}$ est réel et égal à $e^{-\frac{1}{2}\pi}$ vont bien plus loin, puisqu'ils ne font aucune difficulté de considérer comme très-réelle une expression dans laquelle tout est à coup sûr et très-explicitement imaginaire.

Or pourquoi, je le demande, ce qui est permis à tous, et sans qu'ils aient pris la peine de s'en rendre compte par le raisonnement, nous serait-il interdit à nous, qui appuyons notre manière de voir sur des justifications?

Mais, au fond, ce qu'il faut remarquer dans ceci, c'est que, si l'imaginaire se montre dans $\cos\alpha\sqrt{-1}$, on irait beaucoup trop vite et trop loin en concluant que, par cela même, $\cos\alpha\sqrt{-1}$ doit être nécessairement imaginaire; cette expression, en effet, n'est autre chose qu'une fonction d'imaginaire; or rien ne s'oppose à ce qu'une pareille fonction soit réelle. N'en est-il pas ainsi du produit de $\cos\alpha + \sqrt{-1}\sin\alpha$ par $\cos\alpha - \sqrt{-1}\sin\alpha$ et de la somme de ces deux quantités? N'en est-il pas encore de même des puissances paires de $\sqrt{-1}$ et de beaucoup d'autres fonctions?

Concluons donc que l'équivalence de $\cos\alpha\sqrt{-1}$ à $\cos\alpha$, justifiée par les considérations de la Géométrie, desquelles dépendent ces fonctions, n'a rien de contraire à ce que les principes de l'Algèbre permettent de formuler.

Ces préliminaires posés, procédons à l'examen des conceptions que les géomètres se sont faites sur toutes ces choses et signalons leurs erreurs.

XI.

On sait qu'il existe une formule au moyen de laquelle on détermine la valeur du cosinus en fonction de l'arc; cette formule est ainsi conçue:

$$\cos x = 1 - \frac{x^2}{2!} + \frac{x^4}{4!} - \frac{x^6}{6!} + \ldots.$$

Or il est admis, sinon en vertu des théories de l'Algèbre, du moins d'après les habitudes ou, si l'on veut, d'après les conventions des géomètres, que cette formule doit s'appliquer non-seulement à la grandeur du cosinus, mais encore au signe de l'arc qui le détermine ; ce qui est vrai, en fait, lorsque ce signe n'est autre chose que + ou —. Mais, bien que rien de ce qui concerne les signes ne soit mis en jeu dans la démonstration de cette formule, parce que, dans cette circonstance, il résulte d'une vérification faite après coup qu'elle n'est pas moins vraie lorsque x est négatif que quand il est positif, on s'est laissé aller à penser qu'elle devait également l'être pour toutes les autres circonstances dans lesquelles x peut se trouver, et qu'en particulier elle devait continuer d'exprimer une vérité dans le cas où l'on supposerait que x devient égal à $x\sqrt{-1}$.

Toutefois si, dans la pratique de l'Algèbre, les géomètres ont agi comme si cette universalité d'application avait pour elle un cachet d'infaillibilité incontestable, nous devons reconnaître qu'ils ne sont pas à beaucoup près aussi explicites lorsque, dans les ouvrages d'enseignement, réfléchissant de plus près sur les principes et sur la constitution théorique des formules, ils sont obligés de pénétrer plus profondément dans la raison des choses.

Par exemple, au sujet de la formule qui nous occupe en ce moment, Navier, dans son ouvrage intitulé : *Résumé des leçons d'Analyse données à l'École Polytechnique* (t. I, p. 110), fait avec beaucoup de raison l'observation suivante : « On ne doit point perdre de vue d'ailleurs, soit en faisant usage de ces formules (celles du cosinus et du sinus), soit en toute autre occasion, que la lettre x, désignant un arc, est toujours le *nombre abstrait* qui exprime la longueur de cet arc dans la circonférence dont le rayon est l'unité. Tant que la quantité x est sous les signes sinus, cosinus, tangente, etc., on peut concevoir cette quantité exprimée en degrés ; mais on doit, quand elle est en dehors de ces signes, lui donner sa véritable expression. »

Or cette expression quelle est-elle ? L'auteur vient de nous le dire : « Le nombre abstrait qui exprime la longueur de cet arc dans la circonférence dont le rayon est l'unité ». D'après cela, est-il possible d'admettre que, transporté hors des symboles trigonométriques, x puisse être autre chose qu'une grandeur ou un rapport de grandeurs arithmétiques, et ne sommes-nous pas en droit de demander en quoi et comment l'introduction du signe à côté de cette grandeur pourrait être théoriquement justifiée ?

Il faut donc reconnaître que cette assertion, qui dit que la formule du cosinus est également applicable aux arcs positifs et aux arcs négatifs, n'est nullement une conséquence des déductions théoriques et qu'elle n'a d'autre base certaine qu'une vérification de calcul faite *a posteriori*. Cela résulte uniquement d'une coïncidence fortuite entre les deux faits algébriques suivants, savoir qu'en vertu de l'un x n'entre dans la valeur du cosinus que par ses puissances paires, qu'en vertu de l'autre il est de principe algébrique que les puissances paires ne changent pas de valeur, quel que soit le signe de la racine. Telle est l'unique raison pour laquelle l'assertion des géomètres se trouve justifiée, et ce n'est pas dans les principes sur lesquels on s'appuie pour démontrer la formule qu'il sera possible de trouver des justifications ; car ces principes, en ce qui concerne x, sont exclusifs de toute autre idée que celle de la longueur de l'arc dans une circonférence qui a l'unité pour rayon.

Or, s'il en est ainsi, que faut-il penser d'une manière de procéder dans laquelle on voudrait à la fois faire intervenir dans la valeur de x le facteur $\sqrt{-1}$ et sous le symbole trigonométrique et en dehors de ce symbole, et s'écarter ainsi de l'observation de principe si judicieuse rappelée ci-dessus ?

Et cependant, tant il y a de puissance dans les entraînements de l'analogie, Navier lui-même, perdant de vue ses recommandations théoriques, se laisse aller dans la pratique à attribuer à x, en dehors du symbole trigonométrique, d'autres fonctions que celles qu'il a définies et à admettre que la formule du cosinus doit continuer à s'appliquer au cas où x devient $x\sqrt{-1}$: en conséquence, il écrit (t. I, p. 116)

$$\cos x\sqrt{-1} = 1 + \frac{x^2}{2!} + \frac{x^4}{4!} + \frac{x^6}{6!} + \cdots,$$

formule inacceptable à tous égards; car, ou bien $x\sqrt{-1}$ est un arc, et alors le second membre, toujours plus grand que l'unité, ne saurait être un cosinus, ou bien $x\sqrt{-1}$ n'est pas un arc, et alors le premier membre restera incompréhensible tant qu'on n'aura pas défini ce qu'est le cosinus d'une chose qui non-seulement n'est pas un arc, mais de laquelle on ne sait pas ce qu'elle peut être.

Quant à nous, édifié par les recherches précédentes et par les résultats auxquels elles nous ont conduit, nous pouvons dire qu'une telle expression algébrique est tout à fait contraire aux lois les plus simples qui régissent les directions en Géométrie et qu'elle établirait un inconciliable désaccord entre les deux sciences. Heureusement ce désaccord n'est qu'apparent, puisque la formule qui en donne l'idée, conséquence gratuite de trompeuses analogies, ne saurait être une vérité.

Si du cosinus nous passons au sinus, nous aurons, et avec plus de raison encore, des redressements analogues à signaler. On sait que la valeur du sinus en fonction de l'arc est donnée par la formule

$$\sin x = x - \frac{x^3}{3!} + \frac{x^5}{5!} - \frac{x^7}{7!} + \cdots$$

Or, dans cette circonstance comme dans la précédente, les mêmes restrictions doivent être faites sur la signification de x. En dehors des symboles trigonométriques, x n'est pas autre chose qu'une grandeur, et aucune considération relative aux directions n'intervient dans la démonstration de la formule.

Il est vrai qu'en fait cette formule est applicable au cas où l'arc est négatif; mais à quoi cela tient-il ? Uniquement à ce que, dans la valeur du sinus, x n'entre que par ses puissances impaires et que d'ailleurs le sinus change de signe avec l'arc. De cette coïncidence résulte la conséquence que la formule s'applique également soit à $\sin x$, soit à $\sin - x$. Voilà ce qu'on peut remarquer après coup pour ce qui concerne le passage du positif au négatif; mais, nous le répétons, il ne faut voir ici que le résultat d'une simple vérification de calcul, faite *a posteriori*, et non celui d'une question de principe.

D'ailleurs, voudrait-on admettre qu'il en est autrement, il

faudrait tout au moins reconnaître que la formule ne s'appliquera au positif et au négatif que tout autant qu'on se conformera aux idées purement conventionnelles admises pour représenter la direction du sinus. Je m'explique à ce sujet.

Pour nous, les deux directions directe et inverse du cosinus étant algébriquement représentées par $+1$ et -1, celles du sinus, par rapport au cosinus, le seront par $+\sqrt{-1}$ et $-\sqrt{-1}$, et il n'est pas possible qu'elles le soient par autre chose. Nous avons vu, en effet, que c'est une conséquence nécessaire des lois naturelles qui régissent en Géométrie les directions, que, les premières ayant pour équivalent analytique ± 1, l'équivalent analogue des secondes doit être $\pm\sqrt{-1}$. Voudrait-on les exprimer autrement qu'on ne le pourrait pas sans contrevenir aux conditions mêmes de l'énoncé, de même qu'on ne pourrait pas, une première direction étant donnée, en tracer une seconde qui lui fût perpendiculaire, sans exécuter la construction géométrique d'un angle droit soit au-dessus, soit au-dessous d'elle.

Or qu'a-t-on fait jusqu'à présent? Après avoir caractérisé les deux directions opposées du cosinus par $+1$ et -1, on n'a pas pris pour caractériser celles du sinus les facteurs $+\sqrt{-1}$ et $-\sqrt{-1}$, ce qui les rattachait par le calcul les unes aux autres, ainsi qu'elles le sont par la Géométrie ; mais, considérant les sinus isolément et indépendamment des cosinus, comme s'il n'existait aucune relation obligée entre leurs directions respectives, on a de nouveau appliqué les facteurs $+1$ et -1 aux sinus, agissant exactement pour ceux-ci comme on l'avait d'abord fait pour les cosinus.

Ce ne serait donc qu'à la condition que les directions des cosinus et des sinus ne seraient pas géométriquement liées entre elles, et que chacune de ces lignes aurait également $+1$ et -1 pour représentation algébrique des deux sens suivant lesquels on peut les compter, que les formules de la Trigonométrie seraient générales et s'appliqueraient aussi bien aux grandeurs des lignes qui y figurent qu'à leurs directions ; mais, avec une telle restriction, on comprend sans peine que c'est une généralité à peu près illusoire que celle qu'on a proclamée jusqu'à ce jour, car cette prétendue généralité n'existe que pour des signes conventionnellement adoptés pour exprimer la direction des sinus ; elle ne s'applique pas à ceux qui représentent véritablement ces directions, à ceux dont la constitution analytique est la conséquence naturelle et forcée des lois géométriques qui régissent la matière.

Si donc les formules trigonométriques ne sont à la fois applicables au positif et au négatif qu'à la condition qu'il interviendra sur l'usage de ce positif et de ce négatif des règles de convention et non de principe, comment pourrait-on admettre que l'application de ces mêmes formules, déjà restreinte par ces conventions, sera apte à satisfaire à cette immensité de cas qu'embrasse la forme imaginaire ?

Cependant, à cet égard, les géomètres n'ont pas moins erré pour le sinus que pour le cosinus ; admettant sans hésitation que la formule qui le concerne est susceptible d'une application génerale, ils ont enseigné que, lorsque x devient $x\sqrt{-1}$, on doit avoir

$$\sin(x\sqrt{-1}) = \sqrt{-1}\left(x + \frac{x^3}{3!} + \frac{x^5}{5!} + \frac{x^7}{7!} + \cdots\right).$$

(*voir* Navier dans l'ouvrage cité), résultat non moins abondant en contradictions que le précédent et qui exigerait à coup sûr de nouvelles définitions du sinus, pour que, en présence des propriétés qu'elle possède déjà, une fonction ainsi dénommée pût avoir pour valeur le développement du second membre.

Quant à nous, mettant à profit les faits précédemment établis, nous dirons que, si, dans l'expression $\sin(x\sqrt{-1})$, on ne veut voir que ce qui concerne la grandeur du sinus de l'arc $x\sqrt{-1}$, il faudra reconnaître qu'il y a complète égalité entre $\sin(x\sqrt{-1})$ et $\sin x$. Si, dans cette même expression, on entend tenir compte de ce qui concerne à la fois la grandeur et la direction, il faudra écrire que $\sin(x\sqrt{-1})$ est égal à $\sqrt{-1}^{\sqrt{-1}}\sin x$; et, en opérant ainsi, nous mettrons les représentations algébriques en complet accord avec les lois de la Géométrie.

Nous aurons bientôt occasion de signaler d'autres redressements; car, en cette matière, les erreurs, d'ailleurs involontaires des géomètres, ont été fort nombreuses.

XII.

Voyons maintenant ce qu'il faut penser de cette étrange assertion que l'expression $\sqrt{-1}^{\sqrt{-1}}$ est réelle et égale à $e^{-\frac{1}{2}\pi}$.

Pour nous bien renseigner sur ce point, il est nécessaire de remonter à la source des raisonnements desquels cette égalité a été déduite. Nous avons déjà eu occasion de nous occuper de ce sujet, dans notre publication de 1869, sur l'interprétation des formes imaginaires en abstrait et en concret, et nous aurons naturellement à revenir sur ce que nous avons dit à cet égard; mais, en cette matière où la résistance des esprits est très-prononcée, où les tendances à l'abstention, à l'incrédulité sont très-multipliées, l'insistance est une nécessité, je dirai presque un devoir : elle seule peut avoir raison de l'inertie routinière, ce redoutable et funeste antagoniste du progrès.

Nous avons dû d'ailleurs, dans cette publication, envisager la question à un point de vue assez général et qui ne comportait pas une application immédiate de nos observations à ce qui concerne plus spécialement l'expression $\sqrt{-1}^{\sqrt{-1}}$; mais, maintenant que nous sommes conduit à accorder à cette expression la remarquable propriété d'être le représentant algébrique de la double perpendicularité de l'axe des z sur ceux des x et des y, l'examen de ce qui s'y rapporte devient un point très-essentiel du débat. Il est évident, en effet, que, si le résultat de cet examen confirmait les assertions des géomètres sur la réalité de $\sqrt{-1}^{\sqrt{-1}}$, notre travail tout entier disparaîtrait avec la base sur laquelle nous avons cru pouvoir l'édifier.

Entrons maintenant dans la discussion et montrons d'abord comment les géomètres croient avoir établi la réalité de $\sqrt{-1}^{\sqrt{-1}}$.

On a en effet, disent-ils, d'après la formule d'Euler,

$$e^{x\sqrt{-1}} = \cos x + \sqrt{-1}\sin x.$$

Si l'on élève les deux membres à la puissance $\sqrt{-1}$, il viendra

$$e^{-x} = (\cos x + \sqrt{-1}\sin x)^{\sqrt{-1}},$$

égalité qui, en faisant $x = \frac{1}{2}\pi$, se réduit à $e^{-\frac{1}{2}\pi} = \sqrt{-1}^{\sqrt{-1}}$.

On ne peut pas reprocher à ce raisonnement d'être compliqué, il marche droit au but, et, si les moyens qu'il emploie étaient acceptables, il n'y aurait qu'à s'incliner. Examinons donc si les propositions sur lesquelles il s'appuie sont véritablement autorisées.

Et d'abord, au point de vue de la forme, admettant avec nos antagonistes l'exactitude de la formule d'Euler, appliquons à cette formule un procédé tout à fait semblable à celui qu'ils emploient eux-mêmes, et élevons ses deux termes à la puissance $-\sqrt{-1}$; il viendra

$$e^{x} = (\cos x + \sqrt{-1}\sin x)^{-\sqrt{-1}} = (\cos x - \sqrt{-1}\sin x)^{\sqrt{-1}},$$

égalité qui, si l'on suppose que x devient $\frac{\pi}{2}$, donne

$$e^{\frac{\pi}{2}} = -\sqrt{-1}^{\sqrt{-1}}.$$

Or cette valeur de $-\sqrt{-1}^{\sqrt{-1}}$ ajoutée avec celle de $+\sqrt{-1}^{\sqrt{-1}}$ donne $e^{+\frac{1}{2}\pi} + e^{-\frac{1}{2}\pi} = 0$ ou $e^{\pi} = -1$, ce qu'aucun géomètre à coup sûr ne sera disposé à admettre.

En présence de ces valeurs de $+\sqrt{-1}^{\sqrt{-1}}$ et de $-\sqrt{-1}^{\sqrt{-1}}$, puisées à la même source, obtenues l'une et l'autre par des moyens tout à fait identiques, et qui conduisent à une évidente impossibilité, que penser de semblables démonstrations ? Ne faut-il pas nécessairement admettre que l'une des deux tout au moins est inexacte? Et, si l'on demande laquelle doit être frappée de condamnation, que pourra-t-on répondre?

Quant à nous, nous n'hésiterons pas à dire que c'est à l'une et à l'autre que cette condamnation doit être appliquée, et nous aurons certainement établi la légitimité de notre verdict lorsque nous aurons constaté que le point de départ duquel on les fait dériver, que la formule d'Euler ne saurait être considérée comme exacte.

C'est ce que nous avons déjà établi dans la publication de 1869, et nous allons reprendre ce sujet plus en détail ; mais auparavant il n'est pas inutile de présenter une observation subsidiaire.

Après avoir montré, dans l'ouvrage cité, que la formule d'Euler n'est pas admissible et qu'il faut cependant que l'expression d'une direction $\cos x + \sqrt{-1}\sin x$ puisse être égalée à une exponentielle de l'angle, nous avons été conduit à substituer à la formule d'Euler la suivante :

$$\sqrt{-1}^{\frac{2}{\pi}x} = \cos x + \sqrt{-1}\sin x.$$

Or il est intéressant de faire voir qu'en faisant usage de celle-ci les contradictions ci-dessus constatées disparaissent.

Si, en effet, on élève les deux termes à la puissance $\sqrt{-1}$, il viendra

$$\sqrt{-1}^{\frac{2}{\pi}x\sqrt{-1}} = (\cos x + \sqrt{-1}\sin x)^{\sqrt{-1}};$$

faisant maintenant $x = \frac{\pi}{2}$, on aura non plus le résultat erroné

$$e^{-\frac{1}{2}\pi} = \sqrt{-1}^{\sqrt{-1}},$$

mais l'identité

$$\sqrt{-1}^{\sqrt{-1}} = \sqrt{-1}^{\sqrt{-1}},$$

qui nous maintient évidemment sur le terrain de la vérité ; puis, élevant la même formule à la puissance $-\sqrt{-1}$, et admettant ensuite que l'on pose $x=\frac{\pi}{2}$, le premier membre prend la forme $\sqrt{-1}^{-\sqrt{-1}}$ et le second devient $-\sqrt{-1}^{\sqrt{-1}}$, expressions encore équivalentes, puisque $\sqrt{-1}^{-1}$ est la même chose que $-\sqrt{-1}$.

Toutes les discordances résultant de l'emploi de la première formule disparaissent donc avec la seconde, ce qui tout au moins confère à celle-ci un premier et incontestable avantage sur la formule d'Euler.

Après ces premières observations sur les résultats obtenus, lorsqu'on les envisage au point de vue de leur spécialité et de leur forme, occupons-nous sérieusement du fond de la question et expliquons-nous sur les considérations analytiques dont l'omission a faussé les conclusions des géomètres.

XIII.

Étant conduit, ainsi que nous venons de le dire, à porter notre attention sur la formule d'Euler et à la considérer comme inexacte, nous devons avant tout nous rendre compte des moyens mis en œuvre pour la démontrer. A cet égard nous nous abstiendrons scrupuleusement de toute intervention personnelle; car, en présentant à notre manière les raisonnements que nous voulons combattre, nous pourrions à bon droit paraître suspect. Reproduisons donc le texte des auteurs et établissons la controverse sur leurs propres paroles:

« Reprenons, dit Navier (t. I, p. 113), le développement de e^x qui est

$$e^x = 1 + x + \frac{x^2}{2!} + \frac{x^3}{3!} + \frac{x^4}{4!} + \cdots$$

» En substituant dans cette équation $x\sqrt{-1}$ à la place de x, elle deviendra

$$e^{x\sqrt{-1}} = 1 + x\sqrt{-1} - \frac{x^2}{2!} - \frac{x^3}{3!}\sqrt{-1} + \frac{x^4}{4!} + \frac{x^5}{5!}\sqrt{-1} - \cdots$$

» Or, en comparant cette série aux développements de $\cos x$ et de $\sin x$, on voit qu'elle revient à $\cos x + \sqrt{-1}\sin x$; donc

$$e^{x\sqrt{-1}} = \cos x + \sqrt{-1}\sin x. \text{»}$$

Tel est, avec d'insignifiantes modifications dans la rédaction, le procédé uniformément employé depuis Euler pour démontrer cette formule.

Or une première observation se présente ici naturellement. A supposer que le développement de e^x donne la valeur *théorique* exacte de cette expression, et qu'il en soit de même des développements du sinus et du cosinus, il faut reconnaître, et l'on reconnaît généralement, que ces développements ne sont démontrés que pour le cas où la variable x est réelle. Cela posé, remplacer x par $x\sqrt{-1}$, c'est évidemment admettre que ces développements continuent d'être applicables lorsque x devient imaginaire. Or c'est là une supposition gratuite dont on doit d'autant plus se méfier qu'il est bien des cas dans lesquels les choses sont loin de se passer de la sorte.

Aussi certains auteurs ne peuvent se défendre d'exprimer à ce sujet quelques scrupules. Nous lisons, en effet, dans le *Cours d'Algèbre* de Bourdon (page 671, 5e édition) l'observation suivante :

« En réfléchissant sur tout ce qui vient d'être dit sur les séries circulaires ou trigonométriques, on voit le parti que l'on peut tirer de l'emploi des symboles imaginaires pour résoudre des questions d'une très-grande utilité. Comme, pour parvenir à ce but, on étend à des expressions imaginaires des formules *qui d'abord n'avaient été reconnues vraies que pour des quantités réelles,* on pourrait être tenté de révoquer en doute l'exactitude des résultats auxquels on est conduit. »

Cette remarque est on ne peut plus juste ; elle constate, on le voit, que tout au moins le doute est permis. Dès lors comment le faire disparaître? car en Mathématiques la certitude seule doit être autorisée. Pour répondre à cette question, il faudrait suivre le précepte de Laplace, qu'on ne saurait trop avoir présent à l'esprit:

« Les passages du positif au négatif, dit-il, et du réel à l'imaginaire, dont j'ai le premier fait usage, m'ont conduit encore aux valeurs de plusieurs intégrales définies *que j'ai ensuite démontrées directement.* On peut donc considérer ces passages comme un moyen de découverte pareil à l'induction et à l'analogie employées depuis longtemps par les géomètres, d'abord avec une grande réserve, ensuite avec une entière confiance, un grand nombre d'exemples en ayant justifié l'emploi ; *cependant il est toujours nécessaire de confirmer par des démonstrations directes les résultats obtenus par ces divers moyens.* » (*Théorie analytique des probabilités*, Introduction.)

Or cette confirmation pour la formule d'Euler n'ayant pas encore été faite, la négation ou, dans tous les cas, le doute est chose parfaitement permise.

On se rassure toutefois assez généralement, et sur ce point on se laisse aller volontiers à prendre confiance, ou pour mieux dire, à s'aveugler par les considérations suivantes :

« Cependant, continue Bourdon, si, après certaines transformations, on parvient à des expressions débarrassées d'imaginaires, qui s'accordent avec celles que fournirait un raisonnement strict et rigoureux, on est forcé d'admettre la légitimité des moyens employés. »

Tout cela nous paraît très-vague, et nous serions certainement autorisé à demander si, pour la formule d'Euler en particulier, il existe de ces sortes de transformations ? Peut-être serait-on fort embarrassé de les indiquer, car je crois qu'on les suppose plus encore qu'on ne les connaît.

Mais, si c'est précisément le contraire qui arrive, si, après certaines transformations, on parvient à des expressions débarrassées d'imaginaires qui précisément ne s'accordent pas avec celles que fournirait un raisonnement strict et rigoureux, ne sera-t-on pas obligé de reconnaître et l'illégitimité des moyens employés et l'inexactitude des résultats auxquels ils auront conduit ?

Or c'est précisément là ce que nous venons de constater dans l'article précédent, puisque, après certaines transformations opérées sur la formule qui nous occupe, nous avons obtenu les deux équations

$$e^{-\frac{1}{2}\pi} = +\sqrt{-1}^{\sqrt{-1}}, \quad e^{+\frac{1}{2}\pi} = -\sqrt{-1}^{\sqrt{-1}},$$

lesquelles ajoutées conduisent à l'expression débarrassée d'imaginaires $e^{\pi} = -1$, qui ne saurait à coup sûr être la conclusion d'aucun raisonnement strict et rigoureux. En présence d'un tel fait l'incrédulité, ce me semble, n'est que trop bien justifiée.

Il serait d'ailleurs par trop commode de se payer de cette raison, exprimée, on en conviendra, en termes peu explicites, que si, après certaines transformations, on parvient à des expressions débarrassées d'imaginaires qui s'accordent avec celles que fournirait un raisonnement strict et rigoureux, on est forcé d'admettre la légitimité des moyens employés.

Je ferai observer d'abord que toutes les règles ordinaires de calcul, constatées pour les expressions réelles, ne sont pas inapplicables aux expressions imaginaires, que quelques-unes de ces règles régissent à la fois les premières et les secondes, que dès lors les moyens dont il est ici question ne sont pas toujours condamnables, et que, par suite, certains résultats obtenus par ces moyens pourront être exacts. Mais ce dont il faut se garder, c'est de trop prendre confiance dans ces cas exceptionnels pour conclure que c'est toujours ainsi que les choses doivent se passer. Or, en s'en référant aux habitudes des géomètres, il faut reconnaître que la tendance contre laquelle je m'élève ici n'est que trop générale.

On doit observer, en second lieu, qu'au cas même où l'on aurait considéré comme applicable à une expression imaginaire une règle qui ne l'est pas, il est fort possible, dans certaines circonstances, lorsqu'on reviendra de l'imaginaire au réel, de détruire dans ce retour les effets des erreurs primitives et d'obtenir ainsi, dans quelques cas exceptionnels, des résultats exacts, bien que le point de départ ne le soit pas.

Par exemple, parce que, dans la formule d'Euler, lorsqu'on suppose l'angle x nul, on obtient l'identité $1 = 1$, dans laquelle tout est réel, on ne saurait être autorisé à en conclure que la formule est exacte. Qui ne voit, en effet, que la première erreur que je reproche à la formule, et qui consiste à prendre pour valeur de $\cos x + \sqrt{-1}\sin x$ une exponentielle imaginaire, se trouve annihilée dans le retour au réel par la supposition que x est nul, car cela fait disparaître cette même exponentielle faussement introduite. Cette prétendue vérification reste donc sans valeur. On voit même qu'elle se serait toujours produite avec un nombre quelconque différent de e et avec tout autre exposant, réel ou imaginaire, multiple de x.

On a encore dit dans le même ordre d'idées, et pour se fortifier dans la pensée que la formule d'Euler est exacte, que les valeurs de $\cos x$ et de $\sin x$ qu'on en peut déduire vérifient la loi fondamentale de la Trigonométrie

$$\cos^2 x + \sin^2 x = 1.$$

On aurait, d'après Euler,

$$\cos x = \frac{e^{x\sqrt{-1}} + e^{-x\sqrt{-1}}}{2}, \quad \sin x = \frac{e^{x\sqrt{-1}} - e^{-x\sqrt{-1}}}{2\sqrt{-1}},$$

dont la somme des carrés est bien égale à l'unité.

Mais, comme dans cette somme toutes les exponentielles disparaissent d'elles-mêmes, il est impossible de rien affirmer sur leur légitimité propre et sur leur droit exclusif d'intervenir. Aussi, que l'on substitue à $e^{x\sqrt{-1}}$ telle quantité A qu'on voudra, réelle ou imaginaire, possible ou impossible, on aura identiquement

$$\left(\frac{A + A^{-1}}{2}\right)^2 + \left(\frac{A - A^{-1}}{2\sqrt{-1}}\right)^2 = 1.$$

On voit donc à quoi se réduisent ces prétendus contrôles : ce sont de véritables illusions qui n'apprennent absolument rien sur le fond de la question.

Tant de transformations qu'on voudra, pour revenir au réel, peuvent donc rester impuissantes, malgré l'exactitude des résultats obtenus. Il faut encore s'éclairer avec soin sur le mode même de ces transformations et sur leurs particularités analytiques. C'est une nécessité que les exemples ci-dessus rendent évidente.

Mais, à l'inverse, un seul résultat déduit de l'expression primitive, que des raisonnements stricts et rigoureux condamneraient, sera suffisant, quelle que soit sa nature, pour attester la fausseté de cette expression. Or déjà nous avons fait connaître un de ces résultats, celui qui exigerait que e^{π} fût égal à -1. Nous pouvons ajouter que bien d'autres conséquences inadmissibles sont faciles à obtenir. Si, par exemple, l'hypothèse que $x = 0$ conduit à une vérité, parce qu'elle annule l'erreur en vertu de laquelle $\cos x + \sqrt{-1} \sin x$ est égalée à une exponentielle imaginaire, toute autre hypothèse qui conservera cette sorte d'exponentielle conduira à des conséquences frappées des mêmes impossibilités que la formule elle-même. C'est ainsi que la supposition que x est égal non plus à zéro mais à $2k\pi$, k étant un nombre entier quelconque, conduit à l'équation

$$1 = e^{2k\pi\sqrt{-1}},$$

dont il serait fort à désirer que les géomètres constatassent la légitimité par des moyens directs. Ce serait là une épreuve fort importante, presque décisive; malheureusement elle est encore à faire.

XIV.

Mais il y a plus, même sans aborder l'imaginaire et en se maintenant dans l'unique considération du réel: les auteurs sont obligés de poser d'importantes réserves sur les valeurs qu'il est permis d'attribuer dans a^x au nombre a.

En effet, dans son ouvrage déjà cité, Navier après s'être expliqué sur la figuration géométrique de la fonction a^x, à l'aide de courbes, fait l'observation suivante :

« Si l'on voulait prendre pour a, dans la fonction a^x, un nombre négatif, cette fonction cesserait de présenter des valeurs continues; il n'existerait plus de courbe, mais seulement des points isolés correspondant aux valeurs de x égales à des nombres entiers ou à des fractions de dénominateur impair. »

Sur quoi Navier conclut en disant :

« Nous supposerons toujours dans la suite, par cette raison, quand il s'agira d'un système quelconque de logarithmes, que la base a de ce système est un nombre positif et plus grand que l'unité. »

Or, dirons-nous, si, même pour certains cas de la réalité de a, la continuité de la fonction disparaît, ce qui déjà nous met quelque peu en dehors des notions normalement admises en Algèbre, qui donc serait en mesure de prévoir ce qui adviendra pour le cas autrement exceptionnel de l'imaginaire, et d'affirmer que dans $e^{x\sqrt{-1}}$, où en définitive a devient $e^{\sqrt{-1}}$, cette même absence de continuité ne persistera pas, ne s'aggravera pas même, par suite de certaines circonstances que je ne connais pas sans doute, mais dont l'incompréhension de $e^{\sqrt{-1}}$ permet de supposer l'existence? Un tel scrupule est à coup sûr fort légitime, et, cependant, poser la formule d'Euler, n'est-ce pas trancher la question et affirmer que $e^{x\sqrt{-1}}$ est continu, puisque chacun des termes du second membre l'est?

Dans tous les cas, supposer que dans e^x la variable devient $x\sqrt{-1}$, c'est la même chose, je le répète, que remplacer a de a^x par la valeur $e^{\sqrt{-1}}$; or, tant qu'il ne sera pas prouvé que $e^{\sqrt{-1}}$ est un nombre positif et plus grand que l'unité, il faudra reconnaître que Navier et les géomètres qui partagent ses idées auront contrevenu aux règles qu'ils se sont eux-mêmes imposées.

On n'a pas assez réfléchi, ce me semble, à cette considération, très-digne d'attention, que remplacer x par $x\sqrt{-1}$ n'est pas chose aussi simple qu'on serait tenté de le croire au premier abord. On paraît ne comprendre que d'une seule manière le passage de a^x à $a^{x\sqrt{-1}}$, tandis qu'en fait il y en a deux très-distinctes. Suivant les habitudes admises, ce passage consisterait à remplacer la variable réelle x par la variable imaginaire $x\sqrt{-1}$; mais ne serai-je pas également autorisé à dire, sans contrevenir à aucun des principes de l'Algèbre, que ce passage peut s'entendre en ce sens, que la variable continue de rester réelle et que c'est la constante a qui prend la forme imaginaire $a^{\sqrt{-1}}$, la première interprétation serait plus particulièrement représentée par $a^{(x\sqrt{-1})}$, la seconde par $(a^{\sqrt{-1}})^x$.

Dans le premier cas, et dans l'hypothèse où les règles de calcul pour les variables réelles s'appliquent aux variables imaginaires, on aurait

$$a^{x\sqrt{-1}} = 1 + (\log a)\frac{x\sqrt{-1}}{1} - (\log a)^2\frac{x^2}{2!} - (\log a)^3\frac{x^3\sqrt{-1}}{3!} + (\log a)^4\frac{x^4}{4!} + \cdots,$$

ainsi que l'admettent les géomètres.

Dans le second cas, et dans l'hypothèse où les principes établis pour les constantes réelles sont applicables aux constantes imaginaires, il faudrait écrire

$$(a^{\sqrt{-1}})^x = 1 + (\log a^{\sqrt{-1}})\frac{x}{1} + (\log a^{\sqrt{-1}})^2\frac{x^2}{2!} + (\log a^{\sqrt{-1}})^3\frac{x^3}{3!} + \cdots.$$

Certes, en opérant ainsi, je ne prétends pas plus justifier la seconde forme que la première; mais, à tout prendre, ne semble-t-il pas qu'elle est moins excentrique qu'elle? On conviendra, en effet, qu'il est bien plus facile d'admettre qu'une formule continue d'être applicable, lorsque c'est une de ses constantes qui de réelle devient imaginaire, qu'il ne l'est de la considérer comme étant encore vraie lorsque c'est la variable même, c'est-à-dire la partie active de la fonction, qui subit un changement d'état, modifiant si profondément sa nature.

Quoi qu'il en soit, de quelque manière qu'on envisage les choses, il faut reconnaître que c'est toujours sur des hypothèses qu'on s'appuie, et que, par conséquent, les résultats obtenus, en admettant qu'ils soient vrais, ne sont pas démontrés.

Eh quoi! on ne sait pas ce que peut être la puissance imaginaire d'une quantité réelle, et l'on voudrait calculer à coup sûr les effets de ses variations pour l'universalité des valeurs, d'ailleurs incomprises, que peut prendre une telle fonction! Mais, dans toutes les sciences, ne faut-il pas au contraire se montrer de plus en plus timoré, à mesure que l'intelligence des choses dont on s'occupe devient plus obscure? Ne faut-il pas procéder alors avec cette sage réserve, avec cette prudence du doute qui, seules, peuvent nous mettre en garde contre les erreurs? N'est-ce point dans de telles circonstances qu'il faut surtout éviter de céder à l'entraînement de trompeuses analogies, et ne devient-il pas nécessaire, comme Laplace le recommande avec tant de raison, de confirmer par des démonstrations directes les résultats obtenus par ces divers moyens?

Mais, puisque nous avons deux valeurs, vraies ou fausses, pour la même expression, il faudrait tout au moins que ces valeurs fussent égales. Or à quelle condition cette égalité pourra-t-elle exister? Il suffit de jeter un coup d'œil sur les deux développements pour reconnaître qu'ils deviendront identiques si l'on a

$$\log a^{\sqrt{-1}} = \sqrt{-1}\log a,$$

c'est-à-dire qu'il faudrait encore que les règles de calcul établies pour la fonction logarithmique, dans le cas du réel, continuassent à s'appliquer dans le cas de l'imaginaire. C'est donc là une nouvelle hypothèse de même ordre que les précédentes, de sorte que, loin de disparaître, le doute ne fait que s'affirmer de plus en plus. Navier lui-même, qui, dans un grand nombre de circonstances, ne s'est pas fait faute de céder à l'entraînement des inductions analogiques, ne se borne pas, au sujet de la fonction a^x, à émettre des scrupules sur ce qui doit arriver lorsque a devient imaginaire, comme c'est ici le cas; mais il pose nettement des réserves. Voici comment il s'exprime, page 130 de l'Ouvrage déjà cité:

« Observons d'ailleurs que la transformation de a^x en e^x, opérée en multipliant x par la, suppose que la soit un nombre qui puisse être assigné, c'est-à-dire *que a soit un nombre réel et positif*. La propriété de la fonction a^x, dont il s'agit, ne subsiste pas sans restriction, lorsqu'on veut attribuer au nombre *a des valeurs négatives ou imaginaires.* »

Or, dirons-nous, comme supposer que dans a^x la variable x devient imaginaire de la forme $x\sqrt{-1}$, c'est exactement la même chose que laisser x réel et substituer à a la valeur imaginaire $a^{\sqrt{-1}}$, il faut en conclure, d'après Navier lui-même, que les conséquences d'une telle hypothèse ne sauraient être admises sans restriction, et que par suite ces conséquences n'ont d'autre valeur que celle d'une incertitude.

XV.

Quelques auteurs partageant sans doute, en tout ou en partie, les doutes que nous venons de signaler, mais ne voulant pas toutefois, pour des motifs que nous ne saurions apprécier puisqu'ils ne les ont pas dits, se faire l'écho de ces critiques, ont mis en avant, au sujet de la formule d'Euler, une certaine réserve dont nous ne saisissons que très-imparfaitement la portée, et qui nous paraît être moins encore une explication que l'expression de cet embarras qu'éprouvent les personnes qui, ne pouvant pas absoudre, seraient cependant très-désireuses de ne pas condamner : on va en juger.

Dans un Traité d'Algèbre, que nous ne pouvons qu'apprécier à beaucoup d'égards, l'inscription de la formule d'Euler est suivie du commentaire suivant :

« Telle est la formule trouvée par Euler et qui lie les exponentielles aux lignes trigonométriques. Cette formule ne constitue pas à proprement parler un théorème ; elle renferme au contraire une définition, celle de $e^{x\sqrt{-1}}$. »

Comme, dans le langage algébrique, le mot *théorème* ne saurait avoir d'autre signification que celle de l'expression d'une vérité mathématique, il faudrait en conclure que, dans l'opinion de l'auteur, la formule en question n'est pas une vérité, ou que tout au moins elle peut n'en pas être une. Sur ce point, je dois reconnaître que je suis parfaitement d'accord avec lui ; mais comment comprendre que, n'étant pas un théorème, elle soit *au contraire* une définition? Est-ce qu'une définition serait le contraire d'un théorème, et, par suite, cette définition serait-elle en même temps contraire à une vérité? Tout cela paraîtra, ce me semble, un peu confus ; mais ne jouons pas sur les mots, qui peuvent avoir été mal choisis et ne pas rendre convenablement la pensée de l'auteur. Supposons que celui-ci ait voulu dire, dans ce passage, que la formule en question doit être simplement considérée comme une définition de $e^{x\sqrt{-1}}$.

C'est d'ailleurs dans ce sens que l'entendent certains géomètres avec lesquels j'ai fait échange d'explications. Ils disent que, s'il n'est pas suffisamment démontré que $e^{x\sqrt{-1}}$ est égal à $\cos x + \sqrt{-1} \sin x$, il résulte tout au moins du caractère essentiellement vérificatif des calculs qui ont conduit Euler à cette formule, qu'on est suffisamment autorisé à substituer $\cos x + \sqrt{-1} \sin x$ à $e^{x\sqrt{-1}}$, sans qu'il puisse en résulter aucun inconvénient, aucune erreur dans les combinaisons analytiques où l'on fera intervenir cette substitution. Mais cela peut-il bien s'appeler définir ? S'exprimer ainsi ce n'est pas, ce me semble, exposer l'idée qu'on doit se faire d'une chose, c'est soumettre cette chose à une obligation ; ce n'est pas expliquer, c'est établir une règle ; ce n'est pas, en un mot, poser une définition, c'est émettre le principe d'une faculté de remplacement.

Car une définition, quelle qu'elle soit, ne fait que constituer un point de départ, pour des raisonnements ultérieurs, qui ne préjuge et n'admet spontanément et *a priori* aucune affirmation, soit entre les divers états de l'objet défini, soit sur les rapports qui peuvent le lier à d'autres considérations. Sans doute, en étudiant les propriétés de cet objet et en appliquant à sa définition des raisonnements autorisés, je pourrai, presque immédiatement quelquefois, plus péniblement dans d'autres circonstances, être conduit à certaines affirmations qui, dans la spécialité de l'Algèbre, s'expriment par des équations ; mais commencer par établir dans cette science une égalité entre des expressions alors que celles-ci n'ont rien de facultatif, qu'on veuille bien le remarquer, alors que par elles-mêmes elles indiquent et imposent l'inévitable obligation d'exécuter certaines opérations de calcul plutôt que d'autres, ce n'est pas définir, je le répète, c'est établir entre deux choses une condition qu'on croit nécessaire sans doute, mais qui ne sera acceptable que lorsqu'elle aura été sanctionnée par l'Algèbre.

Ces deux choses, en effet, étant d'avance par leur constitution et leur forme une dépendance obligée de cette science, il faudra bien, si l'on veut rester dans le vrai, que la nouvelle dépendance dans laquelle on prétend les établir l'une par rapport à l'autre soit en parfait accord avec les constitutions et les formes qui leur ont été primitivement imposées. Or cela ne s'établit pas par des mots, mais doit se justifier par des preuves, car, s'il en était autrement, on n'aurait défini ou pour mieux dire exprimé qu'une contradiction.

Qu'on veuille bien ne pas perdre de vue qu'en ce qui concerne l'Algèbre, $e^{x\sqrt{-1}}$ aussi bien que $\cos x + \sqrt{-1}\sin x$ sont dès l'abord et invariablement définis par eux-mêmes, puisque les quantités constantes et variables qui figurent dans l'une et dans l'autre, ainsi que les opérations qui y lient entre elles ces quantités, sont parfaitement indiquées et qu'il est par conséquent impossible que $e^{x\sqrt{-1}}$ ou $\cos x + \sqrt{-1}\sin x$ soient autre chose que ce que ces quantités et ces opérations leur permettent d'être. A cela ni les conventions ni les mots, quels que soient ceux qu'on voudra employer, ne sauraient rien changer. Un cadre déterminé d'opérations à effectuer sur des nombres donnés est un type de génération qui ne subit d'autres lois que les siennes propres, dont les résultats s'imposent, et qui ne saurait créer que ce que sa constitution autorise.

Sans doute, si deux de ces types produisent exactement les mêmes résultats, l'un d'eux pourra servir à donner une idée de l'autre ; mais il faut qu'au préalable cette équivalence ait été établie et que la preuve ait précédé cette sorte de définition. Que penser d'après cela d'une assertion qui semble exprimer le contraire, en prétendant que la formule d'Euler n'est pas un théorème, mais une définition ?

Serait-ce parce qu'il y a là des opérations dont le sens aussi bien que le mécanisme nous échappe, que nous croirions devoir intervenir et ajouter à la définition première naturelle et constitutive de $e^{x\sqrt{-1}}$ une nouvelle définition? Mais, comme nous le disions dans l'article précédent, ne devons-nous pas au contraire mettre d'autant plus de scrupule dans cette intervention que nous comprenons moins, nous pourrions même dire, que nous ne comprenons pas du tout ? Où trouver en effet la sanction de l'explication quelconque d'une chose dont nous avouons que l'intelligence nous échappe, et que penser d'une telle tentative alors que les moyens et les raisonnements algébriques sur lesquels elle s'appuie ne sont pas autorisés ? Cela pourra être commode pour les faiseurs d'hypothèses, parce que l'incompréhension d'un objet rend plus difficile la critique des propriétés qu'on lui attribue bénévolement ; mais, quoi qu'on fasse, la logique ne saurait y perdre aucun de ses privilèges ; l'obscurité du sujet, au contraire, lui donnera toujours le droit de se montrer plus exigeante.

De quelque côté qu'on envisage la question, on ne saurait donc y voir que doutes et incertitudes, et telle est la situation d'esprit dans laquelle je suis resté jusqu'au moment où les flagrantes contradictions que j'ai signalées plus haut sont venues porter contre la formule d'Euler une nouvelle et plus grave accusation, celle d'être inexacte.

En résumé, le développement de e^x n'ayant été établi que pour le cas où x est réel, on ne saurait être autorisé à prétendre que ce développement devient la valeur de $e^{x\sqrt{-1}}$ lorsqu'on y remplace x par $x\sqrt{-1}$. La formule d'Euler ne constitue donc ni un théorème ni une définition, elle n'est qu'une hypothèse. De plus, cette hypothèse, conduisant à des contradictions manifestes dans les applications qu'on en peut faire, doit être rejetée. Il suit de là que la réduction de la fonction $e^{x\sqrt{-1}}$ à la forme imaginaire simple $A + B\sqrt{-1}$ est un principe non justifié, qu'il en est par conséquent de même de toutes les conséquences qu'on voudrait déduire de ce principe, et qu'en particulier il n'est pas exact de prétendre que $\sqrt{-1}^{\sqrt{-1}}$ est réel. Cette dernière expression constitue donc une espèce à part, non représentable par les autres formes connues et déjà étudiées, soit réelles, soit imaginaires, et ne saurait par conséquent être exclue de ce chef de la possibilité de devenir l'équivalent algébrique de la double perpendicularité de l'axe des z sur ceux des x et des y.

CHAPITRE DEUXIÈME.

VALEURS DES LIGNES TRIGONOMÉTRIQUES DES ARCS, SOIT PERPENDICULAIRES A UN PLAN DE BASE, SOIT INCLINÉS SUR CE PLAN. — DÉTERMINATION DU DIRECTIF ALGÉBRIQUE D'UNE DROITE EN FONCTION DE SA LONGITUDE ET DE SA LATITUDE. — EXTENSION DU THÉORÈME DE MOIVRE.

SOMMAIRE. — XVI. Équivalents algébriques des directions des droites situées sur les plans des coordonnées. Premières observations sur les différences qui existent entre ces trois sortes d'expressions. — XVII. Détermination des cosinus et sinus des arcs qui, partant de l'origine commune, sont inclinés sur le plan de base et revêtent la forme $\alpha + \beta\sqrt{-1}$. — XVIII. Les valeurs ainsi obtenues sont en parfait accord avec les principes déjà établis. — XIX. Erreurs des géomètres au sujet de l'évaluation de $\cos(\alpha + \beta\sqrt{-1})$ et de $\sin(\alpha + \beta\sqrt{-1})$. — XX. Détermination du directif des droites en fonction de leur longitude et de leur latitude. — XXI. Observations sur la constitution algébrique des directifs des droites. Caractères auxquels on reconnait qu'un trinôme $A + B\sqrt{-1} + C\sqrt{-1}^{\sqrt{-1}}$ est un directif, propriétés qui en résultent. — XXII. Directifs des perpendiculaires aux droites qui sont situées sur les plans des coordonnées. — XXIII. Directif d'une perpendiculaire à une droite quelconque dans l'hypothèse où la perpendiculaire est située dans le même méridien que la droite. — XXIV. Confirmation de la valeur obtenue pour le directif d'une droite par la considération des arcs dirigés. — XXV. Observation sur les procédés mis en œuvre pour l'établissement de la formule de Moivre dans le cas où l'exposant est réel et positif. — XXVI. Examen du cas dans lequel l'exposant est réel et négatif. — XXVII. Extension de la formule au cas où l'exposant est imaginaire de la forme $\pm m\sqrt{-1}$. — XXVIII. Réflexions sur les erreurs auxquelles on peut être conduit en cette matière, lorsqu'on cède à l'entraînement des considérations analogiques.

XVI.

Nous allons maintenant revenir à ce qui concerne plus spécialement les directions; mais il importe, avant de nous occuper d'une direction quelconque, de passer en revue ce qui s'applique plus particulièrement à celles qui sont situées dans les trois plans des coordonnées. Non-seulement ces premières études nous conduiront plus facilement à l'intelligence du cas général, mais elles nous donneront l'occasion de nous éclairer sur les rapports qui lient entre elles les expressions algébriques dans lesquelles entrent ± 1, $\pm\sqrt{-1}$, $\pm\sqrt{-1}^{\sqrt{-1}}$, soit séparément, soit simultanément. Dans l'ignorance où l'on était de la signification des deux dernières formes, ces rapports ont été ou peu étudiés ou mal compris; mais, à l'aide des corrélations, désormais bien établies, de ces formes avec les propriétés géométriques des perpendicularités, tout ce qui se rattache à ce sujet va se simplifier. Nous pourrons ainsi formuler avec précision des principes qui nous permettront de rectifier des erreurs, ainsi que nous avons déjà eu occasion de le faire, ou de généraliser certaines vérités qui n'ont été affirmées jusqu'à ce jour que dans quelques-unes de leurs particularités.

En ce qui concerne le plan des xy, ce travail est déjà accompli; l'étude que nous avons faite des directions dans le plan est complète. Elle consacre ce fait principal que, dans ce plan, la direction répondant à l'angle α a pour équivalent algébrique $\cos\alpha + \sqrt{-1}\sin\alpha$, et que, tandis qu'en Géométrie le passage d'une direction à l'autre, par exemple de celle de α à celle de α augmenté de β, se fait par l'addition des arcs en Algèbre elle s'obtient par la multiplication des deux facteurs directifs $\cos\alpha + \sqrt{-1}\sin\alpha$ et $\cos\beta + \sqrt{-1}\sin\beta$ correspondant à chacun de ces arcs. Nous verrons plus tard quelles sont les modifications que les propriétés géométriques des directions dans l'espace viennent introduire dans ce principe.

Tout ce qui se passe dans ce premier plan des coordonnées s'applique aux arcs positifs et négatifs exclusivement et complète ce qui les concerne.

La considération des arcs $\pm\alpha\sqrt{-1}$, c'est-à-dire de ceux qui, à partir de l'origine des arcs, au lieu de rester confinés dans le plan des xy, s'élèvent perpendiculairement au-dessus ou au-dessous de ce plan, nous a conduit à l'examen de ce qui concerne le plan des xz. Nous avons vu que l'expression générale d'une direction dans ce plan est $\cos\alpha + \sqrt{-1}^{\sqrt{-1}}\sin\alpha$.

Si l'angle α est nul, elle se réduit à $+1$, ce qui est la direction de l'axe de x. Si cet angle est droit, l'expression de la direction devient $\sqrt{-1}^{\sqrt{-1}}$, de sorte que, dans ce plan, au point de vue de la double perpendicularité dont jouit l'axe des z, par rapport aux x et aux y, nous voyons que l'opération de faire un angle droit sur la direction $+1$ est algébriquement représentée par le facteur $\sqrt{-1}^{\sqrt{-1}}$. Une seconde opération semblable aura donc pour expression le produit de $\sqrt{-1}^{\sqrt{-1}}$ par $\sqrt{-1}^{\sqrt{-1}}$, ce qui donne $\sqrt{-1}^{2\sqrt{-1}}$ ou $-1^{\sqrt{-1}}$. Mais comme, à l'aide de cette double opération, on arrive au négatif de la direction primitive, c'est-à-dire à -1, il s'ensuit que nous sommes autorisé à considérer $-1^{\sqrt{-1}}$ comme étant égal à l'unité négative. En continuant d'ailleurs cette construction d'angles droits, la quatrième nous ramenant à la direction primitive sera représentée par $\sqrt{-1}^{4\sqrt{-1}}$ ou $+1^{\sqrt{-1}}$: nous sommes donc également autorisé à dire que $1^{\sqrt{-1}}$ est égal à l'unité positive. Cet exposant $\sqrt{-1}$, tout en n'altérant pas les directions positive et négative prises ici comme ligne de départ, aura l'utilité d'indiquer qu'au lieu de considérer cette direction comme appartenant au plan des xy, on veut la considérer comme faisant partie de celui des xz. C'est d'ailleurs la seule qui soit commune aux deux plans, puisque c'est suivant elle que se fait leur intersection. Nos recherches ultérieures ne feront que confirmer les observations que nous présentons ici.

Dans le plan qui nous occupe, comme dans celui des xy, le passage d'une direction à une autre se fera algébriquement en prenant le produit des deux facteurs directifs $\cos\alpha + \sqrt{-1}^{\sqrt{-1}} \sin\alpha$ et $\cos\beta + \sqrt{-1}^{\sqrt{-1}} \sin\beta$ correspondant à chacun des arcs ajoutés. Il est évident, en effet, au point de vue géométrique, que, les deux arcs $\alpha\sqrt{-1}$ et $\beta\sqrt{-1}$ étant dans le même plan, la direction correspondant à leur somme sera

$$\cos(\alpha + \beta) + \sqrt{-1}^{\sqrt{-1}} \sin(\alpha + \beta),$$

et tel est en effet exactement le produit des deux facteurs ci-dessus signalés. Cette propriété ne s'applique d'ailleurs qu'aux plans des xy et des xz, et nous ne manquerons pas d'indiquer dans la suite les faits géométriques qui l'expliquent dans ces deux circonstances et qui l'infirment dans toutes les autres.

Passons maintenant au plan des yz. Dans ce plan, les arcs sont comptés à partir de l'extrémité des y positifs ; comme dans le précédent, ils s'élèvent perpendiculairement au-dessus de lui, passent d'abord par l'extrémité des z positifs, puis par celles des y et des z négatifs et viennent enfin rejoindre le point de départ. Il semblerait au premier abord résulter du fait de leur perpendicularité sur le plan de base que, comme précédemment, ils doivent être représentés par $\alpha\sqrt{-1}$; mais il y a cette différence entre les deux cas que, pour le plan des xz, ils partent de l'origine même à partir de laquelle on mesure tous les arcs, tandis que pour le plan des xz, et au point de vue de cette origine, ils en sont séparés par un angle droit compté sur la circonférence de base, de sorte qu'en réalité la représentation algébrique des premiers est $\alpha\sqrt{-1}$ et celle des seconds est $\frac{\pi}{2} + \alpha\sqrt{-1}$. De là une différence essentielle entre la supputation des directions correspondant aux uns et aux autres. Ce cas est au reste une particularité de l'expression générale des directions sur laquelle nous ne manquerons pas de revenir après que nous aurons traité le problème dans son ensemble.

Quant à présent, nous nous bornerons à déduire la représentation algébrique des directions dans le plan des yz des faits géométriques aussi simples que directs qui se rapportent immédiatement à sa situation.

Ayant pris dans ce plan, à partir de l'extrémité de y, un arc α, et ayant joint l'origine avec l'extrémité de cet arc, on aura une direction faisant un angle α avec l'axe des y. Au point de vue des grandeurs, celle du cosinus de cet angle sera $\cos\alpha$, celle du sinus sera $\sin\alpha$. Quant aux directions, celle du cosinus sera celle des y, c'est-à-dire $\sqrt{-1}$, celle du sinus sera celle des z, soit $\sqrt{-1}^{\sqrt{-1}}$, de sorte qu'au double point de vue du continu et du directif, l'équivalent algébrique cherché sera

$$\sqrt{-1}\cos\alpha + \sqrt{-1}^{\sqrt{-1}}\sin\alpha.$$

Dans le plan des xy, aussi bien que dans celui des xz, nous venons de voir que la direction correspondant à la somme de deux arcs s'obtient algébriquement par la multiplication des facteurs directifs de ces arcs, et l'on pourrait être tenté par analogie de croire qu'il doit en être de même dans le plan des yz. Ce serait là une erreur contre laquelle il est utile de se prémunir dès l'abord.

Au point de vue des considérations géométriques, la direction correspondant à $\alpha + \beta$ dans le plan des yz devra être évidemment

$$\sqrt{-1}\cos(\alpha + \beta) + \sqrt{-1}^{\sqrt{-1}}\sin(\alpha + \beta),$$

puisque nous venons de reconnaître que telle est la forme que doit revêtir la direction pour un angle quelconque dans ce plan. Or on vérifiera que le produit des facteurs directifs de α et de β, c'est-à-dire le produit de $\sqrt{-1}\cos\alpha + \sqrt{-1}^{\sqrt{-1}}\sin\alpha$ par $\sqrt{-1}\cos\beta + \sqrt{-1}^{\sqrt{-1}}\sin\beta$ est

$$-\cos(\alpha - \beta) + \sqrt{-1}^{\sqrt{-1}+1}\sin(\alpha + \beta),$$

expression qui, dans aucun cas, ne peut être égale à la précédente.

Il y a donc à cet égard une différence essentielle dans les lois algébriques qui régissent les directions dans le plan des yz et celles qui leur sont applicables dans les deux autres plans des coordonnées. Nous verrons plus tard, avec tous les détails nécessaires, à quoi tient cette différence et nous traiterons cette question non-seulement pour les directions spéciales qui nous occupent ici, mais pour toutes les autres. Nous nous bornerons, quant à présent, à faire remarquer que, s'il existe à ce sujet une loi algébrique commune, pour les plans des xy et des xz, c'est qu'il y a aussi des faits géométriques communs à ces deux plans; car, dans l'un et dans l'autre, c'est la direction $+1$ qui est le point de départ de la supputation de toutes les directions, et en outre les arcs, toujours perpendiculaires à cette direction, y sont comptés à partir de leur origine commune qui est l'extrémité de l'axe des x.

Dans le plan des xy au contraire, le point de départ des arcs spéciaux à ce plan est distant de $\frac{\pi}{2}$ de leur origine commune, et toutes les directions y sont comptées à partir de celle représentée par $\sqrt{-1}$ au lieu d'être rapportées à la direction primitive $+1$. On conçoit donc que de telles différences dans les faits géométriques peuvent et doivent produire des modifications dans les moyens algébriques à mettre en œuvre. Nous verrons plus tard comment toutes ces choses se lient les unes aux autres.

XVII.

Jusqu'à présent les arcs dont il a été question, se trouvant situés dans les plans mêmes des coordonnées, constituent une grande exception et s'appliquent à des catégories de direction particulières. Occupons-nous maintenant de ceux qui peuvent être propres à caractériser une direction quelconque.

Il résulte des principes géométriques du parallélisme que la direction d'une droite quelconque sera la même que celle de toute autre droite qui lui sera parallèle. Cette circonstance nous permet de simplifier nos recherches et de les réduire à la détermination du coefficient directif des droites partant de l'origine, puisqu'à une droite donnée on peut toujours mener une parallèle passant par ce point.

Cela posé, soient O (*fig.* 1) l'origine, Ox et Oy les axes des x et des y et concevons toujours une sphère ayant son centre à l'origine et l'unité pour rayon. L'intersection de cette sphère par le plan des xy est représentée sur la figure par la circonférence ABC, et, comme précédemment, c'est à partir du point A, où l'axe des x rencontre la sphère, que seront comptés les arcs.

Une droite quelconque partant de l'origine percera la sphère en question en un certain point P. Par cette droite et par l'axe des x, faisons passer un plan qui coupera la sphère suivant un arc de grand cercle AP partant de A, origine commune des arcs, et aboutissant au point P. Cet arc, dans son plan OPA,

Fig. 1.

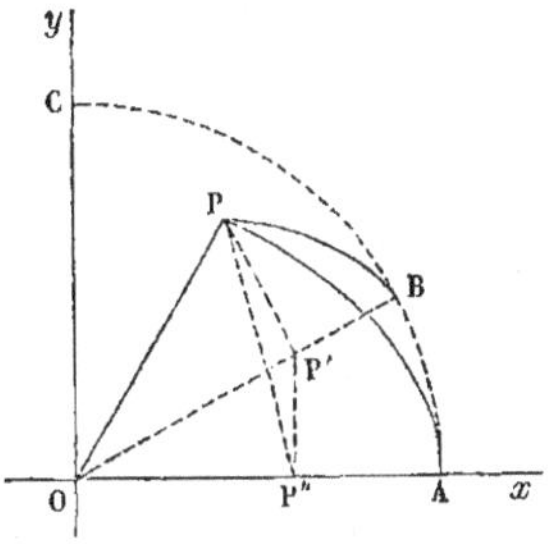

aura un sinus et un cosinus, et, s'il était perpendiculaire au plan de base, nous savons qu'en grandeur et en direction son cosinus serait cos AP et son sinus $\sqrt{-1}^{\sqrt{-1}}$ sin AP. Mais son obliquité doit nécessairement modifier ces conséquences, et nous nous proposons de rechercher ce que peuvent être ces modifications. Dans ce but, nous allons tâcher de ramener la détermination de ces cosinus et sinus dirigés à celle d'éléments angulaires rentrant dans la catégorie de ceux déjà étudiés, c'est-à-dire d'arcs, ou situés dans le plan de base, ou perpendiculaires à ce plan.

A cet effet, soit projetée sur le plan de base en OB la droite donnée OP ; le plan projetant coupera la sphère suivant un arc de grand cercle PB que nous désignerons par β et que, par rapport au plan de base, on peut appeler la latitude du point P. Nommons ensuite α l'arc AB ; cet arc, par rapport au plan des xz, sera la longitude du point P.

Or c'est un fait géométrique évident que, sur la sphère, en partant du point A et suivant le chemin curviligne AP, on arrivera au point P, comme on y serait arrivé en suivant d'abord l'arc AB et ensuite l'arc perpendiculaire BP. Il ne résulte pas de là que la longueur de l'arc AP est égale à la somme des longueurs des arcs AB et BP, mais que cette longueur combinée avec les inflexions successives que lui impose la Géométrie est l'équivalent de la somme des longueurs AB et BP parcourues également en tenant compte des inflexions qui leur sont propres.

Mais, d'après notre manière de compter les arcs, AB *dirigé* étant représenté par α, BP *dirigé* doit l'être par $\beta\sqrt{-1}$; d'où il résulte que, dans les conditions de la situation géométrique faite à l'arc AP, conditions que, pour éviter toute confusion, nous pouvons résumer dans le symbole APdirigé, on doit avoir

$$\text{AP } dirigé = \alpha + \beta\sqrt{-1};$$

il s'agira donc maintenant de déterminer, tant en grandeur qu'en direction, les cosinus et sinus de $\alpha + \beta\sqrt{-1}$.

A cet effet, projetons le point P sur le plan de base ; cette projection tombera au point P′ de OB ; puis menons P′ P″ perpendiculaire à l'axe des x, et joignons P avec P″.

Comme il résulte de cette construction que PP″ est perpendiculaire à OA, il s'ensuit, d'une part, que OP″ est, en grandeur et en direction, le cosinus de PA ou de $\alpha + \beta\sqrt{-1}$; d'autre part, qu'également en grandeur et en direction PP″ en est le sinus.

Il en résulte en outre que la direction du cosinus est celle même de l'axe des x ; déterminons sa longueur. Or, d'après la figure, OP″ étant la projection de OP′, on aura

$$\cos(\alpha + \beta\sqrt{-1}) = \text{OP}' \cos\alpha.$$

D'ailleurs OP′ étant le cosinus de β, il viendra définitivement

$$\cos(\alpha + \beta\sqrt{-1}) = \cos\alpha\cos\beta.$$

De là on conclura que, quant à la grandeur seulement, on doit avoir pour le sinus

$$\sin(\alpha + \beta\sqrt{-1}) = \sqrt{1 - \cos^2\alpha\cos^2\beta},$$

ce qui, au surplus, se déduirait du triangle OPP″ rectangle en P″.

Disons maintenant ce que sont les directions.

Quant au cosinus, nous venons de constater que sa direction est celle de l'axe des x; son coefficient directif sera donc

± 1, suivant que l'arc $\alpha + \beta\sqrt{-1}$ pris, positivement ou négativement, sera plus petit ou plus grand qu'un angle droit.

Pour le sinus, les choses, sans se passer aussi simplement, ne présentent pas de difficulté.

Si l'on désigne par x le coefficient inconnu de la direction du sinus, le chemin dirigé P″P aura pour valeur

$$x \sin(\alpha + \beta\sqrt{-1}) \quad \text{ou} \quad x\sqrt{1 - \cos^2\alpha \cos^2\beta};$$

or ce chemin doit être égal à P″P′ *dirigé* + P′P *dirigé ;* mais, parce que P″P′ est perpendiculaire à l'axe des x, on aura successivement

$$\text{P}''\text{P}' \textit{ dirigé} = \sqrt{-1}\,\text{P}''\text{P}' = \sqrt{-1}\,\text{OP}' \cos \text{OP}'\text{P}'' = \sqrt{-1}\cos\beta \sin\alpha.$$

D'ailleurs PP′ *dirigé* est évidemment égal à $\sqrt{-1}^{\sqrt{-1}} \sin\beta$; on aura donc l'égalité

$$x\sqrt{1 - \cos^2\alpha\cos^2\beta} = \sqrt{-1}\cos\beta\sin\alpha + \sqrt{-1}^{\sqrt{-1}}\sin\beta,$$

de laquelle on déduit

$$x = \frac{\sqrt{-1}\cos\beta\sin\alpha + \sqrt{-1}^{\sqrt{-1}}\sin\beta}{\sqrt{1 - \cos^2\alpha\cos^2\beta}}.$$

Tel est le coefficient de direction de $\sin(\alpha + \beta\sqrt{-1})$.

XVIII.

Nous aurions maintenant à faire usage des valeurs que nous venons de déterminer dans l'article précédent pour arriver à la connaissance de l'équivalent algébrique des directions dans l'espace ; mais, avant de procéder à cette recherche, il nous paraît nécessaire de présenter des observations sur deux conséquences auxquelles conduisent ces valeurs et qui, pour n'être qu'accessoires, n'en sont pas moins importantes. Lorsqu'il s'agit de théories nouvelles, cet examen de certains détails est d'autant plus utile qu'en même temps qu'il peut servir à confirmer la vérité des principes et à fixer les idées sur les procédés à suivre pour en faire usage, il est aussi très-propre à dissiper les doutes et les erreurs qui ont pu s'introduire sur quelques points délicats de la Science.

La première observation que nous avons à faire a pour objet de constater que l'expression algébrique ci-dessus de $\sin(\alpha + \beta\sqrt{-1})$ est bien conforme à une des lois qui régissent les directions dans le plan.

Si l'on suppose pour un instant que l'on transporte l'origine au point P″ et si l'on considère le plan qui, passant par P″, est perpendiculaire à l'axe des x, on remarquera que le sinus de $\alpha + \beta\sqrt{-1}$ est situé dans ce plan et que, par conséquent, l'expression de sa direction doit revêtir tous les caractères propres aux directions planes. Or nous avons déjà constaté que l'expression de toute direction qui est dans ce cas, pour être rationnelle et acceptable, doit jouir de la propriété que la somme des carrés des grandeurs ou des rapports de grandeurs qui y figurent est égale à l'unité. Il faut donc dans l'espèce actuelle que la somme des carrés des quantités qui multiplient les signes directifs $\sqrt{-1}$ et $\sqrt{-1}^{\sqrt{-1}}$ soit égale à 1 ; qu'on ait par conséquent

$$\sin^2\beta + \cos^2\beta\sin^2\alpha = 1 - \cos^2\alpha\cos^2\beta.$$

Or il est très-facile de se convaincre que c'est ce qui a lieu en effet, de sorte que l'expression ci-dessus possède bien à cet égard le caractère essentiel d'une direction.

Remarquons en outre, toujours au point de vue directif, que les deux expressions

$$\frac{\cos\beta\sin\alpha}{\sqrt{1 - \cos^2\alpha\cos^2\beta}}, \quad \frac{\sin\beta}{\sqrt{1 - \cos^2\alpha\cos^2\beta}}$$

doivent être équivalentes, la première au cosinus d'un certain angle, la seconde à son sinus, ledit angle devant se trouver dans le plan qui, passant par P″, est perpendiculaire à l'axe.

En conséquence, si l'on désigne par x cet angle encore inconnu, la direction du sinus pourra être représentée par

$$\sqrt{-1}\cos x + \sqrt{-1}^{\sqrt{-1}}\sin x.$$

Or ce type, ainsi que nous l'avons établi à l'article XVI, est précisément celui des directions tracées dans le plan des yz, puisque, dans ce plan, tous les cosinus sont perpendiculaires à l'axe des x et tous les sinus parallèles à celui des z. Il faut donc que la direction de $\sin(\alpha+\beta\sqrt{-1})$ soit parallèle au plan des yz, et c'est ce qui a lieu en effet, puisque ce sinus est perpendiculaire à l'axe des x.

Tâchons maintenant de déterminer l'angle x.

A cet effet, nous remarquerons que, le sinus de $\alpha+\beta\sqrt{-1}$ étant parallèle au plan des yz, sa projection sur ce plan aura même direction que lui, de telle sorte que, si θ est l'angle que fait cette projection avec l'axe des y, sa direction sera

$$\sqrt{-1}\cos\theta+\sqrt{-1}^{\sqrt{-1}}\sin\theta,$$

d'où il suit que x est nécessairement égal à θ. Or θ est à son tour égal à l'angle PP″P′ que fait avec le plan de base celui qui, passant par l'axe des x, contient la direction OP ; il faut donc que nous ayons les égalités suivantes :

$$\cos \mathrm{PP''P'}=\cos\theta=\frac{\cos\beta\sin\alpha}{\sqrt{1-\cos^2\alpha\cos^2\beta}},$$

$$\sin \mathrm{PP''P'}=\sin\theta=\frac{\sin\beta}{\sqrt{1-\cos^2\alpha\cos^2\beta}}.$$

C'est ce que la figure ci-dessus permet de vérifier avec la plus grande facilité.

L'accord le plus parfait existe donc entre ces diverses considérations.

XIX.

La seconde observation que nous avons à présenter a pour objet le redressement de quelques erreurs.

Les géomètres, sans toutefois y être autorisés par des démonstrations, agissent comme si les formules qui donnent les sinus et cosinus de la somme ou de la différence de deux arcs, lorsque ces arcs sont réels, continuaient d'être applicables au cas où, l'un des arcs étant réel, l'autre devient imaginaire. Ils ecrivent en conséquence (*voir* l'ouvrage cité de Navier, p. 116)

$$\cos(\alpha + \beta\sqrt{-1}) = \cos\alpha\cos(\beta\sqrt{-1}) - \sin\alpha\sin(\beta\sqrt{-1}),$$
$$\sin(\alpha + \beta\sqrt{-1}) = \sin\alpha\cos(\beta\sqrt{-1}) + \cos\alpha\sin(\beta\sqrt{-1}).$$

Or ces formules dans lesquelles on a cru pouvoir faire figurer des arcs imaginaires, sans savoir ce que peuvent être de pareils arcs, ces formules dont de simples déductions analogiques ont fait tous les frais de découverte ont le double tort de n'être ni justifiées ni vraies. Il résulte évidemment des démonstrations directes que nous venons de donner que les valeurs qu'elles indiquent pour les sinus et cosinus de $\alpha + \beta\sqrt{-1}$ doivent être remplacées par celles auxquelles nous ont conduit les considérations précédentes, basées sur la véritable signification de la forme imaginaire.

Mais il ne suffit pas de signaler une erreur, il est encore très-utile de faire connaître pourquoi on l'a commise.

Or nous dirons à ce sujet que si les deux arcs sont réels, s'ils sont tous deux imaginaires de la forme $\theta\sqrt{-1}$, les formules trigonométriques ordinaires de leur somme ou de leur différence seront applicables ; mais, si l'un des arcs est réel et l'autre imaginaire, il n'est plus possible qu'il en soit ainsi, et voici les motifs de cette distinction.

Il faut remarquer, en effet, que, lorsqu'on démontre les formules ordinaires qui donnent les valeurs de $\sin(\alpha \pm \beta)$, $\cos(\alpha \pm \beta)$, on part de ce principe, que les arcs α et β s'ajoutent à la suite l'un de l'autre ou se retranchent sur une même circonférence. Les figures géométriques qui résultent de cette manière de procéder présentent alors des rapports tels entre les diverses lignes dont elles se composent, qu'on en déduit les valeurs connues de $\cos(\alpha \pm \beta)$ et de $\sin(\alpha \pm \beta)$. Or que ces additions ou soustractions des deux arcs à la suite l'un de l'autre s'opèrent dans le plan de base, auquel cas α et β sont réels, ou dans un plan qui lui est perpendiculaire, auquel cas α et β sont tous deux imaginaires, cela ne changera absolument rien aux rapports de grandeur dont nous venons de parler ; car, pourvu que l'addition ou la soustraction des arcs s'opère sur la même circonférence, quelle que soit la situation de son plan, les figures en question resteront identiques pour toutes ces circonférences.

Mais si, au lieu d'additionner les arcs en les portant à la suite l'un de l'autre dans un même plan, on les ajoute perpendiculairement l'un à l'autre, c'est-à-dire si l'un est réel et l'autre imaginaire, n'est-il pas évident que les nouvelles formes géométriques qu'on obtiendra seront complétement différentes des précédentes? Dans ce cas, des figures à trois dimensions viennent se substituer à des figures planes, et les rapports des lignes qui les composent cesseront d'être les mêmes que ceux des figures primitives. De là des résultats distincts des premiers non-seulement par la nature différente des éléments qui y entreront, mais encore par la manière dont ils seront appelés à y fonctionner.

Que faudra-t-il donc faire dans ce cas pour connaître les véritables formules? Étudier à nouveau les rapports des lignes qui entrent dans les figures actuelles et conclure les valeurs cherchées de ces nouvelles études. C'est ce que nous venons de faire, et l'on a vu que, quant aux grandeurs, on parvient aux résultats suivants:

$$\cos(\alpha + \beta\sqrt{-1}) = \cos\alpha\cos\beta,$$
$$\sin(\alpha + \beta\sqrt{-1}) = \sqrt{1 - \cos^2\alpha\cos^2\beta}.$$

XX.

Nous sommes maintenant en mesure de procéder à la détermination algébrique d'une direction quelconque dans l'espace. En effet, α et β étant, conformément aux définitions précédentes, les éléments angulaires qui servent à la détermination géométrique de cette direction, celle-ci ne sera autre chose que celle correspondant à l'angle $\alpha + \beta\sqrt{-1}$. Or le directif du cosinus étant le même que celui de l'axe des x, si l'on désigne par η celui du sinus, la direction cherchée sera représentée par l'expression

$$\cos(\alpha + \beta\sqrt{-1}) + \eta\sin(\alpha + \beta\sqrt{-1}),$$

qui, si l'on y remplace $\cos(\alpha + \beta\sqrt{-1})$, $\sin(\alpha + \beta\sqrt{-1})$ et η par leurs valeurs ci-dessus déterminées, devient finalement

$$\cos\alpha\cos\beta + \sqrt{-1}\cos\beta\sin\alpha + \sqrt{-1}^{\sqrt{-1}}\sin\beta.$$

Sous cette première forme, les trois termes réel, imaginaire simple, imaginaire composé sont apparents ; ils représentent en grandeur et en direction les projections sur les axes de la longueur unité prise sur la direction proposée.

En donnant une autre forme à l'expression de la direction dans l'espace, sa raison d'être se manifeste pour ainsi dire d'elle-même. En effet, à ne considérer d'abord que le plan de l'angle β perpendiculaire à celui de base, la direction serait

$$\cos\beta + \sqrt{-1}^{\sqrt{-1}}\sin\beta\,;$$

mais, parce que $\cos\beta$, qui est sur le plan de base, s'y confond avec le second côté de l'angle α, sa valeur dirigée sera nécessairement

$$\cos\beta(\cos\alpha + \sqrt{-1}\sin\alpha),$$

et l'on devra par conséquent, en ayant égard à toutes ces conditions, obtenir l'expression suivante de la direction :

$$\cos\beta(\cos\alpha + \sqrt{-1}\sin\alpha) + \sqrt{-1}^{\sqrt{-1}}\sin\beta,$$

qui est exactement la même que la précédente.

On aurait encore pu dire plus simplement que, si ξ est le directif de $\cos\beta$, et si η est celui de $\sin\beta$, l'expression de la direction sera nécessairement

$$\xi\cos\beta + \eta\sin\beta.$$

Or, lorsque β est nul, la direction devient celle de α sur le plan des xy, c'est-à-dire $\cos\alpha + \sqrt{-1}\sin\alpha$, et, comme alors l'expression ci-dessus se réduit à ξ, on devra avoir

$$\xi = \cos\alpha + \sqrt{-1}\sin\alpha.$$

D'un autre côté, lorsque β est égal à $\frac{\pi}{2}$, la direction devient celle de l'axe des z ou $\sqrt{-1}^{\sqrt{-1}}$; d'ailleurs, dans ce cas, l'expression ci-dessus se réduisant à η, on aura

$$\eta = \sqrt{-1}^{\sqrt{-1}},$$

d'où l'on déduit la valeur que nous venons de formuler pour l'équivalent algébrique de la direction.

Voyons maintenant comment cette expression générale coïncidera avec les expressions particulières auxquelles nous avons été conduit pour les directions situées dans les trois plans des coordonnées.

Lorsque l'angle β est nul, la direction vient se placer sur le plan des xy, par suite l'expression générale doit se réduire à celle de la direction plane relative à l'angle α; c'est ce qui a lieu en effet, puisque alors, $\cos\beta$ étant égal à 1 et $\sin\beta$ étant nul, il ne reste plus que

$$\cos\alpha + \sqrt{-1}\sin\alpha.$$

Si, au contraire, c'est l'angle α qui est nul, on passe à une direction située dans le plan des xz, et l'on a, comme cela doit être,

$$\cos\beta + \sqrt{-1}^{\sqrt{-1}}\sin\beta.$$

Enfin, si l'angle α est égal à un angle droit, la direction vient se placer dans le plan des yz. Alors, $\cos\alpha$ étant nul et $\sin\alpha$ étant égal à 1, on a pour son expression

$$\sqrt{-1}\cos\beta + \sqrt{-1}^{\sqrt{-1}}\sin\beta,$$

qui est en effet le type de celles appartenant à ce plan.

Toutes les coïncidences voulues du particulier au général sont donc confirmées.

XXI.

Lorsque, dans un précédent Ouvrage, nous nous sommes occupé des directions planes, nous avons signalé l'accord qui existe entre la conception que nous nous faisons de la direction et sa représentation algébrique. Comme un pareil accord doit exister pour les directions dans l'espace, il n'est pas inutile de reproduire ce que nous avons dit pour les premières, en y ajoutant les extensions que la considération de l'espace rend naturellement nécessaires.

Voici comment nous nous sommes exprimé :

« La conception naturelle que nous avons de la direction ne nous permet pas de comprendre qu'elle soit divisible ; il nous est impossible de nous rendre compte de ce que serait une fraction d'une direction donnée. L'angle qui la détermine est évidemment susceptible d'être divisé ; mais ce que nous obtenons alors par ces divisions, ce sont des directions nouvelles, ce ne sont pas les diverses parties de la première. Une direction forme donc un tout unique et indéfini qui ne saurait être dépouillé de cette considération de l'infini, ce qui ne permet pas de pouvoir en prendre une partie ; du moment où nous voudrions lui imposer une limite, ce ne serait plus la notion seule de la direction que nous aurions dans l'esprit, ce serait son association avec celle de longueur, et c'est sur celle-ci que devrait s'appliquer la conception du fractionnement ; toute idée d'augmentation ou de diminution est donc antipathique à la raison ; on ne peut que passer d'une direction à une autre, on ne les fractionne pas plus qu'on ne les multiplie.

» Il résulte de là qu'il devait être impossible que la représentation algébrique de la direction fût numérique ; car, s'il en avait été ainsi, en divisant le nombre nous aurions divisé la direction, ce qui ne se peut pas. Aussi, dans cette représentation, tout est rapport et opération : $\cos\alpha$ est un rapport, $\sin\alpha$ est également un rapport, $\sqrt{-1}$ est une opération. En outre, ces deux rapports sont nécessairement liés l'un à l'autre ; enfin tous ces rapports et opérations, pour une même direction, sont invariables et conviennent au même titre à tous les points en nombre infini qui appartiennent à cette direction, ils ne changent que lorsqu'on passe de l'une à l'autre. Il ne faudrait pas cependant dire qu'on peut concevoir qu'on prend la moitié, le tiers, le quart de $\cos\alpha$ et $\sin\alpha$; cela n'est pas impossible sans doute, mais ce qu'on aurait alors ne serait plus une direction, car le caractère essentiel de la représentation de celle-ci consiste en ce que les deux parties réelles du binôme qui y est employé doivent être les cosinus et sinus d'un même angle. Or, si $\cos\alpha$ et $\sin\alpha$ jouissent de cette propriété, $\frac{\cos\alpha}{m}$ et $\frac{\sin\alpha}{m}$ n'en jouissent jamais, quel que soit m, puisque la somme de leurs carrés ne peut devenir égale à 1 que lorsque m est égal lui-même à l'unité.

» Il y a donc complet accord entre la conception que nous nous faisons de la direction et les formes algébriques qui la représentent : la première, par le prolongement infini de la direction, nous défend d'admettre qu'elle soit divisible, et les secondes à leur tour, lorsque nous voulons y introduire la division, perdent le privilége d'être les représentants des directions. »

Lorsqu'on généralise la question en la reportant du plan à l'espace, des observations analogues doivent exister. On voit que, en effet, l'équivalent algébrique de la direction ne contient que des rapports et des opérations, savoir : $\cos\alpha$, $\sin\alpha$, $\cos\beta$, $\sin\beta$ d'une part ; ± 1, $\pm\sqrt{-1}$, $\pm\sqrt{-1}^{\sqrt{-1}}$ de l'autre. Pour une même direction ces rapports sont invariables ; on les retrouve les mêmes, quel que soit le point d'une direction qu'on voudra considérer. Ils ne varient que lorsque l'on passe d'une direction à une autre ; mais, une fois le passage opéré, ils reprennent pour celle-ci la même constance que pour la première.

Il ne faudrait pas croire d'ailleurs que tout trinôme de la forme $A + B\sqrt{-1} + C\sqrt{-1}^{\sqrt{-1}}$ est susceptible de représenter une direction dans l'espace, pas plus que le binôme simple $A + B\sqrt{-1}$ ne peut être constamment l'équivalent d'une direction dans le plan. Nous avons vu que, de l'essence même de cette dernière, il résulte qu'un tel binôme ne saurait la représenter qu'à la condition que la somme des carrés de A et de B sera égale à l'unité. Or, pour les directions dans l'espace, il existe une propriété distinctive et caractéristique analogue, sur laquelle nous allons nous expliquer.

Nous avons déjà fait remarquer qu'en mettant l'expression d'une direction sous la forme

$$\cos\alpha\cos\beta + \sqrt{-1}\cos\beta\sin\alpha + \sqrt{-1}^{\sqrt{-1}}\sin\beta,$$

les trois termes réel, imaginaire simple et imaginaire composé représentent en grandeur et en direction les projections sur les axes de la longueur unité comptée sur la direction dont il s'agit. Or on sait que, si l'on considère ces trois projections au seul point de vue de leurs grandeurs, la somme de leurs carrés est égale au carré de la longueur projetée. On devra donc avoir dans le cas actuel

$$(\cos\alpha\cos\beta)^2 + (\cos\beta\sin\alpha)^2 + \sin^2\beta = 1,$$

ce qui, en effet, se vérifie immédiatement.

Ce principe étant d'ailleurs général, on voit que toute expression composée de trois termes, quoique ces termes fussent successivement affectés des signes d'opération ± 1, $\pm\sqrt{-1}$, $\pm\sqrt{-1}^{\sqrt{-1}}$, mais qui ne jouirait pas de la propriété ci-dessus relative à la somme des carrés des grandeurs qui y entrent, ne saurait être l'expression d'une direction.

Cette propriété nous donne un moyen de reconnaître, en toute circonstance, si la détermination de l'équivalent algébrique d'une direction est exactement formulée. Nous en ferons de nombreuses applications dans la suite.

Le point de doctrine que nous venons d'établir est d'ailleurs tout à fait concordant avec l'idée que la direction forme un tout indéfini, non susceptible de division ; car, si l'on voulait introduire cette opération dans l'expression d'une direction, elle deviendrait

$$\frac{\cos\alpha\cos\beta}{m} + \sqrt{-1}\,\frac{\cos\beta\sin\alpha}{m} + \sqrt{-1}^{\sqrt{-1}}\,\frac{\sin\beta}{m},$$

et, comme alors la somme des carrés des trois grandeurs qui y figurent cesserait d'être égale à l'unité, cette expression deviendrait par ce fait impropre à être l'équivalent algébrique d'une direction.

Mais nous pouvons affirmer, comme conséquence de ces observations, que tout trinôme de la forme $A + B\sqrt{-1} + C\sqrt{-1}^{\sqrt{-1}}$ peut être considéré comme une longueur dirigée, c'est-à-dire comme une association de l'élément continu avec l'élément directif, éléments qu'il sera toujours possible de séparer l'un de l'autre.

Si, en effet, nous désignons par p la somme des carrés $A^2 + B^2 + C^2$, le trinôme dont il s'agit pourra s'écrire

$$\sqrt{p}\left(\frac{A}{\sqrt{p}} + \frac{B}{\sqrt{p}}\sqrt{-1} + \frac{C}{\sqrt{p}}\sqrt{-1}^{\sqrt{-1}}\right).$$

Or en cet état le trinôme compris entre parenthèses, jouissant de la propriété que la somme des carrés des grandeurs qui y figurent est égale à l'unité, constitue l'élément directif, tandis que $\sqrt{p}$ est le représentant de l'élément continu, c'est-à-dire de la longueur.

D'ailleurs, si, dans l'élément directif, on veut connaître en particulier la latitude β et la longitude α de la direction qu'il représente, on aura

$$\cos\alpha\cos\beta = \frac{A}{\sqrt{p}}, \quad \cos\beta\sin\alpha = \frac{B}{\sqrt{p}}, \quad \sin\beta = \frac{C}{\sqrt{p}}.$$

La dernière donne directement la valeur du sinus de la latitude et l'on en déduit

$$\cos\beta = \sqrt{1 - \frac{C^2}{p}}.$$

Substituant cette valeur dans les deux autres conditions, elles donnent

$$\cos\alpha = \frac{A}{\sqrt{p - C^2}}, \quad \sin\alpha = \frac{B}{\sqrt{p - C^2}}.$$

On remarquera que la détermination de α peut aussi se faire directement et très-simplement par la tangente, puisqu'on a $\tan\alpha = \frac{B}{A}$.

Si, par exemple, on donnait le trinôme $1 + 2\sqrt{-1} + 3\sqrt{-1}^{\sqrt{-1}}$, on aurait

$$p = 1 + 4 + 9 = 14.$$

On verrait immédiatement que $\tang \alpha = 2$, ce qui correspond à un angle d'environ 63° 30′, et que $\sin \beta$ a pour valeur $\frac{3}{\sqrt{14}}$, soit 0,802, qui appartient à un angle de 53° 20′ environ.

En conséquence le trinôme en question représente une longueur dirigée dont l'élément continu a pour valeur $\sqrt{14}$ ou 3,741, et dont l'élément directif est déterminé par une latitude de 53° 20′ et par une longitude de 63° 30′.

Il n'est pas inutile de faire remarquer que, A, B, C étant les projections sur les axes de la longueur $\sqrt{p}$, les trois expressions $\frac{A}{\sqrt{p}}$, $\frac{B}{\sqrt{p}}$, $\frac{C}{\sqrt{p}}$ sont les cosinus des angles que fait la direction donnée avec ces axes; on conclut de là que, dans le cas particulier dont nous venons de nous occuper, ces cosinus ont pour valeurs successives 0,2673; 0,5346; 0,8019, lesquelles correspondent à très-peu près aux angles 74° 30′; 57° 30′; 36° 40′. On vérifiera d'ailleurs que la somme des carrés de ces cosinus est en effet égale à l'unité.

Nous n'insisterons pas davantage sur ces considérations. L'essentiel était d'établir les principes; chacun sera ensuite en mesure d'en pratiquer facilement les applications autorisées.

XXII.

Nous avons dû, au début de ce travail, nous occuper de rechercher les liaisons algébriques qui rattachent les unes aux autres trois droites perpendiculaires entre elles. Cette détermination était la base essentielle sur laquelle devaient nécessairement s'appuyer nos études ultérieures. Maintenant que nous sommes en possession de l'équivalent algébrique d'une direction quelconque, nous pouvons donner une plus grande extension au problème important de la perpendicularité et l'envisager à un point de vue général qui aura pour objet, une direction étant arbitrairement donnée, de lui mener une perpendiculaire et de savoir comment l'élément directif de celle-ci se déduira de celui de la direction proposée.

Mais une première observation se présente à ce sujet. Ce n'est pas un problème déterminé que celui qui consiste à mener une perpendiculaire à une droite donnée dans l'espace. On sait, en effet, que toute droite tracée dans un plan perpendiculaire à la première jouira de la propriété énoncée. Or nous ne savons encore rien des plans et de leurs éléments directifs, et nous devons, par conséquent, ajourner ce que nous avons à dire sur la question envisagée à ce point de vue. Nous simplifierons donc nos recherches actuelles en supposant que la direction donnée est située dans un certain plan, et que c'est pour ce même plan que nous voulons procéder à la recherche de la perpendiculaire.

Pour aller du simple au composé, nous examinerons d'abord le cas où ce plan est successivement celui des xy, des xz et des yz.

La propriété géométrique de la perpendicularité, envisagée comme ne devant pas sortir d'un même plan, consiste en ce que sa direction est celle qui correspond à l'angle qu'on obtient lorsqu'on ajoute dans ce plan un angle droit à celui de la direction primitive.

Si donc α est l'angle primitif, $\alpha + \frac{\pi}{2}$ sera celui de la direction cherchée ; mais il a été établi que, pour le plan des xy, l'élément directif répondant à la somme de deux angles s'obtient en faisant le produit des éléments directifs de chaque angle considéré isolément. Ici l'un de ces éléments est $\cos\alpha + \sqrt{-1}\sin\alpha$, l'autre est $\cos\frac{\pi}{2} + \sqrt{-1}\sin\frac{\pi}{2}$ qui se réduit à $\sqrt{-1}$; d'où l'on voit qu'on peut poser pour règle que dans ce plan on passe d'une direction à sa perpendiculaire en multipliant son équivalent algébrique par $\sqrt{-1}$. Ce résultat est d'ailleurs conforme au principe établi, que, dans ce plan, l'opération algébrique $\sqrt{-1}$ est le représentant de l'opération géométrique qui consiste à faire un angle droit.

Passons au plan des xz. Nous avons vu que les directions y

sont représentées par $\cos\alpha + \sqrt{-1}^{\sqrt{-1}} \sin\alpha$; dès lors l'élément directif de la perpendiculaire sera

$$\cos\left(\alpha + \frac{\pi}{2}\right) + \sqrt{-1}^{\sqrt{-1}} \sin\left(\alpha + \frac{\pi}{2}\right).$$

Or nous avons constaté, à l'article **XVI**, que pour ce plan, comme pour le précédent, l'élément directif répondant à la somme de deux angles s'obtient en faisant le produit des éléments directifs de chacun de ces angles considérés isolément. Ici l'un des éléments est $\cos\alpha + \sqrt{-1}^{\sqrt{-1}} \sin\alpha$, et l'autre $\cos\frac{\pi}{2} + \sqrt{-1}^{\sqrt{-1}} \sin\frac{\pi}{2}$, qui se réduit à $\sqrt{-1}^{\sqrt{-1}}$. On voit donc qu'on est autorisé à dire qu'on passe, dans ce plan, d'une direction à sa perpendiculaire, en multipliant son équivalent algébrique par $\sqrt{-1}^{\sqrt{-1}}$. On remarquera encore que ce résultat est tout à fait conforme au principe établi que, dans ce plan, l'opération algébrique $\sqrt{-1}^{\sqrt{-1}}$ est le représentant de l'opération géométrique qui consiste à faire un angle droit.

Occupons-nous enfin du plan des yz. Il a été constaté à l'article **XVI** que, dans ce plan, l'expression des directions est $\sqrt{-1}\cos\alpha + \sqrt{-1}^{\sqrt{-1}} \sin\alpha$, quel que soit α. Or, lorsqu'on veut passer à la perpendiculaire, cet angle devenant $\alpha + \frac{\pi}{2}$, on aura pour l'équivalent algébrique de cette perpendiculaire

$$\sqrt{-1}\cos\left(\alpha + \frac{\pi}{2}\right) + \sqrt{-1}^{\sqrt{-1}} \sin\left(\alpha + \frac{\pi}{2}\right).$$

Mais, dans le cas actuel, il n'est plus possible de faire usage du principe que l'élément directif de la somme de deux angles est égal au produit des éléments directifs de chaque angle considéré isolément, puisque nous avons établi que, pour le plan des yz, ce principe n'existe pas. Il faut donc déduire la valeur cherchée de l'expression ci-dessus, en y remplaçant directement $\cos\left(\alpha + \frac{\pi}{2}\right)$ par $-\sin\alpha$, et $\sin\left(\alpha + \frac{\pi}{2}\right)$ par $\cos\alpha$;

on obtient ainsi, pour le directif de la perpendicularité dans ce plan, l'expression

$$-\sqrt{-1}\sin\alpha + \sqrt{-1}^{\sqrt{-1}}\cos\alpha.$$

Nous avons tacitement supposé dans ce qui précède que l'angle α est aigu ; mais on vérifiera facilement que les règles ci-dessus sont applicables, quel que soit le cadran qui, dans chaque cas, contiendra la direction primitive.

On voit donc que, pour les deux premiers plans des coordonnées, c'est à l'aide d'une opération algébrique fort simple qu'on passe d'une direction à sa perpendiculaire. Cette opération consiste à multiplier l'expression de cette direction par le directif $\sqrt{-1}$ dans le premier cas, par le directif $\sqrt{-1}^{\sqrt{-1}}$ dans le second. Pour le plan des yz, un procédé analogue n'existe pas ; il n'y a pas de facteur qui, multipliant le directif donné $\sqrt{-1}\cos\alpha + \sqrt{-1}^{\sqrt{-1}}\sin\alpha$, puisse donner pour produit $-\sqrt{-1}\sin\alpha + \sqrt{-1}^{\sqrt{-1}}\cos\alpha$, ou du moins il n'y a pas de facteur exprimant une direction appartenant à ce plan qui jouisse de cette propriété. Ainsi, même avant d'aborder le cas général et sans sortir des spécialités, l'analogie avec les deux premiers cas cesse d'exister, nouvelle preuve de la nécessité qu'il y a en Algèbre de se tenir toujours en méfiance contre ce qui n'est qu'induction.

Mais, si la voie de la multiplication, telle que nous l'avons définie et appliquée pour les deux plans des xy et des xz, nous fait défaut pour celui des yz, on peut se demander si une autre opération algébrique, différente de la multiplication et pratiquée comme elle sur $\sqrt{-1}\cos\alpha + \sqrt{-1}^{\sqrt{-1}}\sin\alpha$ ne serait pas susceptible de produire l'équivalent de la perpendicularité dans ce plan. C'est une question qu'il serait prématuré de chercher à traiter en ce moment. Nous nous bornons à en consigner ici l'énoncé, et nous y reviendrons lorsque les études que nous allons poursuivre auront augmenté le contingent de nos connaissances.

XXIII.

Envisageons maintenant la perpendicularité à un point de vue plus général. A cet effet, une direction quelconque étant donnée, nous la concevrons située dans un plan perpendiculaire à celui des xy que nous continuons de considérer comme notre plan de base. L'intersection de ces deux plans représentera sur ce dernier la direction répondant à la longitude α, et la droite donnée fera, dans le plan vertical qui la contient, avec l'intersection l'angle β que nous avons appelé la latitude.

Or le caractère géométrique auquel on reconnaîtra que, dans ce plan, une droite est perpendiculaire à la proposée, consistera en ce que cette droite est angulairement distante de la première de 90 degrés ; elle aura donc même longitude qu'elle, et, quant à sa latitude, elle sera égale à $\beta + \frac{\pi}{2}$. Ces deux éléments étant ainsi déterminés, la direction de la perpendiculaire sera algébriquement représentée par

$$\cos\left(\beta + \frac{\pi}{2}\right)\left(\cos\alpha + \sqrt{-1}\sin\alpha\right) + \sqrt{-1}^{\sqrt{-1}}\sin\left(\beta + \frac{\pi}{2}\right).$$

Mais $\cos\left(\beta + \frac{\pi}{2}\right)$ est égal à $-\sin\beta$ et $\sin\left(\beta + \frac{\pi}{2}\right)$ a pour valeur $\cos\beta$; dès lors l'expression de la perpendiculaire devient

$$-\sin\beta\left(\cos\alpha + \sqrt{-1}\sin\alpha\right) + \sqrt{-1}^{\sqrt{-1}}\cos\beta.$$

Cela revient, comme on voit, à remplacer dans la direction primitive le cosinus de la latitude par son sinus pris négativement, et à substituer au sinus de cette même latitude son cosinus. Ce nouvel énoncé n'est autre chose que la traduction autorisée de la règle générale ci-dessus énoncée, en vertu de laquelle, pour avoir la perpendiculaire, il faut, sans changer la longitude, augmenter la latitude de $\frac{\pi}{2}$.

Ce procédé, déduit de ce qui concerne l'expression d'une

direction quelconque, est nécessairement général. On vérifiera sans peine, en ce qui concerne les deux plans verticaux des xz et des yz, qu'il conduit à des conséquences identiques à celles que nous avons constatées dans l'article précédent. Nous n'avons donc rien à ajouter à ce sujet au point de vue des résultats obtenus; mais, au point de vue de l'esprit des méthodes, il y a une observation intéressante à faire touchant le plan des xz.

Nous avons vu que, dans ce plan, et par exception, le directif de la perpendiculaire s'obtient à l'aide de la multiplication du directif proposé par le facteur $\sqrt{-1}^{\sqrt{-1}}$. Si l'on examine en détail les effets de cette multiplication sur le binôme $\cos\beta + \sqrt{-1}^{\sqrt{-1}} \sin\beta$, on voit que, dans ce qu'ils ont d'apparent et d'immédiat, ces effets peuvent s'exprimer en disant que le coefficient $\sqrt{-1}^{\sqrt{-1}}$ change de place. La multiplication, en effet, le transporte du sinus, auquel il était primitivement associé, au cosinus, et il en est de même du coefficient $+1$ du premier terme, lequel passe à son tour au second, mais en changeant son signe, qui de positif devient négatif. Telle est bien la conséquence de la multiplication du binôme ci-dessus par $\sqrt{-1}^{\sqrt{-1}}$; mais il importe de remarquer qu'une telle manière d'envisager les choses n'est acceptable que pour la spécialité qui nous occupe, qu'elle n'est pas la conséquence naturelle du procédé général, et que, si en fait elle lui est équivalente quant au résultat, elle en diffère essentiellement quant à la conception des moyens propres à ce procédé; elle s'en écarte à ce point que, loin d'en indiquer la nature, elle la dissimule sous des formes qui lui sont tout à fait étrangères.

En effet, la direction $\cos\beta + \sqrt{-1}^{\sqrt{-1}} \sin\beta$ étant donnée dans le plan des xz, l'esprit de la méthode géométrique et générale pour obtenir la perpendicularité est de substituer $\beta + \frac{\pi}{2}$ à l'angle β, ce qui donne

$$\cos\left(\beta + \frac{\pi}{2}\right) + \sqrt{-1}^{\sqrt{-1}} \sin\left(\beta + \frac{\pi}{2}\right).$$

Or on voit que, sous cette forme, les coefficients 1 et $\sqrt{-1}^{\sqrt{-1}}$ ne changent pas de place ; ils restent chacun à celle qui leur a été primitivement assignée : ils s'appliquent toujours l'un à un cosinus, l'autre à un sinus. Ce sont ces derniers au contraire qui, par le fait du changement de β en $\beta + \frac{\pi}{2}$, prennent, quant aux grandeurs, la valeur l'un de l'autre, mais sans quitter leurs positions.

Tel est le vrai sens sous lequel il faut envisager ce qui se passe ici. Nous avons tenu à faire cette observation, parce que, après avoir remarqué qu'il y a pour le plan des xz un coefficient constant de perpendicularité, on aurait pu, par analogie, être conduit à penser qu'il pourrait bien y en avoir aussi un pour le cas général, et que la recherche de celui-ci, au cas où l'on voudrait l'entreprendre, devrait être poursuivie dans le sens d'une assimilation avec les effets remarqués dans le plan des xz.

On voit tout ce qu'il y aurait d'illusoire dans une telle conception analogique, et il importait de restituer aux règles à l'aide desquelles on passe d'une direction à sa perpendiculaire le véritable caractère que leur impriment les considérations géométriques dont elles sont la conséquence directe. Ce n'est pas en dehors de l'esprit de ces règles qu'il faut courir à la recherche de procédés algébriques qui leur seraient équivalents. Agir autrement ce serait se priver des moyens de découvrir les véritables concordances qui peuvent exister entre la science du calcul et celle de l'étendue.

Quant à savoir si, en effet, il existe des procédés algébriques équivalant à l'opération par laquelle en Géométrie on substitue $\beta + \frac{\pi}{2}$ à l'angle β, nous avons établi depuis longtemps que, dans le plan des xy, la multiplication par $\sqrt{-1}$ produit le même effet que cette substitution ; nous venons de voir que, dans celui des xz, il en est de même de la multiplication par $\sqrt{-1}^{\sqrt{-1}}$. Enfin nous parlerons bientôt d'une propriété analogue pour le plan des yz, mais qui consiste à employer l'élévation à la puissance $\sqrt{-1}$, au lieu de la multiplication. En dehors de ces cas spéciaux nous ne pouvons que déclarer notre insuffisance.

XXIV.

Les idées étant ainsi bien fixées sur la manière dont il faut entendre et résoudre le problème général de la perpendicularité, nous nous trouvons en mesure de nous expliquer, en ce qui concerne les directions dans l'espace, sur leur représentation, non plus au moyen de lignes droites, mais au moyen d'arcs dirigés. Disons d'abord quelques mots sur la manière dont la question doit être comprise.

Si, sur notre sphère de rayon unité (*voir* la figure de la page 61), nous prenons un point quelconque P et que nous le joignions avec l'origine O, nous déterminerons une direction dont, α et β étant la longitude et la latitude, l'expression algébrique sera

$$\cos\beta(\cos\alpha + \sqrt{-1}\sin\alpha) + \sqrt{-1}^{\sqrt{-1}}\sin\beta.$$

Or il est bien certain qu'en partant de l'origine on peut également arriver au point P en suivant d'abord le chemin rectiligne 1 sur l'axe des x, puis le chemin circulaire α sur la sphère et dans le plan des xy, puis enfin le chemin circulaire $\beta\sqrt{-1}$ sur le méridien passant par P.

On ne pourrait cependant pas dire que la direction de OP est égale à $1 + \alpha + \beta\sqrt{-1}$, parce que, au point de vue algébrique, α et β ne représentent que des grandeurs, tandis que, au point de vue géométrique, au moyen duquel α et β nous conduisent au point P, il y a à la fois, dans l'une et dans l'autre de ces quantités, considération de grandeur et considération de direction. Il n'y aurait donc pas équivalence entre ces deux ordres d'aperçus ; mais, si nous tenons compte de la propriété complexe que possède tout arc d'être une longueur soumise à certaines inflexions, d'exprimer, par conséquent, une suite d'éléments continus ayant chacun sa direction, nous serons autorisé à dire que l'expression $1 + \alpha$ *dirigé* $+ \beta\sqrt{-1}$ *dirigé* sera le représentant de la direction OP, et nous allons voir qu'en effet, en nous rendant compte de ce que peuvent être en Algèbre les arcs α et $\beta\sqrt{-1}$ dirigés, nous retomberons sur la précédente valeur de la direction.

Et d'abord, nous avons constaté, en nous occupant des directions planes, qu'on a

$$1 + \alpha \textit{ dirigé} = \cos\alpha + \sqrt{-1}\sin\alpha\,;$$

il ne nous reste donc plus qu'à voir si l'on aura aussi

$$\text{OP } \textit{dirigé} = \cos\alpha + \sqrt{-1}\sin\alpha + \beta\sqrt{-1}\textit{ dirigé}.$$

Il faut concevoir que, dans son méridien, l'arc $\beta\sqrt{-1}$ se compose d'une succession d'éléments linéaires qui changent à tout instant de direction. Ce sont ces divers éléments dirigés qui, ajoutés depuis le plan des xy jusqu'à l'extrémité de $\beta\sqrt{-1}$, représenteront ce que nous appelons $\beta\sqrt{-1}$ *dirigé*.

Cela posé, lorsque, dans le mouvement de progression que nous concevons sur l'arc $\beta\sqrt{-1}$ à partir du plan des xy, nous aurons parcouru un arc quelconque x, l'élément linéaire du très-petit arc suivant étant représenté par dx, sa direction sera celle de la tangente à la circonférence méridienne à l'extrémité de x; c'est-à-dire une direction perpendiculaire au rayon qui aboutit à cette extrémité.

En conséquence, d'après ce qui vient d'être expliqué dans l'article précédent, cette direction sera représentée par

$$\cos\left(x+\frac{\pi}{2}\right)\left(\cos\alpha+\sqrt{-1}\sin\alpha\right)+\sqrt{-1}^{\sqrt{-1}}\sin\left(x+\frac{\pi}{2}\right).$$

L'élément dirigé aura donc pour valeur le produit de cette expression par dx, et la somme de tous ces éléments, depuis $x = 0$ jusqu'à $x = \beta$, sera $\beta\sqrt{-1}$ *dirigé*.

Nous pourrons donc écrire que la direction cherchée de OP est égale à

$$\cos\alpha+\sqrt{-1}\sin\alpha+\int_0^\beta\left[\cos\left(x+\frac{\pi}{2}\right)\left(\cos\alpha+\sqrt{-1}\sin\alpha\right)\right.$$
$$\left.+\sqrt{-1}^{\sqrt{-1}}\sin\left(x+\frac{\pi}{2}\right)\right]dx,$$

le signe $\int_0^\beta$ indiquant la sommation de zéro à β.

Dans cette expression, α étant constant, on aura pour la première partie de cette somme

$$(\cos\alpha + \sqrt{-1}\sin\alpha)\int_0^\beta \cos\left(x + \frac{\pi}{2}\right)dx,$$

et pour la seconde

$$\sqrt{-1}^{\sqrt{-1}}\int_0^\beta \sin\left(x + \frac{\pi}{2}\right)dx.$$

Procédant à l'intégration et ajoutant, on trouve

$$(\cos\alpha + \sqrt{-1}\sin\alpha)\left[\sin\left(\beta + \frac{\pi}{2}\right) - \sin\frac{\pi}{2}\right]$$
$$-\sqrt{-1}^{\sqrt{-1}}\left[\cos\left(\beta + \frac{\pi}{2}\right) - \cos\frac{\pi}{2}\right];$$

mais on a, d'une part,

$$\sin\left(\beta + \frac{\pi}{2}\right) = \cos\beta, \quad \cos\left(\beta + \frac{\pi}{2}\right) = -\sin\beta;$$

on a, d'autre part

$$\sin\frac{\pi}{2} = 1, \quad \cos\frac{\pi}{2} = 0.$$

Substituant, il viendra, pour le chemin *dirigé* $\beta\sqrt{-1}$,

$$\cos\beta(\cos\alpha + \sqrt{-1}\sin\alpha) - (\cos\alpha + \sqrt{-1}\sin\alpha) + \sqrt{-1}^{\sqrt{-1}}\sin\beta.$$

Mettant donc dans l'expression de la direction OP cette valeur de $\beta\sqrt{-1}$ *dirigé*, et remarquant que les deux termes de signe contraire $\cos\alpha + \sqrt{-1}\sin\alpha$ se détruisent, on trouve définitivement pour la direction cherchée

$$\cos\beta(\cos\alpha + \sqrt{-1}\sin\alpha) + \sqrt{-1}^{\sqrt{-1}}\sin\beta,$$

ainsi que nous l'avons précédemment constaté.

La concordance de ces résultats obtenus par des moyens si différents ne peut que contribuer à confirmer la vérité des principes sur lesquels nous nous sommes appuyé ; elle est en même temps très-propre à donner une idée des ressources que l'Algèbre peut offrir dans les investigations géométriques.

Nous ajouterons, mais à titre d'indication générale seulement, que, de son côté, la Géométrie pourra très-grandement venir en aide à l'Algèbre dans certaines circonstances. L'espèce actuelle, par exemple, nous offre des expressions dans lesquelles les intégrales définies relatives au cercle sont combinées avec des équivalents de direction. Or des combinaisons analogues existeront pour toutes les courbes, soit planes, soit à double courbure; on entrevoit ainsi la possibilité d'utiliser cet ordre de considérations pour la détermination d'un grand nombre d'intégrales définies; mais nous ne saurions en ce moment faire autre chose qu'indiquer ce sujet. Les nombreux développements dont il est susceptible nous écarteraient trop de la question principale qui doit ici plus spécialement nous occuper.

XXV.

Les recherches dont nous venons de présenter l'exposé et les constatations diverses qui en ont été la conséquence nous permettent de préciser et d'étendre les idées qu'il faut attacher à l'une des plus curieuses et des plus importantes formules d'Algèbre, celle connue sous la dénomination de *formule de Moivre.*

On sait que le théorème dont elle est la représentation consiste en ce que l'élévation à la puissance m du binôme imaginaire $\cos\alpha + \sqrt{-1}\sin\alpha$ s'obtient en multipliant par m l'angle α et que par conséquent on peut écrire

$$(\cos\alpha + \sqrt{-1}\sin\alpha)^m = \cos m\alpha + \sqrt{-1}\sin m\alpha.$$

Les divers principes que nous avons établis pour les directions planes rendent fort simple la conception de cette vérité et sont en outre très-propres à nous diriger dans l'interprétation qu'on en doit faire pour les divers cas dans lesquels m peut se trouver. Il est d'autant plus important d'entrer en discussion sur ce sujet que les raisonnements qui s'y rattachent, tels qu'ils sont ordinairement présentés par les auteurs, prêtent à la critique et sont de nature à donner des idées erronées sur le sens qu'il faut attribuer, soit aux quantités, soit aux opérations qui figurent dans la formule.

Nous remarquerons d'abord que la signification du binôme $\cos\alpha + \sqrt{-1}\sin\alpha$ a été complétement inconnue à Moivre et à ses successeurs, que par conséquent jusqu'à ce jour on n'a eu que la seule ressource des combinaisons analytiques pour s'éclairer sur les conséquences des diverses hypothèses qu'on a pu faire touchant les valeurs de m. Or ce moyen est d'autant plus dangereux que, ne possédant pas l'intelligence de ce que représente un binôme de la forme $\cos\alpha + \sqrt{-1}\sin\alpha$, on a été privé de tout contrôle dans l'usage qu'on a fait de ces combinaisons analytiques, et que, par suite, moins on a compris, plus on a été entraîné à procéder par voie d'induction et d'analogie.

Aujourd'hui on est en mesure d'éviter cet écueil. Sachant, en effet, que le binôme $\cos\alpha + \sqrt{-1}\sin\alpha$ est le représentant algébrique de la direction correspondant à l'angle α, sachant en outre que c'est en multipliant entre eux les directifs de plusieurs angles qu'on obtient le directif de la somme de ces angles, nous pourrons dire tout de suite que $(\cos\alpha + \sqrt{-1}\sin\alpha)^m$ représente la direction à laquelle on parvient après avoir ajouté m fois l'arc α, et que par suite cette expression est nécessairement égale à $\cos m\alpha + \sqrt{-1}\sin m\alpha$.

On voit, d'après cela, que la formule de Moivre est la traduction en Algèbre d'un fait géométrique des plus simples, et ce rapprochement vient mettre entre nos mains un moyen de contrôle des plus précieux.

Tant que m est réel, entier et positif, l'application de la formule ne présente aucune difficulté. Dans ce cas, la valeur de $(\cos\alpha + \sqrt{-1}\sin\alpha)^m$ est unique.

Mais, si l'on suppose que m, tout en restant réel et positif, devient fractionnaire de la forme $\frac{p}{q}$, la question ne se présente plus avec la même simplicité.

On remarquera d'abord que, dans ce cas, il suffira de savoir ce qu'est $(\cos\alpha + \sqrt{-1}\sin\alpha)^{\frac{1}{q}}$, pour être édifié sur ce qu'il faut penser de l'élévation à la puissance $\frac{p}{q}$. Admettons, en effet, qu'il soit établi que cette expression est celle d'une direction correspondant par exemple à l'angle θ, on aura donc

$$(\cos\alpha + \sqrt{-1}\sin\alpha)^{\frac{1}{q}} = \cos\theta + \sqrt{-1}\sin\theta.$$

Élevant alors à la puissance entière p, on arrivera à cette conclusion que la puissance $\frac{p}{q}$ de $\cos\alpha + \sqrt{-1}\sin\alpha$ est égale à $\cos p\theta + \sqrt{-1}\sin p\theta$. Si, au contraire, il était établi que $(\cos\alpha + \sqrt{-1}\sin\alpha)^{\frac{1}{q}}$ n'est pas une direction, la question resterait incertaine, et il faudrait chercher à la résoudre par d'autres moyens.

Or il est très-facile de connaître la vérité sur ce point. En effet, une direction correspondant à un angle quelconque α peut être considérée comme celle de l'angle $\frac{\alpha}{q}$ répété q fois; on devra donc avoir

$$\left(\cos\frac{\alpha}{q} + \sqrt{-1}\sin\frac{\alpha}{q}\right)^q = \cos\alpha + \sqrt{-1}\sin\alpha,$$

et, par suite, en extrayant la racine q, il viendra

$$(\cos\alpha + \sqrt{-1}\sin\alpha)^{\frac{1}{q}} = \cos\frac{\alpha}{q} + \sqrt{-1}\sin\frac{\alpha}{q}.$$

Il en résulte que l'angle θ existe en effet et qu'il est égal à $\frac{\alpha}{q}$, de sorte que finalement on est autorisé à écrire

$$(\cos\alpha + \sqrt{-1}\sin\alpha)^{\frac{p}{q}} = \cos\frac{p}{q}\alpha + \sqrt{-1}\sin\frac{p}{q}\alpha.$$

La formule de Moivre s'applique donc au cas où l'exposant réel et positif est supposé fractionnaire.

Mais, tandis que, dans l'hypothèse où l'exposant est entier, la valeur de $(\cos\alpha + \sqrt{-1}\sin\alpha)^m$ est unique, cette valeur devient multiple lorsque cet exposant est fractionnaire. En effet, un angle quelconque α étant donné, son cosinus et son sinus ne changent pas, quel que soit le nombre entier de circonférences qu'on ajoute à cet arc ; par conséquent

$$\cos\alpha + \sqrt{-1}\sin\alpha$$

est exactement la même chose que

$$\cos(\alpha + 2k\pi) + \sqrt{-1}\sin(\alpha + 2k\pi).$$

Lorsqu'on élève cette expression à la puissance m, le résultat étant

$$\cos m(\alpha + 2k\pi) + \sqrt{-1}\sin m(\alpha + 2k\pi)$$

n'a qu'une seule valeur tant que m est entier, mais, s'il est fractionnaire, l'expression ci-dessus prendra autant de valeurs distinctes que peut en recevoir la fraction $\frac{\alpha + 2k\pi}{q}$, quand on y fait varier k, c'est-à-dire le nombre q.

Dans ce qui précède, nous avons tacitement supposé que la fraction $\frac{p}{q}$ a ses deux termes entiers. Dans le cas où p et q seraient des nombres décimaux dont la partie décimale serait composée d'autant de chiffres qu'on voudra, on pourra toujours, en multipliant ces deux termes par une puissance convenable de 10, les ramener à être entiers, et l'on rentrera ainsi dans le cas précédent ; mais on voit qu'alors le nombre de valeurs que recevra $(\cos\alpha + \sqrt{-1}\sin\alpha)^{\frac{p}{q}}$ pourra devenir très-considérable ; il serait même infini, au point de vue théorique, si l'une des parties décimales ne pouvait pas être écrite sous forme finie. Dans la pratique, on pourra toujours limiter ce nombre d'après le degré d'approximation auquel on sera convenu de s'arrêter.

Enfin, si l'exposant devenait une expression radicale $\sqrt[n]{m}$, m étant entier ou fractionnaire, il faudrait remarquer qu'en vertu de la généralité qui appartient à un tel radical, la question deviendrait multiple. En effet, au point de vue de cette généralité, μ étant la valeur arithmétique de $\sqrt[n]{m}$ et ρ^1, ρ^2, $\rho^3, \ldots, \rho^n$ représentant les n racines de l'unité du degré n, l'expression $\sqrt[n]{m}$ aurait les n valeurs successives $\mu\rho^1$, $\mu\rho^2$, $\mu\rho^3, \ldots, \mu\rho^n$. Or sur ces valeurs une seule, $\mu\rho^n$, qui se réduit à μ, est positive et réelle ; les autres sont toutes imaginaires lorsque n est impair, et, parmi celles-ci, une seule d'entre elles devient réelle et négative quand n est pair. Nous ne sommes donc pas encore en mesure de nous prononcer sur ce qui les concerne. Quant à la valeur μ, qu'elle soit entière ou fractionnaire, on lui appliquera les règles ci-dessus exposées.

XXVI.

Les considérations géométriques auxquelles nous venons de faire appel, au sujet de la formule de Moivre, impriment dès l'abord le caractère d'une grande évidence à la vérité qu'elle représente ; mais elles possèdent en outre l'avantage de rectifier certaines indications inexactes données par les auteurs sur l'usage de la formule, ainsi que nous allons l'expliquer.

Sous l'influence de cette tendance générale et très-fâcheuse de vouloir toujours généraliser les expressions algébriques, sans s'être suffisamment rendu compte de leurs propriétés constitutionnelles, on a dit que la formule de Moivre, s'appliquant à un angle quelconque, devait être vraie dans l'hypothèse où l'angle α est négatif et qu'en conséquence on devait avoir alors

$$(\cos\alpha + \sqrt{-1}\sin\alpha)^m = \cos m\alpha - \sqrt{-1}\sin m\alpha.$$

C'est là une manière très-vicieuse d'interpréter la formule, et qui, dans un grand nombre de circonstances, conduirait à des résultats inexacts.

Sur quoi s'appuie cette conclusion ? Sur le principe que pour les arcs négatifs le sinus devient négatif. Or la vérité est qu'un arc négatif peut avoir son sinus aussi bien positif que négatif. La première circonstance se réalisera lorsque l'arc négatif dépassera 180 degrés, la seconde lorsque l'arc sera inférieur à 180 degrés. Voilà ce que nous avons à observer pour le premier membre. Quant au second, de ce que α est négatif, qui est-ce qui peut prévoir quel sera le signe du sinus de $m\alpha$ et pourquoi dès lors lui appliquer à l'avance le signe moins? Prenons, par exemple, la direction correspondant à l'angle de -175°, son carré devra correspondre à la direction de l'angle double, c'est-à-dire de l'angle de -350°. Or cette direction est exactement la même que celle de l'angle positif de $+10^\circ$ et sera, par conséquent, représentée par un binôme dont les deux termes seront positifs, tandis que d'après la formule telle qu'on a l'habitude de l'écrire, le second terme du binôme devrait être négatif.

Concluons donc, au sujet de la formule de Moivre, que, si l'on veut se conformer à l'esprit même de sa constitution, parfaitement élucidé par les considérations trigonométriques ci-dessus, il est nécessaire de ne rien préjuger à l'avance sur les signes des termes des binômes qui y figurent. Ces signes seront ce que $\pm\alpha$ d'une part, $\pm m\alpha$ d'autre part, exigeront qu'ils soient, ce qui est toujours particulier à α et ne peut jamais s'exprimer d'une manière générale, en dehors de la valeur numérique de cet angle, qu'il soit positif ou négatif. La seule forme qu'il est donc possible d'assigner à la formule est celle

$$(\cos\alpha + \sqrt{-1}\sin\alpha)^m = \cos m\alpha + \sqrt{-1}\sin m\alpha,$$

dans laquelle chaque binôme n'exprime pas autre chose que l'adjonction de deux termes, adjonction qui se fera par les signes que les valeurs particulières des arcs $\pm\alpha$, $\pm m\alpha$ attribueront, dans chaque cas, aux sinus et aux cosinus de ces arcs. Ce n'est qu'en se soumettant scrupuleusement à ces prescriptions qu'il sera possible de faire des applications dûment autorisées de la formule de Moivre.

Voyons maintenant ce qu'il faut penser de la formule lorsque l'exposant m, restant réel, devient négatif. L'expression $(\cos\alpha + \sqrt{-1}\sin\alpha)^{-m}$ prend la forme

$$\frac{1}{(\cos\alpha + \sqrt{-1}\sin\alpha)^m} \quad \text{ou} \quad \left(\frac{1}{\cos\alpha + \sqrt{-1}\sin\alpha}\right)^m.$$

Or, en vertu des principes de la Trigonométrie, on doit toujours avoir

$$\cos^2\alpha + \sin^2\alpha = 1$$

ou, ce qui est la même chose,

$$(\cos\alpha + \sqrt{-1}\sin\alpha)(\cos\alpha - \sqrt{-1}\sin\alpha) = 1.$$

On déduit immédiatement de là

$$\frac{1}{\cos\alpha + \sqrt{-1}\sin\alpha} = \cos\alpha - \sqrt{-1}\sin\alpha$$

et par conséquent

$$(\cos\alpha + \sqrt{-1}\sin\alpha)^{-m} = (\cos\alpha - \sqrt{-1}\sin\alpha)^{m}.$$

Ce cas rentre donc dans celui de l'exposant positif, et par suite on le traitera par les mêmes moyens.

Or $\cos\alpha - \sqrt{-1}\sin\alpha$ est la direction conjuguée de la direction proposée. On déduit donc de là cette règle que la puissance négative $-m$ d'une direction est égale à la puissance positive $+m$ de sa conjuguée. Cette transformation de la direction en sa conjuguée étant donc préalablement opérée, on lui appliquera les principes relatifs aux exposants positifs, en tenant compte de toutes les observations ci-dessus présentées, et l'on écrira par conséquent

$$(\cos\alpha + \sqrt{-1}\sin\alpha)^{-m} = (\cos\alpha - \sqrt{-1}\sin\alpha)^{m}$$
$$= \cos m\alpha + \sqrt{-1}\sin m\alpha.$$

On continuera d'ailleurs dans le second membre à ne rien préjuger sur les signes des deux termes, et on leur donnera ceux que la position de l'extrémité de l'arc multiple de α prescrira de leur assigner.

On déduit d'ailleurs de la relation

$$(\cos\alpha + \sqrt{-1}\sin\alpha)^{-m} = (\cos\alpha - \sqrt{-1}\sin\alpha)^{m}$$

une règle opérative sur laquelle il est utile d'appeler l'attention du lecteur. Cette règle consiste en ce que, pour élever un binôme de la forme $\cos\alpha + \sqrt{-1}\sin\alpha$ à une puissance négative, il suffit de changer le signe de $\sqrt{-1}$ et d'élever le binôme ainsi modifié à la même puissance positive. On pourra encore remarquer que, $-\sqrt{-1}$ étant égal à $\sqrt{-1}^{-1}$, la règle peut s'énoncer en disant que, pour avoir égard à l'attribut négatif -1 de l'exposant, il faut élever à cette même puissance -1 les symboles directifs du binôme, qui sont ici $+1$ et $+\sqrt{-1}$, après quoi l'effet de l'exposant numérique m s'obtiendra suivant les principes de Moivre appliqués conformément au commentaire ci-dessus exposé.

Les diverses remarques que nous venons de faire sont en parfaite concordance avec les principes que nous avons établis, dans notre précédente publication, concernant la représentation de la direction par une exponentielle de l'arc. Il a été démontré à ce sujet que l'on doit avoir pour un angle quelconque

$$\cos\alpha + \sqrt{-1}\sin\alpha = \sqrt{-1}^{\frac{2}{\pi}\alpha}.$$

Or que l'on élève le premier membre à la puissance m, ou qu'on y remplace α par $m\alpha$, le second reste invariable, d'où il suit que les deux formes que revêt ainsi le premier membre seront équivalentes, et c'est précisément là ce qui constitue la formule de Moivre.

On voit aussi, d'après cette même équation exponentielle, que le changement de signe de $\sqrt{-1}$ équivaut, ainsi que nous venons de le constater, à prendre l'arc négativement. En effet, le second membre devient alors $-\sqrt{-1}^{\frac{2}{\pi}\alpha}$; mais, en vertu de la relation $-\sqrt{-1} = \sqrt{-1}^{-1}$, il prend la forme $\sqrt{-1}^{-\frac{2}{\pi}\alpha}$, qui est précisément celle résultant de la négativité de α. Nous n'insistons pas davantage sur ces concordances; le lecteur pourra en poursuivre l'examen à son gré et sans difficulté.

Présentons une dernière observation, et appelons l'attention sur ce point, que ce n'est pas en recourant à des combinaisons analytiques, plus ou moins fondées sur l'analogie, que nous avons traité le cas de l'exposant négatif. Nous avons fait appel pour cela aux principes mêmes de la Géométrie qui régissent la matière et nous avons suivi pas à pas leurs indications, seul moyen d'arriver à la connaissance des véritables rapports qui lient les deux sciences l'une à l'autre.

On remarquera d'ailleurs qu'en raisonnant comme nous l'avons fait nous nous sommes scrupuleusement conformé à la recommandation de ne jamais introduire dans les formules, sous les symboles trigonométriques, d'autre idée que celle de grandeur. Or c'est ce qu'on ne ferait pas, si, voulant de prime abord, et illégitimement à coup sûr, appliquer à l'exposant négatif les mêmes règles qu'à l'exposant positif, on prétendait que

$$(\cos\alpha + \sqrt{-1}\sin\alpha)^{-m}$$

doit être égal à

$$\cos(-m\alpha) + \sqrt{-1}\sin(-m\alpha).$$

En opérant ainsi, en effet, on introduit sous les symboles cosinus et sinus la considération des directions en même temps que celle des grandeurs. Or, si alors on est en droit de dire que le cosinus de l'arc négatif $-m\alpha$ est en grandeur et en direction égal à celui du même arc positif; il ne serait pas possible de prétendre qu'en grandeur et en direction $\sin(-m\alpha)$ est égal à $-\sin m\alpha$; il faudrait, pour raisonner conformément aux vrais principes, reconnaître que ce sinus est $-\sqrt{-1}\sin m\alpha$, ce qui changerait la nature du résultat. Ce n'est donc que parce qu'on suppute d'une manière incomplète la direction du sinus qu'un raisonnement non autorisé peut revêtir l'apparence d'une justification.

XXVII.

Il a été établi à l'article XVI que, dans le plan des xz, comme dans celui des xy, l'élément directif répondant à la somme de deux angles s'obtient en faisant le produit des éléments directifs de chacun de ces angles considérés isolément. L'identité du procédé à mettre en œuvre pour ces deux plans conduit naturellement à penser qu'une propriété analogue à celle qui se trouve exprimée par la formule de Moivre, pour les binômes de la forme $\cos\alpha + \sqrt{-1}\sin\alpha$, doit également exister pour ceux de la forme $\cos\alpha + \sqrt{-1}^{\sqrt{-1}}\sin\alpha$, qui représentent les directions dans le plan des xz et qu'on peut par conséquent écrire

$$\left(\cos\alpha + \sqrt{-1}^{\sqrt{-1}}\sin\alpha\right)^m = \cos m\alpha + \sqrt{-1}^{\sqrt{-1}}\sin m\alpha.$$

Il est facile de justifier cette assertion. En effet le premier membre de cette égalité est le produit de m directifs égaux, chacun à $\cos\alpha + \sqrt{-1}^{\sqrt{-1}}\sin\alpha$. Ce produit correspond en conséquence à la direction qu'on obtient dans ce plan en ajoutant m fois l'arc α, c'est-à-dire à la direction de $m\alpha$; mais, comme celle-ci a précisément pour équivalent algébrique le second membre de l'équation ci-dessus, on voit que cette équation se trouve ainsi complétement justifiée.

En rapprochant cette propriété d'un fait constaté à l'article VIII, nous allons être conduit à une extension remarquable du théorème de Moivre.

Disons à ce sujet que, dans l'article que nous venons de rappeler, après avoir fait remarquer que les directions successives des angles α, 2α, 3α,... sont exprimées par les puissances 1, 2, 3,... du binôme $\cos\alpha + \sqrt{-1}\sin\alpha$, et que celles des arcs $-\alpha$, -2α, -3α,... le sont à leur tour par les puissances -1, -2, -3,... du même binôme, nous avons été conduit à penser que celles des arcs perpendiculaires aux précédents $\alpha\sqrt{-1}$, $2\alpha\sqrt{-1}$, $3\alpha\sqrt{-1}$,... pourraient bien l'être par les puissances $\sqrt{-1}$, $2\sqrt{-1}$, $3\sqrt{-1}$,... de $\cos\alpha + \sqrt{-1}\sin\alpha$, et généralement, pour l'angle $m\alpha\sqrt{-1}$, par $(\cos\alpha + \sqrt{-1}\sin\alpha)^{m\sqrt{-1}}$. Nous avons d'ailleurs changé ce soupçon en certitude par une démonstration directe de laquelle il résulte que, si la direction répondant à $+\alpha$ est représentée par la puissance 1 du binôme $\cos\alpha + \sqrt{-1}\sin\alpha$, et si celle répondant à l'arc $-\alpha$ est représentée par la puissance -1 du même binôme, il est nécessaire que la direction de l'angle $\alpha\sqrt{-1}$, perpendiculaire aux deux précédents, soit à son tour exprimée par une certaine puissance de $\cos\alpha + \sqrt{-1}\sin\alpha$, et nous avons constaté que l'exposant de cette puissance est précisément $\sqrt{-1}$.

Cela rappelé, si l'on remarque que les directions répondant aux angles $\alpha\sqrt{-1}$ sont précisément celles situées dans le plan des xz, lesquelles ont pour représentant $\cos\alpha + \sqrt{-1}^{\sqrt{-1}}\sin\alpha$, on en conclura que cette dernière expression doit être équivalente à $(\cos\alpha + \sqrt{-1}\sin\alpha)^{\sqrt{-1}}$ et que par suite on doit avoir

$$\left(\cos\alpha + \sqrt{-1}^{\sqrt{-1}}\sin\alpha\right)^m = (\cos\alpha + \sqrt{-1}\sin\alpha)^{m\sqrt{-1}}.$$

D'ailleurs, d'après ce que nous avons constaté au début du présent article, $\left(\cos\alpha + \sqrt{-1}^{\sqrt{-1}}\sin\alpha\right)^m$ pouvant être remplacé par $\cos m\alpha + \sqrt{-1}^{\sqrt{-1}}\sin m\alpha$, on parvient définitivement à l'égalité suivante :

$$\cos m\alpha + \sqrt{-1}^{\sqrt{-1}}\sin m\alpha = (\cos\alpha + \sqrt{-1}\sin\alpha)^{m\sqrt{-1}}.$$

Cette propriété remarquable va nous permettre d'étendre le théorème de Moivre au cas où l'exposant devient imaginaire de la forme $m\sqrt{-1}$ et d'indiquer les règles opératives à l'aide desquelles cette extension doit être comprise et pratiquée.

Il résulte, en effet, de la simple inspection de la formule, que, pour effectuer l'opération qui consiste à élever le binôme $\cos\alpha + \sqrt{-1}\sin\alpha$ à la puissance $m\sqrt{-1}$, il faut faire deux parts dans l'exposant, l'une ne contenant que ce qui est grandeur, c'est-à-dire m, l'autre s'appliquant exclusivement aux signes d'opération, c'est-à-dire $\sqrt{-1}$. La première partie produira exactement sur le cosinus et sur le sinus les mêmes effets que précédemment. La seconde partie, au contraire, n'exercera aucune action sur ces deux symboles trigonométriques, mais seulement sur le signe directif qui figure dans le binôme, et aura pour effet d'élever ce signe à la puissance $\sqrt{-1}$.

Or c'est exactement ainsi que les choses se passent lorsque

l'exposant est négatif. Nous avons vu que, dans ce cas, le cosinus et le sinus primitifs de α deviennent ceux de $m\alpha$ et que, quant au signe directif -1 de l'exposant, il a pour effet d'élever $\sqrt{-1}$ à la puissance -1.

On remarquera d'ailleurs, pour le cas où l'exposant est positif, que le signe directif qui accompagne m étant $+1$, l'élévation à la puissance $+1$ laissera intacte, comme cela doit être, la forme primitive du binôme, dans lequel il n'y aura d'autre changement que celui de la multiplication de l'arc α par m.

Nous pouvons nous dispenser d'insister sur le cas où l'exposant $m\sqrt{-1}$ devient négatif; car, ayant déjà constaté à l'article XVI que

$$(\cos+\alpha\sqrt{-1}\sin\alpha)^{-1} = (\cos\alpha - \sqrt{-1}\sin\alpha)^{+1},$$

on en déduira

$$(\cos\alpha + \sqrt{-1}\sin\alpha)^{-m\sqrt{-1}} = (\cos\alpha - \sqrt{-1}\sin\alpha)^{+m\sqrt{-1}}.$$

On ramènera ainsi le cas de l'exposant imaginaire négatif à celui du positif, et l'on appliquera les règles propres à ce dernier cas.

XXVIII.

Nous aurions encore d'autres observations à présenter au sujet de la formule de Moivre. Après avoir exposé, comme nous venons de le faire, les extensions légitimes dont elle est susceptible, nous devrions nous expliquer sur certains faits de calcul qu'elles autorisent et sur la nature des résultats auxquels conduisent ces calculs. D'un autre côté, il sera nécessaire de prémunir le lecteur contre les entraînements des inductions analogiques qui se présentent très-naturellement en cette matière; mais, outre que cette digression, venant à la suite de celle ci-dessus, nous écarterait trop du but essentiel que nous poursuivons dans cet Ouvrage, savoir la détermination proprement dite des directions des droites et des plans dans l'espace, il y aura tout à gagner à attendre, pour reprendre ces questions, que le contingent de nos connaissances sur cet important sujet ait acquis le développement nécessaire. Nos conclusions pourront alors être plus nettement formulées et mieux comprises.

Au reste, la nécessité de ces discussions incidentes est la conséquence naturelle de la nouveauté du sujet que nous traitons et des enseignements rectificatifs que son étude met à jour à chaque instant. Parmi les idées reçues sur les imaginaires et surtout sur les imaginaires exponentielles et trigonométriques, il y en a tant qui ne reposent que sur des hypothèses qu'il n'est pas étonnant qu'il y ait beaucoup à reprendre dans les conceptions largement conventionnelles qu'on s'est faites à cet égard. Citons-en un dernier exemple, après lequel nous reprendrons l'étude proprement dite des directions.

Mettons à cet effet en présence les conséquences si simplement déduites des faits et des lois géométriques ci-dessus exposés, et celles qu'il faudrait leur substituer si l'on s'en tenait aux croyances généralement adoptées.

Admettons pour un instant que nous fussions complétement privés des connaissances que nous venons d'acquérir sur la signification des formes imaginaires employées comme exposants. Au lieu de raisonner comme nous avons pu le faire, quelle ressource nous serait-il resté pour interpréter cette circonstance algébrique? Celle de supposer que les règles établies pour les exposants réels continuent d'être applicables, ainsi qu'on l'a admis jusqu'à ce jour aux exposants imaginaires et de dire en conséquence que la valeur de

$$(\cos\alpha + \sqrt{-1}\sin\alpha)^{m\sqrt{-1}}$$

doit être égale à

$$\cos(m\alpha\sqrt{-1}) + \sqrt{-1}\sin(m\alpha\sqrt{-1});$$

puis, employant, pour ces sortes de cosinus et de sinus les valeurs analogiquement admises, savoir :

$$\cos(m\alpha\sqrt{-1}) = 1 + \frac{m^2\alpha^2}{2!} + \frac{m^4\alpha^4}{4!} + \frac{m^6\alpha^6}{6!} + \ldots,$$

$$\sin(m\alpha\sqrt{-1}) = \sqrt{-1}\left(m\alpha + \frac{m^3\alpha^3}{3!} + \frac{m^5\alpha^5}{5!} + \ldots\right),$$

nous aurions obtenu le développement

$$1 - m\alpha + \frac{m^2\alpha^2}{2!} - \frac{m^3\alpha^3}{3!} + \frac{m^4\alpha^4}{4!} - \frac{m^5\alpha^5}{5!} + \ldots,$$

c'est-à-dire une quantité réelle et égale à $e^{-m\alpha}$, résultat inconciliable avec les faits acquis et parfaitement démontrés que l'expression

$$(\cos\alpha + \sqrt{-1}\sin\alpha)^{m\sqrt{-1}}$$

est la représentation algébrique de la direction à laquelle on parvient par la répétition de m fois l'angle α dans le plan des xz.

Ainsi, par le procédé usuel, on aurait une grandeur pure et simple qui prendrait place sur l'axe des x, tandis que par le nôtre on est conduit à une direction située dans le plan des xz et faisant un angle $m\alpha$ avec le même axe. On le voit, il n'est pas possible d'arriver à une disparate plus complète.

Le lecteur jugera, d'après ces détails ajoutés à tous ceux qui précèdent, combien il règne de confusion dans toute cette partie de l'Algèbre.

Revenons maintenant à nos recherches sur les directions.

CHAPITRE TROISIÈME.

FORMULES DIRECTIVES POUR LES DROITES DÉFINIES PAR D'AUTRES ÉLÉMENTS QUE CEUX DE LA LONGITUDE ET DE LA LATITUDE.

SOMMAIRE. — XXIX. Diverses catégories d'éléments qu'on peut choisir pour définir les droites; notations relatives à ces éléments. — XXX. Variétés obtenues pour les directifs lorsqu'on rapporte la longitude et la latitude aux divers axes et plans des coordonnées; directif d'une droite définie par l'angle qu'elle fait avec l'un des axes et par celui que fait le plan de cet angle avec les plans des coordonnées qui contiennent l'axe en question. — XXXI. Directifs des droites définies, soit par les angles qu'elles font avec deux des axes des coordonnées, soit par ceux qu'elles font avec deux des plans des coordonnées. — XXXII. Procédé général pour obtenir l'expression des directifs correspondant à telle combinaison qu'on voudra des données ci-dessus. — XXXIII. Première application de ce procédé. — XXXIV. — Deuxième application. — XXXV. Accord des principes et des formules ci-dessus avec les propriétés connues du triangle sphérique rectangle. — XXXVI. Dans l'espace il n'existe pas, comme dans le plan, des opérations vraiment algébriques propres à faire passer d'une direction à une autre. — XXXVII. Les directifs des droites situées dans le plan des xz jouissent à cet égard des mêmes propriétés analytiques que ceux des droites situées dans le plan des xy; il n'en est pas de même pour les directifs qui appartiennent au plan des yz. — XXXVIII. Examen de la même question par un directif quelconque; relation qui s'établit entre les directifs de deux droites à l'aide de l'angle qu'elles font entre elles, conséquences analytiques qui en résultent pour la question qui nous occupe. — XXXIX. Une droite étant donnée sur le plan des xy, lui mener une perpendiculaire dans un plan qui, passant par cette droite, fait un angle donné avec ce même plan des xy. — LX. Détermination de l'angle de deux droites à l'aide de leurs directifs.

XXIX.

On conçoit que la direction d'une droite est susceptible d'être fixée dans l'espace par d'autres éléments que ceux de latitude et de longitude ci-dessus définis. On peut, par exemple, supposer que cette détermination est faite, d'une part, à l'aide d'un plan qui la contient et qui passe par l'axe des x; d'autre part, à l'aide de l'angle qu'elle fait dans ce plan avec l'axe choisi. Il y a encore plusieurs autres combinaisons analytiques possibles entre les diverses données qui peuvent être employées pour la définition géométrique des directions. Or c'est là un sujet sur lequel il importe d'acquérir des idées précises, parce que, suivant les circonstances dans lesquelles on pourra se trouver, certaines de ces combinaisons seront plus favorables que d'autres à la solution des problèmes; mais, afin de mettre un peu d'ordre dans ces détails, il convient de s'expliquer sur la nature de ces données, et de préciser dans quel sens on doit les entendre et les faire intervenir.

Une première catégorie d'éléments, propres à fixer la position des directions dans l'espace, est celle des angles que cette direction fait avec les trois axes, angles que nous désignerons d'une manière générale par (X), (Y), (Z). La direction donnée OP (*voir* la figure de la page 61) est un côté commun à ces trois angles; le second côté de chacun d'eux est successivement formé par l'un des trois axes. Les arcs qui leur correspondent sur la sphère unité partent toujours du point P et aboutissent aux points où les axes coupent ladite sphère.

Les grandeurs des lignes trigonométriques de ces arcs dépendent uniquement de la grandeur de ces derniers et sont directement données par les Tables. Quant aux directions, celle du cosinus sera toujours celle même de l'axe auquel se rapporte l'angle dont on s'occupe. Cette direction sera par conséquent ± 1 pour les angles (X) que fait la droite considérée avec l'axe des x; $\pm\sqrt{-1}$ pour ceux (Y) que cette droite fait avec l'axe des y; $\pm\sqrt{-1}^{\sqrt{-1}}$ pour ceux (Z) qu'elle fait avec l'axe des z. Quant aux sinus, qui sont perpendiculaires aux directions des cosinus, c'est-à-dire aux axes, ils seront respectivement parallèles aux plans des coordonnées, savoir : ceux des (X) au plan des yz, ceux des (Y) au plan des xz, ceux des (Z) au plan des xy. Les directions de ces sinus seront donc toujours celles de droites passant par l'origine et situées sur ces plans, directions dont l'étude a été faite précédemment.

L'ambiguïté du double signe, ci-dessus signalée pour le cosinus, sera toujours facile à lever. On remarquera à ce sujet que chaque plan des coordonnées divise l'espace en deux régions : pour le plan des xy, et par conséquent pour les angles (**Z**), nous appellerons *supérieure* celle qui est au-dessus de ce plan, du côté des z positifs, et *inférieure* celle qui est au-dessous. Pour le plan des xz, c'est-à-dire pour les angles (**Y**), nous appellerons *région d'avant* celle qui est située du côté des y positifs, et *région d'arrière* celle qui est située du côté opposé; enfin pour le plan des yz, et par conséquent pour les angles (**X**), nous donnerons le nom de *région de droite* à celle qui est située du côté des x positifs, et *région de gauche* à celle opposée. Il résulte de là que la direction positive, pour chaque espèce de cosinus, appartiendra respectivement aux régions d'avant, de droite et supérieure, et la direction négative aux régions d'arrière, de gauche et inférieure.

Passons à une autre catégorie de données. Nous désignerons à cet effet par les symboles généraux (**XY**), (**XZ**), (**YZ**) les angles qu'une droite fait avec les trois plans des coordonnées. Ces angles sont les complémentaires respectifs des angles (**Z**), (**Y**), (**X**) ci-dessus définis. D'après les explications produites sur la manière dont il faut supputer les lignes trigonométriques de ces derniers, on se convaincra facilement que, tant en grandeur qu'en direction, les cosinus et sinus de ceux-ci deviennent les sinus et cosinus des angles actuels. Nous pouvons donc nous dispenser d'entrer dans de plus amples détails à ce sujet.

C'est à l'aide des angles (**XY**), (**XZ**), (**YZ**) qu'une direction se projette sur les plans des coordonnées. Or on peut avoir besoin de faire usage des angles que cette projection fait avec les axes du plan sur lequel elle est située. Nous emploierons à cet effet la même notation, en soulignant par un petit trait celui des indices **X**, **Y**, **Z** afférent à l'axe par rapport auquel on doit prendre l'angle. Ainsi $(\mathbf{X}\underline{\mathbf{Z}})$ représentera l'angle que fait avec l'axe des z la projection d'une direction sur le plan des xz; de même $(\underline{\mathbf{X}}\mathbf{Y})$ représentera l'angle que fait avec l'axe des x la projection d'une direction sur le plan des xy. Nous sommes d'ailleurs renseignés, par tout ce qui précède, sur ce qui concerne ces divers angles et les directions qui leur correspondent, puisque les uns et les autres sont situés dans les plans des coordonnées.

On peut enfin, dans la détermination des directions, faire intervenir la considération de plans sur lesquels elles se trouvent situées. Par exemple, une direction, que nous supposons toujours passer par l'origine, étant donnée, on peut concevoir qu'elle est géométriquement définie d'abord par le plan qui passe par elle et par l'axe des x, en second lieu par l'angle qu'elle fait dans ce même plan avec cet axe. Il est donc aussi nécessaire que nous nous expliquions sur les angles que peut faire un plan avec les plans des coordonnées. Nous n'examinerons ici que le cas où le plan passe par l'un des axes, et nous compléterons ce que nous avons à dire à ce sujet lorsque nous nous occuperons plus spécialement de ce qui concerne la direction générale des plans.

Considérons donc un plan mobile autour de l'axe des x, se confondant d'abord avec le plan des xy, puis s'éloignant successivement de celui-ci, soit dans la région supérieure, soit dans la région inférieure. L'angle de ce plan avec celui des yz sera toujours droit; mais il fera avec les deux autres plans des coordonnées des angles variables qui, pour chaque position, seront complémentaires l'un de l'autre. Pour désigner ces deux angles, nous appliquerons la notation (xY) à celui que le plan donné fait avec le plan des xy, et celle (xZ) à celui qu'il fait avec le plan des xz. Ces notations sont analogues aux précédentes, sauf le remplacement d'une des grandes lettres par une des petites, remplacement qui sert en même temps à donner l'indication de celui des axes par lequel passe le plan. D'ailleurs nous attribuerons la première place à la petite lettre indicatrice de l'axe par lequel passe ce plan.

Il résulte des propriétés géométriques connues que les angles (xY), (xZ) sont précisément ceux que fait la trace du plan donné sur celui des yz, d'une part avec l'axe des y, d'autre part avec l'axe des z. Cette observation aura son utilité lorsque nous nous occuperons de déterminer l'équivalent algébrique de la direction des plans.

Pour un plan passant par l'axe des y, l'angle de ce plan avec celui des xz sera droit. Son angle avec le plan des xy sera désigné par $(y\mathbf{X})$ et avec le plan des yz par $(y\mathbf{Z})$. Ces angles seront ceux que fait la trace du plan donné sur celui des xz, d'une part avec l'axe des x, de l'autre avec l'axe des z.

Enfin, pour un plan passant par l'axe des z, l'angle de ce plan avec celui des xy sera toujours droit; son angle avec le plan des zx sera désigné par $(z\mathbf{X})$, et avec le plan des zy par $(z\mathbf{Y})$. Ces angles seront ceux que fait la trace du plan donné sur le plan des xy, d'une part avec l'axe des x, d'autre part avec l'axe des y.

XXX.

Ces préliminaires ainsi établis, procédons à la recherche des diverses formes que pourra revêtir l'expression algébrique d'une direction suivant la catégorie de données dont on aura voulu faire usage pour la définir géométriquement.

Il est facile de se rendre compte que la première détermination à laquelle nous avons procédé, par la latitude et par la longitude du point P, a consisté à faire emploi des angles $(\mathbf{XY})$ et $(\underline{\mathbf{X}}\mathbf{Y})$, que nous avons respectivement désignés par β et par α. En faisant usage des nouvelles notations, on se convaincra sans difficulté qu'elle correspond au symbole général

$$\cos(\mathbf{XY})\left[\cos(\underline{\mathbf{X}}\mathbf{Y}) + \sqrt{-1}\sin(\underline{\mathbf{X}}\mathbf{Y})\right] + \sqrt{-1}^{\sqrt{-1}}\sin(\mathbf{XY}).$$

Si, dans le même ordre d'idées, on fait usage des données $(\mathbf{XZ})$ et $(\underline{\mathbf{X}}\mathbf{Z})$, ce qui revient à projeter la direction sur le plan des xz et à se servir de l'angle $(\underline{\mathbf{X}}\mathbf{Z})$ que fait cette projection avec l'axe des x, on comprendra que le cosinus de $(\mathbf{XZ})$ sera dirigé sur ce plan suivant la direction déterminée par l'angle $(\underline{\mathbf{X}}\mathbf{Z})$, laquelle a pour équivalent

$$\cos(\underline{\mathbf{X}}\mathbf{Z}) + \sqrt{-1}^{\sqrt{-1}}\sin(\underline{\mathbf{X}}\mathbf{Z}),$$

et que sin $(\mathbf{XZ})$ sera parallèle à l'axe des y; on aura donc pour l'expression cherchée

$$\cos(XZ)\left[\cos(\underline{X}Z) + \sqrt{-1}^{\sqrt{-1}}\sin(\underline{X}Z)\right] + \sqrt{-1}\sin(XZ).$$

Enfin, si l'on se sert des données (YZ) et $(\underline{Y}Z)$, ce qui revient à projeter la direction sur le plan des yz, et à se servir de l'angle $(\underline{Y}Z)$ que fait cette projection avec l'axe des y, le cosinus de (YZ) sera situé dans ce plan sur la direction déterminée par l'angle $(\underline{Y}Z)$, laquelle a pour équivalent

$$\sqrt{-1}\cos(\underline{Y}Z) + \sqrt{-1}^{\sqrt{-1}}\sin(\underline{Y}Z)$$

et le sinus du même angle (YZ) sera parallèle à l'axe des x; l'expression cherchée sera donc

$$\cos(YZ)\left[\sqrt{-1}\cos(\underline{Y}Z) + \sqrt{-1}^{\sqrt{-1}}\sin(\underline{Y}Z)\right] + \sin(YZ).$$

On vérifiera que, dans toutes ces expressions, conformément au principe général établi à l'article XXI, la somme des carrés des trois grandeurs qui multiplient $1, \sqrt{-1}, \sqrt{-1}^{\sqrt{-1}}$, est égale à l'unité.

Il est à peine besoin d'insister sur la substitution des données $(X\underline{Y})$, $(X\underline{Z})$, $(Y\underline{Z})$ à celles $(\underline{X}Y)$, $(\underline{X}Z)$, $(\underline{Y}Z)$, puisque les premiers de ces angles sont, dans chaque cas, les compléments des autres, ce qui apprend qu'il suffira dans les formules de remplacer les sinus et cosinus d'une catégorie par les cosinus et sinus de l'autre. Bornons-nous à montrer comment les choses se passent dans un des trois cas ci-dessus examinés, le dernier par exemple. Si, au lieu de $(\underline{Y}Z)$, on emploie $(Y\underline{Z})$, le cosinus de ce nouvel angle sera situé sur l'axe des z et son sinus sera parallèle à l'axe des y. Il résulte de là que la direction de la projection sur le plan des yz sera représentée par

$$\sqrt{-1}^{\sqrt{-1}}\cos(Y\underline{Z}) + \sqrt{-1}\sin(Y\underline{Z}).$$

Or, comme on a

$$\cos Y\underline{Z} = \sin \underline{Y}Z \quad \text{et} \quad \sin Y\underline{Z} = \cos \underline{Y}Z,$$

on voit qu'en faisant la substitution on retombera exactement sur l'expression ci-dessus.

Une seconde manière d'exprimer la direction consiste à appliquer à la définition géométrique de cette direction la combinaison des données suivantes. On prend d'abord l'angle (X) qu'elle fait avec l'axe des x et l'angle $(x\mathrm{Y})$ que fait avec le plan de base le plan qui, passant par l'axe des x, contient cette direction.

Dans cette circonstance, il faut concevoir qu'on projette la direction sur l'axe des x; l'angle de projection, qui est X, a son cosinus sur l'axe des x; son sinus, qui est parallèle au plan des yz, se projette évidemment sur ce plan suivant la direction déterminée par l'angle $(x\mathrm{Y})$. Cette direction particulière sera donc exprimée par

$$\sqrt{-1}\cos(x\mathrm{Y}) + \sqrt{-1}^{\sqrt{-1}}\sin(x\mathrm{Y}),$$

et de là résulte pour l'expression cherchée

$$\cos\mathrm{X} + \left[\sqrt{-1}\cos(x\mathrm{Y}) + \sqrt{-1}^{\sqrt{-1}}\sin(x\mathrm{Y})\right]\sin\mathrm{X}.$$

Si le plan qui contient la direction, au lieu de passer par l'axe des x, passe par l'axe des y, et si Y est l'angle que la direction fait dans ce plan avec l'axe des y, le cosinus de l'angle Y sera dirigé sur l'axe des y, et aura pour expression $\sqrt{-1}\cos\mathrm{Y}$; son sinus sera parallèle au plan des xz et se projettera évidemment sur ce plan, suivant la direction déterminée par l'angle $(y\mathrm{X})$, d'où l'on voit que, dans ce cas, la direction de la droite donnée sera exprimée par

$$\sqrt{-1}\cos\mathrm{Y} + \left[\cos(y\mathrm{X}) + \sqrt{-1}^{\sqrt{-1}}\sin(y\mathrm{X})\right]\sin\mathrm{Y}.$$

Enfin, si l'on fait usage de l'angle Z et si le plan qui contient la direction passe par l'axe des z, et fait par conséquent, avec le plan des xz, un angle $(z\mathrm{X})$, le cosinus de Z sera sur l'axe des z et aura pour expression $\sqrt{-1}^{\sqrt{-1}}\cos\mathrm{Z}$; son sinus, parallèle au plan des xy, sera dirigé suivant

$$\cos(z\mathrm{X}) + \sqrt{-1}\sin(z\mathrm{X}),$$

de sorte que l'expression cherchée sera représentée par

$$\sqrt{-1}^{\sqrt{-1}} \cos Z + [\cos(zX) + \sqrt{-1}\sin(zX)] \sin Z.$$

Dans chacun des cas que nous venons d'examiner, on remarquera que le plan qui, passant par l'un des axes, contient la direction, fait avec les deux plans des coordonnées passant par ce même axe deux angles qui sont complémentaires l'un de l'autre. Dans ce qui précède, nous n'avons fait usage que de l'un de ces angles ; mais on conçoit que l'on doit également arriver au but en faisant intervenir l'autre.

Par exemple, après nous être donné l'angle Y que la direction fait avec l'axe des y, nous avons combiné cet angle avec celui $(y X)$. Supposons qu'on veuille maintenant recourir à son complémentaire qui sera $(y Z)$. Le cosinus de l'angle Y sera toujours dirigé suivant l'axe des y et aura pour représentation, tant en grandeur qu'en direction, $\sqrt{-1}\cos Y$; quant à son sinus, il est aussi le même que précédemment et se projettera dans sa véritable grandeur sur le plan des xz. Sa direction ne peut également être autre chose que la précédente ; mais, tandis qu'avec l'angle $(y X)$ elle était exprimée par

$$\cos(y X) + \sqrt{-1}^{\sqrt{-1}} \sin(y X),$$

avec l'angle $(y Z)$, qui a son cosinus sur l'axe des z et son sinus parallèle à celui des x, elle le sera par

$$\sqrt{-1}^{\sqrt{-1}} \cos(y Z) + \sin(y Z).$$

L'expression cherchée de la direction sera donc

$$\sqrt{-1}\cos Y + \left[\sqrt{-1}^{\sqrt{-1}} \cos(y Z) + \sin(y Z)\right] \sin Y,$$

et telle est la forme qu'il faut lui donner dans ce cas ; mais on voit qu'au fond ces deux expressions sont identiques, en vertu des relations connues

$$\cos(y Z) = \sin(y X), \quad \sin(y Z) = \cos(y X).$$

On se convaincra sans peine que ces diverses expressions

de la direction jouissent toutes de la propriété générale que la somme des carrés des grandeurs qui multiplient les indices directifs $1, \sqrt{-1}$ et $\sqrt{-1}^{\sqrt{-1}}$ est égale à l'unité.

XXXI.

Une troisième combinaison de données, qu'on peut employer pour la définition géométrique de la direction, est celle qui consiste à faire usage de deux des trois angles que cette direction fait avec les axes. Supposons, par exemple, qu'il s'agit d'obtenir l'équivalent algébrique de la direction en fonction des deux angles X et Y qu'elle fait avec les axes des x et des y.

On remarquera d'abord que le cosinus de l'angle X est situé sur l'axe des x. Quant au sinus, si l'on désigne par μ son coefficient directif, il sera représenté par $\mu \sin X$, et par suite la direction cherchée aura pour valeur

$$\cos X + \mu \sin X;$$

mais, le sinus de X étant parallèle au plan des yz, il faudra que μ soit de la forme

$$\sqrt{-1}\cos\theta + \sqrt{-1}^{\sqrt{-1}}\sin\theta,$$

θ étant un angle à déterminer, de sorte que l'expression de la direction revêtira la forme

$$\cos X + \left(\sqrt{-1}\cos\theta + \sqrt{-1}^{\sqrt{-1}}\sin\theta\right)\sin X.$$

D'un autre côté, le cosinus de l'angle Y se projettera sur l'axe des y, et sera représenté par $\sqrt{-1}\cos Y$. Quant à son sinus, si μ' est son coefficient directif, il aura pour valeur $\mu' \sin Y$, et par suite la direction cherchée sera exprimée par

$$\sqrt{-1}\cos Y + \mu' \sin Y;$$

mais, le sinus de Y étant parallèle au plan des xz, il faudra que μ' soit de la forme

$$\cos\theta' + \sqrt{-1}^{\sqrt{-1}}\sin\theta',$$

θ' étant un angle à déterminer. Il suit de là que l'expression de la direction revêtira la forme

$$\sqrt{-1}\cos Y + \left(\cos\theta' + \sqrt{-1}^{\sqrt{-1}}\sin\theta'\right)\sin Y.$$

Ayant ainsi deux expressions pour la même direction, on les égalera l'une à l'autre et l'on en déduira les valeurs de θ et de θ'. Dans ce but, il faudra écrire que les quantités qui, de part et d'autre, multiplient les mêmes indices directifs 1, $\sqrt{-1}$ et $\sqrt{-1}^{\sqrt{-1}}$ sont égales.

On déduit de là les trois conditions suivantes :

$$\cos X = \cos\theta' \sin Y, \quad \cos Y = \cos\theta \sin X,$$
$$\sin\theta \sin X = \sin\theta' \sin Y.$$

On s'assurera d'ailleurs que la troisième condition est comportée par les deux autres. Quant aux deux premières, elles donnent directement

$$\cos\theta = \frac{\cos Y}{\sin X}, \quad \cos\theta' = \frac{\cos X}{\sin Y},$$

d'où l'on déduit

$$\sin\theta = \frac{\sqrt{\sin^2 X - \cos^2 Y}}{\sin X}, \quad \sin\theta' = \frac{\sqrt{\sin^2 Y - \cos^2 X}}{\sin Y}.$$

Substituant ces valeurs dans l'une et dans l'autre des expressions ci-dessus, on aura, savoir : avec la première,

$$\cos X + \sqrt{-1}\cos Y + \sqrt{-1}^{\sqrt{-1}}\sqrt{\sin^2 X - \cos^2 Y},$$

avec la seconde

$$\cos X + \sqrt{-1}\cos Y + \sqrt{-1}^{\sqrt{-1}}\sqrt{\sin^2 Y - \cos^2 X}.$$

Ces deux expressions doivent d'ailleurs être identiques. En effet, les termes réels et imaginaires simples y sont les mêmes; quant aux troisièmes termes, ils diffèrent par la forme, mais ils n'en sont pas moins égaux, puisque, quels que soient X et Y, on a toujours

$$\sin^2 X - \cos^2 Y = \sin^2 Y - \cos^2 X.$$

Si, au lieu des angles X et Y, on emploie les angles X et Z, l'expression ci-dessus en X et θ restera ; mais la seconde sera modifiée ; car le cosinus de Z, étant situé sur l'axe des z, sera exprimé par $\sqrt{-1}^{\sqrt{-1}}\cos Z$ et son sinus, étant parallèle au plan des xy, le sera par

$$(\cos\theta' + \sqrt{-1}\sin\theta')\sin Z;$$

la seconde expression de la direction sera donc

$$\sqrt{-1}^{\sqrt{-1}}\cos Z + (\cos\theta' + \sqrt{-1}\sin\theta')\sin Z.$$

De leur comparaison on déduira les valeurs des sinus et cosinus de θ et de θ' qui, substituées dans l'une ou dans l'autre, donneront pour l'expression de la direction cherchée

$$\cos X + \sqrt{-1}\sqrt{\sin^2 Z - \cos^2 X} + \sqrt{-1}^{\sqrt{-1}}\cos Z.$$

Enfin, en appliquant la même méthode au cas où les angles donnés sont Y et Z, on trouvera pour équivalent algébrique de la direction

$$\sqrt{\sin^2 Z - \cos^2 Y} + \sqrt{-1}\cos Y + \sqrt{-1}^{\sqrt{-1}}\cos Z.$$

En portant son attention sur les trois formes que nous venons d'obtenir, on remarquera entre elles certaines analogies sur lesquelles il n'est pas inutile de donner quelques détails. Et d'abord, dans chacune d'elles, les cosinus des deux angles qui servent à la déterminer, considérés tant en grandeur qu'en direction, forment contamment deux des trois termes qui la composent. Quant au troisième terme, il consiste en un radical carré de composition uniforme dans les trois cas et qui occupe successivement la troisième, la deuxième et la première place. Or, si à l'aide de la condition connue

$$\cos^2 X + \cos^2 Y + \cos^2 Z = 1$$

on remplace, dans chaque radical, le terme négatif qui y figure, et qui est toujours le carré d'un cosinus, on trouvera que ce radical se réduit à $\cos Z$ pour la première forme, à $\cos Y$ pour la seconde et à $\cos X$ pour la dernière. De telle sorte qu'après ces transformations les trois expressions revêtent le type unique

$$\cos X + \sqrt{-1}\cos Y + \sqrt{-1}^{\sqrt{-1}}\cos Z.$$

Il devient apparent alors que les trois termes qui le composent sont précisément les projections dirigées de la droite donnée sur les axes, et par suite leur somme doit nécessairement exprimer cette droite tant en grandeur qu'en direction. Nous sommes ainsi conduit à une confirmation très-remarquable des principes qui nous servent de régulateur dans cet ordre de recherches.

Si, au lieu de définir la direction par les angles qu'elle fait avec les axes, on emploie à cet usage les angles qu'elle fait avec les plans des coordonnées, on aura une quatrième catégorie d'éléments propres à en faire connaître l'expression analytique. D'ailleurs la considération que les angles XY, XZ, YZ sont les complémentaires respectifs des angles Z, Y, X fait immédiatement comprendre que ce cas se ramène très-facilement au précédent.

En effet, ayant reconnu, par exemple, qu'avec les données X et Y l'équivalent analytique de la direction est

$$\cos X + \sqrt{-1}\cos Y + \sqrt{-1}^{\sqrt{-1}}\sqrt{\sin^2 X - \cos^2 Y},$$

on le transforme immédiatement, par la voie des compléments, ainsi qu'il suit :

$$\sin(YZ) + \sqrt{-1}\sin(XZ) + \sqrt{-1}^{\sqrt{-1}}\sqrt{\cos^2(YZ) - \sin^2(XZ)};$$

c'est, au reste, ce qu'il est facile de vérifier en suivant la même méthode que précédemment.

En effet, par rapport à l'angle YZ que fait la direction avec le plan des yz, celle-ci sera de la forme

$$\nu\cos(YZ) + \mu\sin(YZ),$$

μ et ν étant les directifs du sinus et du cosinus de YZ ; mais le sinus est parallèle à l'axe des x, par conséquent on a $\mu = 1$. Quant au cosinus, il est situé dans le plan des yz et aura pour directif une expression de la forme

$$\sqrt{-1}\cos\theta + \sqrt{-1}^{\sqrt{-1}}\sin\theta;$$

il viendra donc pour l'expression de la direction

$$\left(\sqrt{-1}\cos\theta + \sqrt{-1}^{\sqrt{-1}}\sin\theta\right)\cos(\mathrm{YZ}) + \sin(\mathrm{YZ}).$$

D'un autre côté, par rapport à l'angle XZ que fait la direction avec le plan des xz, celle-ci sera de la forme

$$\nu'\cos(\mathrm{XZ}) + \mu'\sin(\mathrm{XZ}),$$

μ' et ν' étant les directifs du sinus et du cosinus de XZ ; mais le sinus est parallèle à l'axe des y, par conséquent on a $\mu' = \sqrt{-1}$. Quant au cosinus, il est situé dans le plan des xz et aura pour directif une expression de la forme

$$\cos\theta' + \sqrt{-1}^{\sqrt{-1}}\sin\theta';$$

il viendra donc pour l'expression de la direction

$$\left(\cos\theta' + \sqrt{-1}^{\sqrt{-1}}\sin\theta'\right)\cos(\mathrm{XZ}) + \sqrt{-1}\sin(\mathrm{XZ}).$$

Ces deux directions devant être équivalentes, on aura

$$\sin\mathrm{YZ} = \cos\theta'\cos(\mathrm{XZ}), \quad \sin(\mathrm{XZ}) = \cos\theta\cos(\mathrm{YZ}),$$
$$\sin\theta\cos(\mathrm{YZ}) = \sin\theta'\cos(\mathrm{XZ});$$

cette troisième condition est comportée par les deux autres. Quant à la première et à la seconde, on en déduit les valeurs suivantes pour θ et θ' :

$$\cos\theta = \frac{\sin\mathrm{XZ}}{\cos\mathrm{YZ}}, \quad \cos\theta' = \frac{\sin\mathrm{YZ}}{\cos\mathrm{XZ}},$$

et, par suite,

$$\sin\theta = \frac{\sqrt{\cos^2\mathrm{YZ} - \sin^2\mathrm{XZ}}}{\cos\mathrm{YZ}}, \quad \sin\theta' = \frac{\sqrt{\cos^2\mathrm{XZ} - \sin^2\mathrm{YZ}}}{\cos\mathrm{XZ}}.$$

Substituant ces valeurs dans l'une ou l'autre des expressions ci-dessus, on aura celle de la direction. En opérant, par exemple, sur la première, on trouvera, comme nous l'avons constaté ci-dessus,

$$\sin YZ + \sqrt{-1}\sin XZ + \sqrt{-1}^{\sqrt{-1}}\sqrt{\cos^2 YZ - \sin^2 XZ}.$$

Cette application nous paraît suffisante pour confirmer le principe que le cas actuel se déduit du précédent, en procédant par la voie des compléments.

Avec les nouvelles données, le principe de la somme des carrés devient

$$\sin^2(YZ) + \sin^2(XZ) + \sin^2(XY) = 1.$$

Si l'on en fait usage pour remplacer $-\sin^2 XZ$ sous le radical, on trouve que celui-ci se réduit à $\sin XY$: l'expression de la direction devient ainsi

$$\sin YZ + \sqrt{-1}\sin XZ + \sqrt{-1}^{\sqrt{-1}}\sin(XY).$$

C'est qu'en effet ce sont alors les sinus des angles donnés qui représentent les projections dirigées de la droite sur les trois axes, et, par voie de suite, leur somme doit être, tant en grandeur qu'en direction, la représentation algébrique cherchée.

XXXII.

Avec les quatre catégories de données représentées par les symboles (X), (XY), $(\underline{XY})$, $(x\mathrm{Y})$ on pourrait procéder, dans le but de définir la direction, à des combinaisons de deux d'entre elles, tout autres que celles dont nous venons de faire usage. Le nombre de ces combinaisons nouvelles serait considérable, et l'examen de ce qui les concerne exigerait de minutieux détails ; aussi est-il intéressant de montrer qu'avec les résultats acquis et consignés dans les deux articles qui précèdent, et même dans le premier seulement, il sera possible, à l'aide d'une méthode générale, de déterminer les formules de direction qui conviendront à telle combinaison de données qu'on voudra s'imposer.

On remarquera à ce sujet que, dans les cas que nous venons

d'étudier figure l'ensemble des quatre types (X), (XY), $(\underline{XY})$, (xY). Ainsi, dans l'article XXX, nous avons combiné l'angle (XY) avec la longitude $(\underline{XY})$, et puis l'angle (X) avec celui (xY). Dans l'article suivant nous nous sommes occupés du cas où l'on veut faire usage de deux des angles (X) ou de deux des angles (XY).

Il est donc certain, même en nous bornant à l'article XXX, que nous sommes en possession de formules dans lesquelles figure chacun des quatre symboles ci-dessus. Or on va voir que cela sera suffisant pour résoudre tous les cas.

Supposons, par exemple, qu'on veuille combiner une quelconque des formes symboliques $(\underline{XY})$ avec une quelconque de celles qui appartiennent à la catégorie (xY). Quel que soit l'élément ψ choisi parmi ceux $(\underline{XY})$, on trouvera, dans le premier cas de l'article XXX, une formule dans laquelle entrera cet élément. Il y sera associé avec son correspondant de la catégorie (XY) que nous désignerons par ψ'. Cette formule sera donc une certaine fonction de ψ et de ψ' que nous désignerons par $F_1(\psi, \psi')$.

En second lieu, quel que soit l'élément φ choisi parmi ceux (xY), on trouvera, dans le second cas de l'article XXX, une formule dans laquelle entrera cet élément. Il y sera associé avec son correspondant de la catégorie (X) que nous désignerons par φ'. Cette formule sera donc une certaine fonction de φ et de φ' que nous désignerons par $F_2(\varphi, \varphi')$.

Cela posé, comme les deux fonctions F_1 et F_2 représentent la même direction, il faudra qu'elles soient égales. Or cette égalité, en vertu des trois espèces de termes essentiellement distinctes auxquelles elle s'applique, conduira à trois équations de condition à l'aide desquelles on déterminera les valeurs de ψ' et de φ' en fonction de ψ et de φ. Substituant alors, soit ψ' dans $F_1(\psi, \psi')$, soit φ' dans $F_2(\varphi, \varphi')$, on obtiendra l'expression cherchée de la direction.

On pourra remarquer à la vérité qu'il est surprenant que nous ayons ici trois équations de condition, alors qu'il n'y a que deux inconnues à déterminer ; mais cela s'explique par cette circonstance, que l'une de ces trois équations est toujours comportée par les deux autres, et il est facile de s'en rendre compte.

En effet la fonction $F_1(\psi, \psi')$ sera de la forme générale

$$a_1 + b_1\sqrt{-1} + c_1\sqrt{-1}^{\sqrt{-1}},$$

et, parce que c'est une direction, il faudra lui appliquer le principe

$$a_1^2 + b_1^2 + c_1^2 = 1, \quad \text{d'où} \quad c_1 = \sqrt{1 - a_1^2 - b_1^2}.$$

D'un autre côté, la fonction $F_2(\varphi, \varphi')$, qui exprime aussi une direction, sera de la forme

$$a_2 + b_2\sqrt{-1} + c_2\sqrt{-1}^{\sqrt{-1}},$$

et l'on devra avoir

$$c_2 = \sqrt{1 - a_2^2 - b_2^2}.$$

Or, lorsque de ces deux expressions, qui concernent la même direction, on aura déduit

$$a_1 = a_2, \quad b_1 = b_2,$$

la troisième condition $c_1 = c_2$, en vertu des valeurs ci-dessus de c_1 et de c_2, sera toujours satisfaite, étant une conséquence évidemment nécessaire des deux premières. On sera donc en droit de la supprimer ; mais il sera souvent utile de la conserver pour la facilité des calculs ultérieurs.

Il importe de faire observer que, de la nature des explications qui viennent d'être données, il résulte qu'il n'est nullement nécessaire que les deux éléments ψ' et φ' correspondant à ψ et à φ aient une valeur plutôt qu'une autre ; il suffit, quels qu'ils soient, qu'ils fassent partie de l'expression autorisée d'une direction dans laquelle ψ et φ figurent. Expliquons notre pensée par un exemple : supposons à cet effet que ψ est dans la catégorie des éléments (XY), et φ dans celle des éléments (X). Je pourrai, en vue de ψ, recourir à toute expression directive dans laquelle ψ entrera, quel que soit l'autre élément ψ' qui complétera cette expression. Il sera donc permis de prendre la combinaison de (XY), soit avec ($\underline{\text{XY}}$), qui est le premier cas de l'article XXX, soit avec celle (XZ), qui est le deuxième cas de l'article XXXI. De même, en vue de φ, je pourrai prendre ou la combinaison (X) et (xY), qui est le second cas de l'article XXX, ou bien celle (X) et (Y), qui est le premier cas de l'article XXXI. De quelque combinaison qu'on ait fait choix, et par suite quels que soient les seconds éléments ψ' et φ' qui s'y appliquent, on cherchera, à l'aide des équations de condition, les valeurs de ψ' et φ' qui sont la conséquence de ces choix, et l'on agira avec eux, pour déterminer les directions, suivant les règles ci-dessus exposées.

Cette observation peut avoir une importance réelle dans la pratique : elle fait voir que non-seulement on pourra arriver au but par les formules de l'article XXX, mais par toutes autres contenant les éléments obligés, ce qui, dans certains cas, sera de nature à simplifier les calculs.

Montrons maintenant par quelques exemples comment ces opérations doivent être pratiquées.

XXXIII.

Supposons d'abord qu'on demande d'exprimer une direction à l'aide des éléments ($\underline{\mathrm{Y}}$Z) et (yX).

On cherchera d'abord la formule qui contient ($\underline{\mathrm{Y}}$Z), et on la trouvera parmi celles qui figurent au premier cas traité dans l'article XXX. Cette formule est

$$\cos(\mathrm{YZ})\left[\sqrt{-1}\cos(\underline{\mathrm{Y}}\mathrm{Z})+\sqrt{-1}^{\sqrt{-1}}\sin(\underline{\mathrm{Y}}\mathrm{Z})\right]+\sin(\mathrm{YZ}).$$

Ici les deux éléments ψ et ψ' sont respectivement ($\underline{\mathrm{Y}}$Z) et (YZ).

On cherchera ensuite la formule qui contient (yX), et on la trouvera parmi celles qui figurent au deuxième cas du même article ; cette formule est

$$\sqrt{-1}\cos(\mathrm{Y})+\left[\cos(y\mathrm{X})+\sqrt{-1}^{\sqrt{-1}}\sin(y\mathrm{X})\right]\sin\mathrm{Y}.$$

Ici les deux éléments φ et φ' sont respectivement (yX) et (Y).

De la comparaison de ces deux expressions, qui s'appliquent toutes à la même direction, résulteront les conditions suivantes :

$$\sin(YZ) = \cos(yX)\sin Y,$$

$$\cos(YZ)\cos(\underline{Y}Z) = \cos Y,$$

$$\cos(YZ)\sin(\underline{Y}Z) = \sin(yX)\sin Y.$$

Nous savons déjà qu'une quelconque de ces conditions est comportée par les deux autres ; mais, pour la commodité des calculs, nous les conserverons toutes trois.

Si l'on multiplie la seconde par $\sin(yX)$ et si l'on ajoute ensuite son carré au carré de la troisième, l'élément (Y) disparaîtra, et il viendra

$$\cos^2(YZ)\left[\cos^2(\underline{Y}Z)\sin^2(yX) + \sin^2(\underline{Y}Z)\right] = \sin^2(yX) ;$$

d'où l'on déduit

$$\cos(YZ) = \frac{\sin(yX)}{\sqrt{1-\cos^2(\underline{Y}Z)\cos^2(yX)}},$$

et par suite

$$\sin(YZ) = \frac{\cos(yX)\sin(\underline{Y}Z)}{\sqrt{1-\cos^2(\underline{Y}Z)\cos^2(yX)}},$$

Ces valeurs ainsi obtenues, on déterminera facilement celles de $\cos Y$ et de $\sin Y$, qui sont

$$\cos Y = \frac{\cos(\underline{Y}Z)\sin(yX)}{\sqrt{1-\cos^2(\underline{Y}Z)\cos^2(yX)}},$$

$$\sin Y = \frac{\sin(\underline{Y}Z)}{\sqrt{1-\cos^2(\underline{Y}Z)\cos^2(yX)}}.$$

Maintenant qu'on substitue soit $\cos(YZ)$ et $\sin(YZ)$ dans la première des expressions ci-dessus, soit $\cos Y$ et $\sin Y$ dans la seconde, et l'on trouvera, de l'une et de l'autre manière, l'équivalent algébrique cherché de la direction, savoir :

$$\frac{\cos(yX)\sin(\underline{Y}Z) + \sqrt{-1}\,\sin(yX)\cos(\underline{Y}Z) + \sqrt{-1}^{\sqrt{-1}}\sin(yX)\sin(\underline{Y}Z)}{\sqrt{1-\cos^2(\underline{Y}Z)\cos^2(yX)}}.$$

On pourra d'ailleurs vérifier que la somme des carrés des trois grandeurs qui multiplient les directifs 1, $\sqrt{-1}$, $\sqrt{-1}^{\sqrt{-1}}$ est égale à l'unité.

Dans cet exemple, nous n'avons fait usage pour ψ' et pour φ' que d'une seule valeur. Nous allons maintenant présenter une application dans laquelle ψ' et φ' seront susceptibles d'en recevoir deux qui conduiront également au but qu'on se propose d'atteindre.

XXXIV.

Admettons à cet effet qu'on se propose de déterminer la direction par les deux éléments Z et (XZ), c'est-à-dire par les angles qu'elle fait, d'une part avec l'axe des z, de l'autre avec le plan des xz.

Dans le second cas, traité à l'article XXX, l'élément Z figure avec l'élément zX ; mais il figure aussi avec l'élément X, dans le premier cas traité à l'article XXXI.

De son côté, l'élément (XZ) figure avec l'élément $(\underline{X}Z)$, dans le premier cas traité à l'article XXX, mais il figure aussi avec l'élément YZ, dans le second cas traité à l'article XXXI.

On pourra donc, d'après ce qui a été expliqué à l'article XXXII, combiner Z soit avec (zX), soit avec X et agir ensuite, au moyen de l'une ou de l'autre de ces combinaisons, sur celles qu'on obtient en associant (ZX), soit avec $(\underline{X}Z)$, soit avec (YZ).

De là quatre cas possibles ; mais il sera suffisant, comme application, de montrer qu'il y a concordance entre deux de ces cas pris d'ailleurs arbitrairement. La vérification complète pour les quatre combinaisons est une affaire de calcul que le lecteur trouvera facile après les explications dans lesquelles nous allons entrer.

Prenons d'abord pour ψ l'élément Z et pour ψ' l'élément (zX), l'expression de la direction est alors

$$[\cos(zX) + \sqrt{-1}\sin(zX)]\sin Z + \sqrt{-1}^{\sqrt{-1}}\cos Z.$$

Prenons ensuite pour φ l'élément (XZ) et associons-le avec $(\underline{XZ})$, qui représentera φ' : cela conduit à une nouvelle expression de la direction, qui est

$$\cos(XZ)\left[\cos(\underline{XZ}) + \sqrt{-1}^{\sqrt{-1}} \sin(\underline{XZ})\right] + \sqrt{-1} \sin XZ.$$

De la comparaison de ces deux expressions qui s'appliquent à une même direction, on déduit les trois équations de condition suivantes :

$$\cos Z = \cos(XZ) \sin(\underline{XZ}),$$
$$\sin(XZ) = \sin(zX) \sin Z,$$
$$\cos(zX) \sin Z = \cos(XZ) \cos(\underline{XZ}).$$

Ici les deux éléments inconnus qu'il s'agit de déterminer sont (zX) et $(\underline{XZ})$. Or la première condition donne immédiatement

$$\sin(\underline{XZ}) = \frac{\cos Z}{\cos(XZ)}, \quad \text{d'où} \quad \cos(\underline{XZ}) = \sqrt{1 - \frac{\cos^2 Z}{\cos^2(XZ)}};$$

la seconde condition donne à son tour

$$\sin(zX) = \frac{\sin(XZ)}{\sin Z}, \quad \text{d'où} \quad \cos(zX) = \sqrt{1 - \frac{\sin^2(XZ)}{\sin^2 Z}}.$$

Qu'on substitue maintenant, soit $\sin(zX)$ et $\cos(zX)$ dans la première des expressions ci-dessus, soit $\sin(\underline{XZ})$ et $\cos(\underline{XZ})$ dans la seconde, et l'on trouvera, par l'un ou par l'autre moyen, pour l'expression cherchée

$$\text{(A)} \quad \sqrt{\sin^2 Z - \sin^2(XZ)} + \sqrt{-1} \sin(XZ) + \sqrt{-1}^{\sqrt{-1}} \cos Z.$$

Ces calculs sont d'ailleurs analogues à ceux que nous avons détaillés dans l'article précédent.

Passons maintenant à une autre combinaison.

Pour les mêmes éléments Z et (XZ), nous pouvons prendre, pour ψ' correspondant de Z, l'élément X ; et pour φ' correspondant de XZ, l'élément (YZ). Dans cette hypothèse, la direction sera exprimée, savoir :

Pour Z et X, par

$$\cos X + \sqrt{-1}\sqrt{\sin^2 Z - \cos^2 X} + \sqrt{-1}^{\sqrt{-1}} \cos Z\,;$$

Pour (XZ) et (YZ), par

$$\sin(YZ) + \sqrt{-1}\sin(XZ) + \sqrt{-1}^{\sqrt{-1}}\sqrt{\cos^2(YZ) - \sin^2(XZ)}.$$

De la çomparaison de ces deux expressions, qui sont représentatives d'une direction unique, on déduira les trois équations de condition suivantes :

$$\cos X = \sin(YZ),$$
$$\sqrt{\sin^2 Z - \cos^2 X} = \sin(XZ),$$
$$\cos Z = \sqrt{\cos^2(YZ) - \sin^2(XZ)}.$$

Ici les deux éléments inconnus qu'il s'agit de déterminer sont X et (YZ). La première condition nous apprend que les deux angles qu'ils représentent sont complémentaires l'un de l'autre. C'est ce qui résulte d'ailleurs de leur définition, puisque l'un est l'angle que fait la droite donnée avec l'axe des x, et que l'autre est celui de la même droite avec le plan des yz.

Pour l'expression ci-dessus en X et Z, il suffit de connaître cos X. Or la seconde des trois équations de condition donne

$$\cos X = \sqrt{\sin^2 Z - \sin^2(XZ)}.$$

Substituant donc cette valeur dans cette expression, celle-ci devient

$$\sqrt{\sin^2 Z - \sin^2(XZ)} + \sqrt{-1}\sin(XZ) + \sqrt{-1}^{\sqrt{-1}}\cos Z\,;$$

on retombe ainsi sur l'expression (A), telle qu'elle a été trouvée par le premier moyen.

La détermination de (YZ) s'obtient facilement par la troisième condition, de laquelle on déduit

$$\cos(YZ) = \sqrt{\cos^2 Z + \sin^2(XZ)}\,;$$

on aura par suite

$$\sin(YZ) = \sqrt{\sin^2 Z - \sin^2(XZ)}.$$

Substituant ces deux valeurs dans l'équivalent de la direction exprimé en fonction de (XZ) et de (YZ), on obtient pour la quatrième fois l'expression (A) ci-dessus.

Toutes les concordances annoncées dans ce qui précède sont ainsi vérifiées.

XXXV.

Les diverses expressions qui ont passé sous nos yeux reposant sur la base de faits et de principes géométriques incontestés, il est nécessaire, si nous n'avons pas fait erreur dans nos raisonnements, que les conséquences que nous pourrons déduire de ces expressions soient identiques avec celles que des études antérieures ont déjà introduites et sanctionnées dans la Science.

A cet égard nous avons constaté, lorsque nous nous sommes occupé des directions planes, que l'équivalent algébrique de ces directions et les règles à l'aide desquelles on passe de l'une à l'autre sont tout à fait d'accord avec les principes de la Trigonométrie rectiligne, de telle sorte qu'à vrai dire on pourrait prétendre, et l'on a prétendu, que nous n'avons fait que présenter sous une autre forme des vérités parfaitement connues avant nous. Nous nous empressons, quant aux principes, d'adhérer à cette affirmation ; les principes ne peuvent, en effet, qu'être immuables, quels que soient les moyens employés pour procéder à leur recherche ; mais, comme il y a dans cette forme, à laquelle on semble vouloir n'accorder qu'une médiocre importance, plus que de simples apparences, plus que de prétendues conventions, comme dans les moyens de calcul qu'elle met en œuvre il y en a un qui repose sur l'emploi d'une opération négligée jusqu'ici parce qu'elle était incomprise, comme, loin de prétendre, avec la plupart des géomètres, que cette opération est un non-sens, une chose qui n'existe pas, nous lui avons attribué au contraire le remarquable privilége d'être le représentant algébrique des faits géométriques qui se rattachent à la perpendicularité, comme enfin c'est là une idée nouvelle et non encore exploitée, il y avait un intérêt évident à s'assurer si ce nouveau moyen d'action, combiné avec ceux déjà connus et pratiqués, confirmerait toutes les vérités admises ou les contredirait. C'était là une épreuve dont il était important de connaître les résultats, puisqu'une seule contradiction constatée devait suffire à faire rejeter nos interprétations. Or non-seulement cette contradiction ne s'est pas rencontrée, mais, dans toutes les circonstances, nous avons pu vérifier que le fonctionnement algébrique de cette opération était en complet accord avec les faits et les moyens géométriques que nous avons signalés comme se trouvant en correspondance directe avec elle.

Cette épreuve heureusement tentée pour les directions planes, il n'est pas moins utile de la faire pour les directions dans l'espace, et de s'assurer si l'emploi combiné des directifs $\sqrt{-1}$, $\sqrt{-1}^{\sqrt{-1}}$ avec les autres opérations de calcul est oui ou non en concordance avec les faits géométriques connus.

Dans ce but, il nous faudra sortir de la Trigonométrie du plan et aborder celle de l'espace. Toutefois le développement de nos connaissances acquises en cette matière n'étant pas en ce moment suffisamment étendu, l'épreuve ne saurait être encore complète ; elle le deviendra plus tard lorsque nous nous serons expliqué sur ce qui concerne les directions des plans. Quant à présent, nous allons faire voir que tout ce que nous venons d'exposer sur les directions des droites dans l'espace confirme et démontre au besoin les principes de la théorie des triangles sphériques rectangles.

Fig. 2.

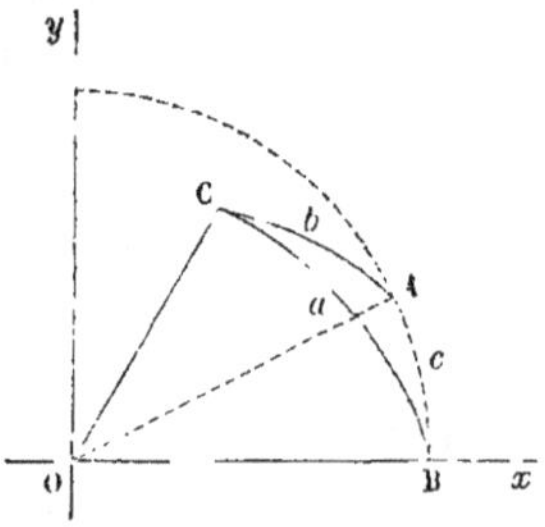

A cet effet, soit prise une direction quelconque OC (*fig.* 2), et soit OB l'axe des x. Cette direction se projetant suivant OA sur le plan des xy, l'arc $CA = b$ sera sa latitude, et l'arc $BA = c$ sera sa longitude ; désignons en outre par a l'arc CB qui mesure l'angle que fait la direction avec l'axe des x. On voit qu'on aura ainsi formé un triangle sphérique, rectangle en A, dont les trois côtés seront a, b, c, parmi lesquels a est l'hypoténuse. Il est d'ailleurs visible que l'angle en B que font les côtés a et c, angle que nous désignerons par B, est égal à celui que fait, avec le plan des xy, le plan OCB qui contient la direction et qui passe par l'axe des x.

Cela posé, si nous voulons représenter la direction par sa latitude et sa longitude, c'est-à-dire par les éléments ci-dessus définis (XY), ($\underline{\mathrm{X}}$Y), nous aurons l'expression suivante :

$$\cos b\left(\cos c + \sqrt{-1}\sin c\right) + \sqrt{-1}^{\sqrt{-1}}\sin b.$$

Si nous voulons l'exprimer par les éléments X et (xY), c'est-à-dire par l'angle a qu'elle fait avec l'axe des x et par celui B du plan OCB avec le plan des xy, nous aurons la seconde expression (*voir* art. XXX)

$$\cos a + \left(\sqrt{-1}\cos \mathrm{B} + \sqrt{-1}^{\sqrt{-1}}\sin \mathrm{B}\right)\sin a\,;$$

mais ces deux expressions devant être égales, puisqu'elles s'appliquent à la même direction, on aura les trois équations de condition

$$\cos a = \cos b \cos c,$$
$$\cos b \sin c = \sin a \cos \mathrm{B},$$
$$\sin b = \sin a \sin \mathrm{B}.$$

Or la première exprime la propriété connue entre l'hypoténuse et les côtés de l'angle droit. La troisième énonce celle qui lie l'hypoténuse à un côté de l'angle droit et à l'angle opposé à ce côté. Quant à la seconde, si on la divise par la première, on trouvera

$$\operatorname{tang} c = \operatorname{tang} a \cos \mathrm{B}:$$

c'est la relation qui lie l'hypoténuse à un côté et à l'angle non droit adjacent à ce côté.

Enfin, en divisant la seconde par la dernière, on a

$$\cot b \sin c = \cot B,$$

relation qui lie les deux côtés de l'angle droit à l'un des angles obliques.

Il est évident que la première des relations dans laquelle entrent les trois côtés et qui est symétrique par rapport à b et à c est unique ; mais les trois autres doivent être doubles par suite des permutations simultanées qu'on y peut faire de b en c et de B en C. Nous pourrions donc, pour les admettre, nous en tenir à cette remarque; mais, puisqu'il s'agit ici de contrôle, il convient d'en poursuivre l'exercice jusqu'au bout et de montrer comment les analogues de ces trois dernières relations peuvent à leur tour être obtenues par les considérations directives.

A cet effet, supposons qu'on change le plan des xy et qu'on prend à sa place celui OCA qui lui est perpendiculaire. Par rapport à ce nouveau plan, sur lequel OC représente l'axe des x, la droite OB deviendra une direction dont la latitude sera c et la longitude b. En conséquence, sa direction sera exprimée par

$$\cos c\left(\cos b + \sqrt{-1}\sin b\right) + \sqrt{-1}^{\sqrt{-1}}\sin c.$$

D'un autre côté, la direction OB fait avec le nouvel axe des x un angle a égal au précédent. Quant au plan qui la contient et qui passe par cet axe, il fait avec le nouveau plan des coordonnées un angle précisément égal à C. En conséquence, la direction exprimée avec les données a et C sera représentée par

$$\cos a + \left(\sqrt{-1}\cos C + \sqrt{-1}^{\sqrt{-1}}\sin C\right)\sin a.$$

Égalant entre elles ces deux expressions, qui s'appliquent à la même direction, on en déduira les trois équations de condition

$$\cos a = \cos b \cos c,$$
$$\cos c \sin b = \sin a \cos C,$$
$$\sin c = \sin a \sin C.$$

Ainsi que cela doit être, la première exprime la même relation que précédemment entre a, b, c. La dernière est l'analogue de $\sin b = \sin a \sin B$. Puis divisant la seconde d'abord par la première, en second lieu par la dernière, on trouvera les analogues des deux autres.

Quant aux relations dans lesquelles entrent les deux angles B et C avec un des côtés, et qui sont au nombre de trois, on les déduira des deux groupes de conditions ci-dessus par des calculs d'élimination ordinaires et sur lesquels il est inutile d'insister.

En résumé, on voit que les formules et les considérations directives dont nous avons fait l'exposé sont en concordance complète avec les principes constitutifs de la Trigonométrie sphérique des triangles rectangles.

XXXVI.

Avant de terminer ce qui est relatif aux directions des droites dans l'espace, nous ne saurions nous dispenser de présenter quelques aperçus comparatifs entre la théorie qui les concerne et celle qui s'applique aux directions planes.

Sur le plan les lois qui régissent les directions sont d'une grande simplicité. Pour un angle quelconque α, la direction est exprimée par $\cos\alpha + \sqrt{-1}\sin\alpha$; pour un autre angle β, elle le sera par $\cos\beta + \sqrt{-1}\sin\beta$, et nous avons constaté que la direction correspondant à la somme $\alpha + \beta$ a pour valeur le produit des directifs respectivement afférents aux angles α et β. Ce point de principe domine, éclaire et simplifie toute la théorie des directions planes.

Les esprits qui ont une prédilection prononcée pour les considérations analogiques auraient désiré sans doute qu'un principe, sinon tout à fait équivalent, du moins similaire, existât pour la théorie des directions dans l'espace, et il est certain que la simplicité des calculs n'aurait eu qu'à y gagner ; mais un tel principe ne figure pas dans cette théorie, et, en réfléchissant aux différences très-accentuées qu'on rencontre entre les moyens géométriques à l'aide desquels on définit les directions de l'une et de l'autre espèce, on ne sera pas surpris que les analogies algébriques fassent défaut, alors que, dans ce dont elles devraient être la représentation, on ne constate que des divergences. Donnons à cette idée tout le développement qu'elle mérite.

Pour caractériser géométriquement une direction plane, un seul élément suffit. Après avoir fait choix d'une droite, destinée à servir de point de départ pour la supputation des directions, il suffit de connaître l'angle que fait la droite ainsi choisie avec la droite donnée pour évaluer la direction de cette dernière. Cet élément angulaire est donc unique. De plus, dans l'ordre d'idées que nous venons d'indiquer, il est immuable, puisque tout autre angle que celui que nous venons d'indiquer s'appliquerait à une direction différente de la première. Ce grand principe d'unité et d'immuabilité, pour l'élément qui définit la direction dans le plan, nous permet non-seulement de comprendre ce que doit être la direction répondant à un angle double, triple, etc., d'un autre, mais encore de conclure que, par rapport à la première direction, chacune de celles qui correspondront à un multiple quelconque de l'angle primitif sera fixe et immuable comme l'est cet angle lui-même.

A cette première propriété, toute géométrique, vient s'en joindre une autre, dépendant des facultés propres à l'Algèbre, en vertu de laquelle le produit de tant de directifs qu'on voudra afférents à des angles quelconques α_1, α_2, $\alpha_3, \ldots$ est égal au directif qui correspond à la somme de ces mêmes angles.

On voit donc que, tandis que dans la Géométrie la succession des directions se fait par l'addition des angles qu'elles forment entre elles, dans l'Algèbre elle s'obtient par la multiplication des binômes directifs correspondant à chacun de ces arcs considéré isolément. On peut donc affirmer que l'arc géométrique est le logarithme de l'expression algébrique représentative de la direction, et que par conséquent les règles de la fonction logarithmique sont ici directement applicables. Telle est la grande loi qui, dans cette circonstance, lie l'Algèbre à la Géométrie et qui sert de régulateur à toute cette théorie. D'ailleurs nous ne faisons ici que rappeler les principes qui ont été développés et démontrés dans notre publication de 1869 et auxquels le lecteur pourra se reporter.

Or rien de pareil ne se rencontre dans les faits qui concernent les directions dans l'espace. Ici un seul élément angulaire est insuffisant pour définir la direction, il en faut toujours deux, et de plus ceux-ci, loin d'être immuables, peuvent être choisis de bien des manières différentes, ainsi que nous venons de le voir dans la série des articles qui précèdent. Dès lors la conséquence ci-dessus signalée que, dans le plan, l'addition des arcs employés pour définir les directions conduit toujours à une direction fixe et unique, disparaît complétement lorsqu'il s'agit de l'espace. Autant, au contraire, il y aura de manières de choisir deux éléments angulaires pour définir une pareille direction, autant il y aura de directions différentes répondant aux mêmes accroissements de ces éléments, soit qu'on considère ceux-ci isolément, soit qu'on les envisage dans leur dualité. Précisons ces idées par l'indication de quelques faits.

Ainsi que nous l'avons vu, une direction peut être définie par sa longitude α et par sa latitude β, l'angle α étant situé dans le plan de base ou des xy, et l'angle β dans un plan perpendiculaire à ce dernier. Si maintenant, sans toucher à β, j'ajoute à α un arc quelconque ξ, je pourrai, à l'aide de la variation de ξ, parcourir en entier la circonférence située dans le plan des xy; pendant ce temps, la droite donnée se déplacera, et, comme elle fait toujours le même angle β avec le plan de base, on voit qu'elle décrira une surface conique dont le sommet sera à l'origine, ayant pour axe l'axe des z et dont l'angle générateur, par rapport à cet axe, aura pour valeur le complément de β.

Cela posé, les deux directifs afférents aux longitudes α et ξ sont respectivement

$$\cos\beta\,(\cos\alpha + \sqrt{-1}\,\sin\alpha) + \sqrt{-1}^{\sqrt{-1}}\,\sin\beta,$$

$$\cos\beta\,(\cos\xi + \sqrt{-1}\,\sin\xi) + \sqrt{-1}^{\sqrt{-1}}\,\sin\beta,$$

tandis que celui de la somme $\alpha + \xi$ est

$$\cos\beta\,[\cos(\alpha+\xi) + \sqrt{-1}\,\sin(\alpha+\xi)] + \sqrt{-1}^{\sqrt{-1}}\,\sin\beta.$$

Or il n'est pas facile de concevoir comment on serait *algébriquement* conduit à conclure le dernier des deux premiers. On pourrait dire à la vérité qu'on y parviendrait en conservant $\cos\beta$ et $\sin\beta$ tels qu'ils sont et en donnant pour coefficient à la première de ces quantités le produit de ses coefficients primitifs ; mais ce serait là un moyen de calcul reposant en partie sur une convention, et la question de savoir si ce moyen pourrait être remplacé par une opération algébrique régulière et autorisée reste, pour nous du moins, à l'état de problème non résolu.

Supposons maintenant que c'est, au contraire, l'angle α qui reste constant et l'arc β qui reçoit une augmentation η. Dans ce cas la direction ne sortira pas du méridien répondant à la longitude α, mais elle occupera dans ce méridien, et en raison de la variation de η, toutes les positions possibles autour de l'origine.

Dans cette nouvelle hypothèse, les deux directifs afférents à la longitude constante α et aux latitudes β et η seront respectivement

$$\cos\beta\,(\cos\alpha + \sqrt{-1}\,\sin\alpha) + \sqrt{-1}^{\sqrt{-1}}\,\sin\beta,$$

$$\cos\eta\,(\cos\alpha + \sqrt{-1}\,\sin\alpha) + \sqrt{-1}^{\sqrt{-1}}\,\sin\eta,$$

tandis que celui de la somme $\beta + \eta$ est

$$\cos(\beta + \eta)\,[\cos\alpha + \sqrt{-1}\,\sin\alpha] + \sqrt{-1}^{\sqrt{-1}}\,\sin(\beta + \eta).$$

Ici encore, pour passer des deux premiers au dernier, il faudrait introduire une convention consistant à admettre qu'on commence par faire abstraction du facteur $\cos\alpha + \sqrt{-1}\,\sin\alpha$, commun aux deux cosinus, qu'on multiplie ensuite entre eux les deux directifs ainsi simplifiés, après quoi l'on restitue le même facteur à la partie réelle du produit, qui est le cosinus de $\beta + \eta$. Or la question de savoir s'il existe des opérations algébriques régulières, produisant les mêmes effets que ce procédé conventionnel, paraît encore plus difficile à résoudre dans ce cas que dans le précédent.

Enfin, lorsqu'on donne simultanément une augmentation à α

et à β, les directifs de (α, β) et de (ξ, η) sont respectivement

$$\cos\beta(\cos\alpha + \sqrt{-1}\sin\alpha) + \sqrt{-1}^{\sqrt{-1}}\sin\beta,$$
$$\cos\eta(\cos\xi + \sqrt{-1}\sin\xi) + \sqrt{-1}^{\sqrt{-1}}\sin\eta,$$

tandis que pour celui de $(\alpha + \xi, \beta + \eta)$ on trouve

$$\cos(\beta+\eta)[\cos(\alpha+\xi)+\sqrt{-1}\sin(\alpha+\xi)] + \sqrt{-1}^{\sqrt{-1}}\sin(\beta+\eta).$$

Or, pour passer des deux premiers à celui-ci, il faudrait convenir : premièrement, de ne pas tenir compte des facteurs de $\cos\beta$ et $\cos\eta$ et de multiplier entre eux les directifs ainsi simplifiés ; deuxièmement, de donner pour coefficient à la partie réelle de ce résultat le produit des deux facteurs qu'on a d'abord négligés. On voit donc que les exigences conventionnelles ne font qu'augmenter, et, par suite, les difficultés du sujet prennent avec elles une plus grande importance.

Mais la question se complique bien plus encore lorsqu'on remarque que, les éléments angulaires propres à définir une direction dans l'espace étant variables, les mêmes augmentations ξ et η introduites dans ces éléments conduiront, suivant le choix qu'on aura fait de ceux-ci, à des directions sans cesse différentes. Au lieu donc de cette immuabilité de direction qui, dans le plan, résulte de l'addition d'une quantité quelconque ξ à l'élément régulateur primitif, et qui tient à ce que celui-ci est unique, on aura dans l'espace une diversité continuelle de résultats, diversité en rapport avec celle dont est susceptible le choix des données régulatrices de la direction. Il est bien difficile d'espérer qu'au milieu de si incessantes mutations on puisse parvenir à des règles précises et uniformes.

Si, par exemple, au lieu de définir la direction par la latitude et la longitude, on se sert de l'angle **X** qu'elle fait avec l'axe des x et de l'angle $(x\mathbf{Y})$ que fait avec le plan des xy celui qui la contient et qui passe pour l'axe des x, on remarquera que, par l'addition de ξ à **X**, on pourra faire acquérir, dans ce dernier plan, toutes les positions possibles à la direction ; positions généralement très-différentes de celles qui correspondent à ξ dans le cas ci-dessus, puisque les nouvelles sont dans un plan et les précédentes sur une surface conique.

D'un autre côté, si on laisse X constant et si l'on ajoute η à $(x\mathrm{Y})$, la direction, faisant un angle invariable avec l'axe des x, s'appliquera, pour chaque valeur de η, sur une des génératrices d'un cône dont le sommet sera à l'origine, dont l'angle générateur sera X et dont l'axe se confondra avec celui des x. Or ce sont là des directions très-différentes de celles correspondant à η dans le cas précédent, puisque, encore ici, les unes sont dans un plan et les autres sur une surface conique.

Que conclure de ces diverses observations, sinon que l'existence d'opérations vraiment algébriques propres à nous faire passer dans l'espace d'une direction à une autre est plus que douteuse, et que ce qui est si simple dans le plan, ce qui est alors si conforme aux règles autorisées du calcul ne paraît guère pouvoir se pratiquer à l'égard des directions considérées dans l'espace qu'à l'aide de procédés non-seulement conventionnels, mais variables à tout instant, suivant le choix qu'il aura convenu de faire pour définir la direction? Dans tous les cas, nous ne pouvons que constater ici notre impuissance personnelle.

XXXVII.

Ce n'est, très-exceptionnellement, que pour les directions situées dans le plan des xz qu'il est possible de faire usage des règles applicables aux directions planes. Cela tient à ce que dans ce plan, aussi bien que dans celui des xy, un seul élément suffit pour définir la direction, savoir : l'angle qu'elle fait avec l'axe des x ; cela tient en outre à ce que cet angle se compte toujours à partir de l'origine commune des arcs, qui est la même pour ces deux plans des coordonnées. Dans ces deux circonstances, les arcs s'ajoutant à la suite les uns des autres sur une même surface plane, les règles trigonométriques qui régissent ces additions sont également applicables aux deux plans considérés. D'un autre côté, au point de vue de l'Algèbre, l'attribut directif $\sqrt{-1}$, qui caractérise l'arc perpendiculaire partant de l'origine, n'entraîne dans l'expression analytique de la direction que le simple changement de $\sqrt{-1}$ en $\sqrt{-1}^{\sqrt{-1}}$, et nous avons constaté que cela ne fait pas obstacle à l'application de la loi en vertu de laquelle le directif de la somme de deux arcs est égal au produit des directifs de chacun de ces arcs. Tout devient donc similaire entre le plan des xz et celui des xy, la Géométrie et l'Algèbre se trouvant en parfait accord sur tous les points.

Mais il n'en est pas de même pour le troisième plan des coordonnées, celui des yz. A la vérité, dans ce plan considéré isolément, un seul élément suffit pour définir la direction, savoir l'angle θ qu'elle fait avec l'axe des y ; mais il se présente ici une différence essentielle avec ce qui concerne les deux autres plans des coordonnées : elle consiste en ce que, dans ceux-ci, les arcs dont on fait usage sont toujours comptés à partir de l'origine commune de tous les arcs, qui est l'extrémité de l'axe des x, tandis que, dans le plan des yz, les arcs θ partent de l'extrémité de l'axe des y ; de telle sorte qu'au point de vue de cette origine commune ceux-ci, à leur point de départ, en sont distants horizontalement de la valeur d'un angle droit. Leur véritable représentation algébrique doit donc être soumise à deux conditions : l'une exprimant leur perpendicularité sur le plan des xy, l'autre définissant la distance de leur point de départ à l'origine commune. La première est satisfaite par le facteur $\sqrt{-1}$ accolé à θ, la seconde le sera par l'addition de $\frac{\pi}{2}$. Il suit de là que, pour le plan des yz, l'expression de l'arc employé pour définir la direction ne doit pas être seulement $\theta\sqrt{-1}$; agir ainsi ce serait évidemment confondre ce qui concerne ce plan avec ce qui s'applique à celui des xz ; mais la confusion disparaît et une distinction très-nette s'établit entre les deux cas, lorsqu'on donne aux angles qui caractérisent le dernier leur véritable expression $\frac{\pi}{2} + \theta\sqrt{-1}$.

D'ailleurs, au point de vue analytique, nous allons voir que cette manière de procéder est tout à fait conforme aux principes exposés dans l'article XVII, et conduit à l'expression connue des directions dans le plan des yz.

Dans cet article, en effet, nous avons supputé ce que sont en grandeur et en direction le cosinus et le sinus de l'angle $\alpha + \beta\sqrt{-1}$. Faisons-en l'application au cas actuel. La direction cherchée s'obtiendra évidemment en ajoutant le cosinus *dirigé* de l'arc $\frac{\pi}{2} + \theta\sqrt{-1}$ au sinus *dirigé* du même arc.

Or la valeur générale du cosinus de $\alpha + \beta\sqrt{-1}$ étant, quant à sa grandeur, $\cos\alpha\cos\beta$, ce produit deviendra $\cos\frac{\pi}{2}\cos\theta$ et sera par conséquent nul. Nous n'aurons donc pas à nous en occuper, et il ne nous restera qu'à avoir égard à ce qui concerne le sinus qui, à lui seul, doit nous donner la solution. Quant à la grandeur de ce sinus, sa valeur générale $\sqrt{1-\cos^2\alpha\cos^2\beta}$ se réduit ici à l'unité. Sa direction a pour expression générale

$$\frac{\sqrt{-1}\cos\beta\sin\alpha + \sqrt{-1}^{\sqrt{-1}}\sin\beta}{\sqrt{1-\cos^2\alpha\cos^2\beta}}$$

et devient dans le cas actuel

$$\sqrt{-1}\cos\theta\sin\frac{\pi}{2} + \sqrt{-1}^{\sqrt{-1}}\sin\theta$$

ou simplement

$$\sqrt{-1}\cos\theta + \sqrt{-1}^{\sqrt{-1}}\sin\theta,$$

qui est en effet l'expression connue des directions dans le plan des yz.

Ces explications sont le complément promis de celles que nous avons déjà données dans l'article XVI, lorsque nous nous sommes spécialement occupé de ce qui concerne les directions situées dans les plans mêmes des coordonnées. Ce que nous n'avons pu alors constituer qu'à l'aide de points de vue particuliers se rattache ainsi à la théorie et aux formules générales des directions.

Les détails dans lesquels nous venons d'entrer nous paraissent très-propres à faire comprendre la distinction essentielle qui existe entre le plan des yz et les deux autres. Dans ceux-ci les arcs partent toujours de l'origine, tandis que dans le premier leur point de départ pris sur l'axe des y en est distant d'un angle droit compté sur le plan de base. De là des différences géométriques provenant de ce que l'addition de $\frac{\pi}{2}$ à θ se fait non dans un même plan, mais dans des plans perpendiculaires l'un à l'autre, ce qui doit naturellement conduire, au point de vue de l'Algèbre, à des fonctions d'une autre nature, et par suite à des règles de calcul différentes des premières.

XXXVIII.

Mais, pour être complétement édifié sur tout ce qui concerne ce sujet, il ne faut pas se borner aux seules considérations que nous venons de faire valoir dans l'article précédent. On serait, en effet, en droit d'objecter que si, dans le plan des yz, l'angle θ, à l'aide duquel on définit les directions qui appartiennent à ce plan, ne part pas de l'origine, et si, au point de vue de cette origine, l'expression véritable de cet angle doit être $\frac{\pi}{2} + \theta\sqrt{-1}$, il est toujours possible de lui substituer un arc direct partant de l'origine et équivalent, tant en grandeur qu'en direction, à l'addition des éléments $\frac{\pi}{2}$ et θ opérée par voie de perpendicularité. En outre cela peut se faire non-seulement pour les directions situées dans le plan des yz, mais encore pour une direction quelconque, ainsi que nous allons l'expliquer.

En effet soient OC (*fig.* 3) la direction donnée, et OB sa projection sur le plan des xy; sa longitude sera l'arc AB, et sa latitude l'arc BC. Ces deux arcs s'ajoutent perpendiculairement, et, comme les règles de cette addition ne sont pas celles qui s'appliquent aux arcs qui s'ajoutent dans un même plan, on est conduit à dire que de là résultent, pour l'expression analytique de la direction, des conditions nécessairement différentes de celles qui régissent les directions planes.

Cette observation faite, menons un plan par la direction donnée et par l'axe des x. Ce plan coupera la sphère unité suivant un arc de grand cercle CA, et l'on pourra prendre cet

Fig. 3.

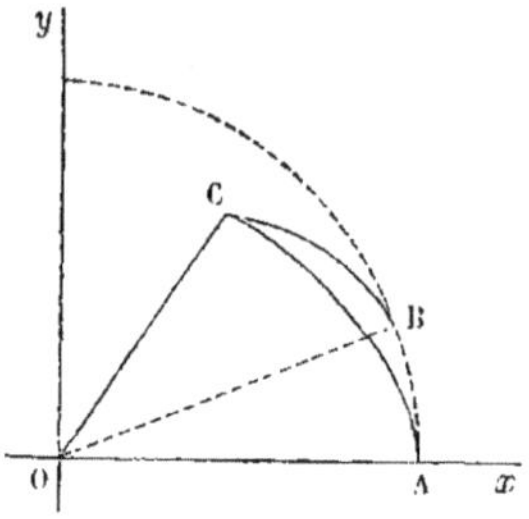

arc pour l'un des éléments à l'aide desquels on définira la direction. Or cet arc part évidemment de l'origine commune, et, comme toutes les additions qu'on lui fera dans son plan s'exécuteront suivant les règles de la Trigonométrie rectiligne, il semble qu'on est en droit de conclure que le passage d'une direction à une autre, pourvu que ces directions ne sortent pas de ce plan, devra se faire à l'aide des moyens et procédés applicables aux directions planes.

Au point de vue géométrique, cette conséquence est incontestable ; une fois la position du plan fixée, et elle le sera par l'angle qu'il fait avec celui des xy, le passage d'une direction à une autre dans ce plan se pratiquera par les mêmes opérations géométriques que celles opérées dans le plan de base.

Mais, au point de vue de l'Algèbre, les circonstances pourront ne pas se présenter avec la même simplicité. Il faudra bien, en effet, que, dans l'expression analytique de la direction, figure quelque chose qui indique qu'on est dans un certain plan plutôt que dans un autre. Or ce quelque chose pourra modifier, dans les calculs ultérieurs, la nature des résultats qui se sont primitivement produits, alors que ce nouvel argument analytique n'existait pas, ou du moins n'existait qu'à l'état de spécialité jouissant de facultés exceptionnelles et non générales. La représentation par l'Algèbre des procédés géométriques ne sera pas pour cela rendue impossible, mais elle obéira à d'autres prescriptions que celles qui s'appliquaient particulièrement au plan des xy, et cela parce que le nouveau plan s'en détache d'un certain angle, au lieu de se confondre avec lui.

Pour se bien fixer sur ce point très-délicat de la théorie des directions, il n'est pas inutile de dire ici quelques mots de la conception générale qu'on peut se faire de leur représentation analytique. D'ailleurs cet exposé n'intéresse pas seulement la question actuelle : il est, en outre, très-propre à élucider et à simplifier un grand nombre de considérations qui se rattachent à cette théorie.

Convenons de représenter par la lettre $\mathcal{D}$ un directif quelconque ; ce sera, par exemple, un de ceux 1, $\sqrt{-1}$, $\sqrt{-1}^{\sqrt{-1}}$ qui appartiennent aux axes, ou de ceux qui s'appliquent aux plans des coordonnées et qui sont de l'une des formes

$$\cos\theta + \sqrt{-1}\sin\theta, \quad \cos\theta + \sqrt{-1}^{\sqrt{-1}}\sin\theta,$$
$$\sqrt{-1}\cos\theta + \sqrt{-1}^{\sqrt{-1}}\sin\theta,$$

ou enfin, plus généralement, le directif d'une droite dans l'espace.

Cela posé, considérons une droite quelconque OD (*fig.* 4) dont le directif sera $\mathcal{D}$; prenons ensuite une seconde droite OC

Fig. 4.

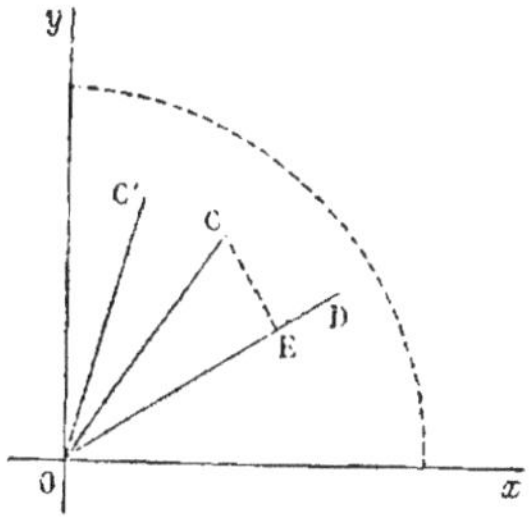

également quelconque, et faisant avec la précédente un angle φ. Dans le plan COD de ces deux droites, menons par l'extrémité de C une perpendiculaire CE sur la première. Il est incontestable qu'on aura

$$\text{OC } \textit{dirigé} = \text{OE } \textit{dirigé} + \text{CE } \textit{dirigé},$$

et par conséquent, si l'on représente par $\mathcal{D}'$ le directif de la perpendiculaire à OD, il viendra

$$\text{OC } \textit{dirigé} = \mathcal{D} \cos\varphi + \mathcal{D}' \sin\varphi.$$

Il résulte de là qu'une direction quelconque est toujours susceptible d'être représentée par un binôme, dont le premier terme exprime le cosinus dirigé d'un certain angle et dont le second terme est le sinus dirigé du même angle. Telle est la conception la plus générale qu'on peut se faire d'une direction; les deux directifs $\mathcal{D}$ et $\mathcal{D}'$ se trouvent d'ailleurs assujettis à la condition d'être perpendiculaires l'un à l'autre dans un même plan.

Faisons quelques applications de ce principe général. Si, par exemple, la droite OD se confond avec l'axe des x, le directif $\mathcal{D}$ sera toujours égal à l'unité. Si, en outre, la droite OC venait s'appliquer sur le plan même des xy, le directif du sinus serait simplement $\sqrt{-1}$; la direction serait alors exprimée par

$$\cos\varphi + \sqrt{-1}\sin\varphi,$$

et l'on aurait dans ce cas

$$\mathcal{D} = 1, \quad \mathcal{D}' = \sqrt{-1}.$$

Si la droite OD se confond avec l'axe des z, et si, en outre, OC vient s'appliquer sur le plan des xz, la direction sera exprimée par

$$\sqrt{-1}^{\sqrt{-1}} \cos\varphi + \sin\varphi,$$

et l'on aura dans ce cas

$$\mathcal{D} = \sqrt{-1}^{\sqrt{-1}}, \quad \mathcal{D}' = 1.$$

Si la droite OD se trouve dans le plan xz, et si sa direction y est déterminée par la condition qu'elle fait un angle α avec l'axe des x, son directif $\mathfrak{D}$ sera représenté par

$$\cos\alpha + \sqrt{-1}^{\sqrt{-1}}\sin\alpha,$$

et celui $\mathfrak{D}'$, dans le cas où OC serait également situé dans le plan des xz, aura pour valeur

$$\sqrt{-1}^{\sqrt{-1}}\left(\cos\alpha + \sqrt{-1}^{\sqrt{-1}}\sin\alpha\right).$$

Ces divers exemples sont de nature à faire comprendre comment les expressions $\mathfrak{D}$ et $\mathfrak{D}'$ sont autorisées à intervenir dans celle de la direction de OC considérée dans ses rapports de position avec OD.

Ces préliminaires ainsi établis, ne sortons pas du même plan COD, pour lequel l'expression de OC est

$$\mathfrak{D}\cos\varphi + \mathfrak{D}'\sin\varphi,$$

et prenons dans ce plan une nouvelle direction OC′ résultant de l'addition de l'angle φ' à l'angle φ. Le directif de l'angle φ', considéré isolément et rapporté toujours à OD, sera

$$\mathfrak{D}\cos\varphi' + \mathfrak{D}'\sin\varphi'.$$

Dans cette expression $\mathfrak{D}$ et $\mathfrak{D}'$ ont exactement les mêmes valeurs que précédemment, puisque la direction de OD et celle de sa perpendiculaire dans le plan considéré sont invariables. Enfin la direction OC′, répondant à l'angle $\varphi + \varphi'$, sera exprimée par

$$\mathfrak{D}\cos(\varphi + \varphi') + \mathfrak{D}'\sin(\varphi + \varphi').$$

Cela posé, que faudrait-il pour que la loi algébrique qui réglera le passage d'une direction à une autre fût encore ici la même que dans le plan des xy ? Il faudrait qu'on eût

$$(\mathfrak{D}\cos\varphi + \mathfrak{D}'\sin\varphi)(\mathfrak{D}\cos\varphi' + \mathfrak{D}'\sin\varphi')$$
$$= \mathfrak{D}\cos(\varphi + \varphi') + \mathfrak{D}'\sin(\varphi + \varphi'),$$

relation qui, lorsque le premier membre est développé, devient

$$\mathfrak{D}^2\cos\varphi\cos\varphi' + \mathfrak{D}'^2\sin\varphi\sin\varphi' + \mathfrak{D}\mathfrak{D}'\sin(\varphi + \varphi')$$
$$= \mathfrak{D}\cos(\varphi + \varphi') + \mathfrak{D}'\sin(\varphi + \varphi'),$$

et qu'on peut mettre finalement sous la forme

$$\mathcal{D}(\mathcal{D}-1)\cos(\varphi+\varphi')+(\mathcal{D}^2+\mathcal{D}'^2)\sin\varphi\sin\varphi' \\ +\mathcal{D}'(\mathcal{D}-1)\sin(\varphi+\varphi')=0.$$

Or, si l'on veut que cette équation ait lieu, quels que soient les angles φ et φ', il faudra que les coefficients qui multiplient les fonctions de ces deux quantités soient nuls, ce qui s'obtiendra en posant

$$\mathcal{D}-1=0, \quad \mathcal{D}^2+\mathcal{D}'^2=0.$$

De la première condition, il résulte que, le directif $\mathcal{D}$ devant être égal à 1, la loi en question ne peut exister que pour des plans passant par l'axe des x. D'un autre côté, la seconde condition exige que $\mathcal{D}'^2$ soit égal à -1, ce qui ne se réalise, ainsi que nous l'avons vu, que pour les valeurs $\sqrt{-1}$ et $\sqrt{-1}^{\sqrt{-1}}$ de $\mathcal{D}'$.

Cette analyse met donc complétement à jour les raisons pour lesquelles la loi dont il s'agit s'applique aux deux plans des xy et des xz, et elle nous fait voir en même temps par suite de quelles circonstances algébriques elle ne saurait convenir à d'autres plans que ceux-là.

XXXIX.

La considération sur laquelle nous venons de nous appuyer, et de laquelle il résulte qu'une direction quelconque OC peut toujours être rapportée à une direction donnée OD (*voir* la figure précédente), lorsqu'on connaît d'ailleurs l'angle φ qu'elles font entre elles, mérite une attention particulière, parce qu'elle se reproduira souvent dans nos recherches : elle soulève l'importante question de mener dans l'espace une perpendiculaire à une droite donnée.

On remarquera à ce sujet que dans l'expression

$$\mathcal{D}\cos\varphi+\mathcal{D}'\sin\varphi,$$

qui a figuré dans le précédent article, le coefficient $\mathcal{D}$ qui multiplie $\cos\varphi$ est le directif de OD, et doit par conséquent être toujours considéré comme connu, puisque OD est une direction complétement et explicitement définie. Quant à $\mathcal{D}'$, sa détermination résulte de ce que la direction qu'il représente est perpendiculaire à OD et qu'elle est située dans le plan OCD; mais sa valeur n'est pas immédiatement exprimée comme l'est celle de $\mathcal{D}$, et, pour l'obtenir, il est nécessaire d'effectuer certains calculs. Nous nous expliquerons plus tard sur l'indication générale de ceux-ci. Pour le moment nous simplifierons la question en supposant que la droite OD, au lieu d'être quelconque, se trouve située dans le plan des xy.

Le problème que nous nous proposons de résoudre consiste donc à déterminer la direction d'une droite perpendiculaire à une autre droite tracée sur ce dernier plan des coordonnées.

Ce problème est, comme on sait, susceptible d'une infinité de solutions. Si, en effet, au point de vue géométrique, on fait passer par l'origine un plan perpendiculaire à la droite donnée, toute droite située dans ce plan serà perpendiculaire à la proposée. Il est donc nécessaire, si l'on veut que la question soit déterminée, de s'imposer une nouvelle condition.

A cet effet, nous supposerons que par la droite donnée on mène un plan faisant un angle A avec celui des xy et nous déterminerons celle des perpendiculaires qui se trouve située dans ce plan.

Si θ est l'angle que fait la droite donnée avec l'axe des x, la direction de cette droite sera

$$\cos\theta + \sqrt{-1}\sin\theta.$$

Quant à sa perpendiculaire, dans le plan considéré, sa latitude sera évidemment l'angle A, et sa longitude sera celle de sa projection sur le plan xy. Or, cette projection étant dans ce dernier plan perpendiculaire à la droite donnée, il en résulte que la longitude cherchée aura pour valeur l'angle $\theta + \frac{\pi}{2}$. De ces déterminations on conclut que la direction de la perpendiculaire ci-dessus définie sera

$$\cos A\left[\cos\left(\theta + \frac{\pi}{2}\right) + \sqrt{-1}\sin\left(\theta + \frac{\pi}{2}\right)\right] + \sqrt{-1}^{\sqrt{-1}}\sin A,$$

expression qui prend la forme

$$\cos A\left(-\sin\theta + \sqrt{-1}\cos\theta\right) + \sqrt{-1}^{\sqrt{-1}}\sin A.$$

Si, au lieu de se trouver dans le plan des xy, la droite donnée était située sur celui des xz, sa direction serait représentée par une expression de la forme

$$\cos\eta + \sqrt{-1}^{\sqrt{-1}}\sin\eta,$$

dans laquelle η est l'angle que fait la droite avec l'axe des x. Faisant passer par cette droite un plan quelconque et B étant l'angle de ce plan avec celui des xz, la perpendiculaire contenue dans ce plan aura pour latitude rapportée aux xz l'angle B ; le sinus de cette latitude aura d'ailleurs une direction parallèle à l'axe des y. Quant à la longitude, ce sera celle de la projection de la perpendiculaire sur le plan des xz. Or, cette projection étant à son tour perpendiculaire à la droite donnée, il en résulte que la longitude cherchée aura pour valeur $\eta + \frac{\pi}{2}$. La direction de la perpendiculaire en question sera d'après cela

$$\cos B\left[\cos\left(\eta + \frac{\pi}{2}\right) + \sqrt{-1}^{\sqrt{-1}}\sin\left(\eta + \frac{\pi}{2}\right)\right] + \sqrt{-1}\sin B,$$

expression qui prend la forme

$$\cos B\left(-\sin\eta + \sqrt{-1}^{\sqrt{-1}}\cos\eta\right) + \sqrt{-1}\sin B.$$

Enfin, si la droite donnée est située sur le plan des yz, et si ν est l'angle fait avec l'axe des y, sa direction sera

$$\sqrt{-1}\cos\nu + \sqrt{-1}^{\sqrt{-1}}\sin\nu.$$

Faisant passer par cette droite un plan et C étant l'angle de ce plan avec celui des yz, la perpendiculaire à la droite dans ce plan aura, par rapport aux yz, une latitude égale à C et dont le sinus sera parallèle à l'axe des x. Quant à sa longitude, ce sera celle de sa projection sur le plan des yz, et, comme cette projection est perpendiculaire à la droite donnée, il s'ensuit que la longitude cherchée aura pour valeur $\nu + \frac{\pi}{2}$. En conséquence la direction de la perpendiculaire en question sera

$$\cos C\left[\sqrt{-1}\cos\left(\nu+\frac{\pi}{2}\right)+\sqrt{-1}^{\sqrt{-1}}\sin\left(\nu+\frac{\pi}{2}\right)\right]+\sin C,$$

expression qui prend la forme

$$\cos C\left(-\sqrt{-1}\sin\nu+\sqrt{-1}^{\sqrt{-1}}\cos\nu\right)+\sin C.$$

Telles sont les formules à l'aide desquelles on pourra déterminer les directions des perpendiculaires à des droites situées sur un quelconque des plans des coordonnées.

Nous verrons plus tard, lorsque nous nous occuperons des directions qui concernent les plans, que ceci nous donnera les moyens d'écrire l'expression de la direction de plans perpendiculaires à des droites tracées sur les plans des xy, des xz et des yz.

XL.

Les solutions des problèmes qu'on peut se proposer sur les directions des droites sont, comme on sait, singulièrement facilitées par la considération de plans passant par ces droites ou faisant avec elles certains angles déterminés. Pour peu qu'on se soit occupé des questions de la Géométrie de l'espace, on a pu se convaincre de la vérité que nous venons d'énoncer. C'est par ce motif que nous reporterons l'exposé des recherches que nous avons à présenter à ce sujet après celui qui concerne la détermination des directions des plans. Il ne faudrait pas croire toutefois que, sans ces auxiliaires, les problèmes soient insolubles ; seulement les développements qu'ils exigent alors sont plus compliqués. Nous n'y insisterons donc pas en ce moment ; mais, pour donner une idée des moyens à mettre en œuvre avec les seules ressources qui sont actuellement à notre disposition, nous traiterons une des plus importantes questions qu'on puisse se proposer au sujet des directions des droites considérées dans l'espace, celle qui consiste à déterminer l'angle de deux droites.

Nous supposerons que ces deux droites passent par l'origine O et qu'elles percent la sphère unité aux points P et P'. La figure étant très-simple, nous pouvons nous dispenser de la tracer: α et β seront la longitude et la latitude de la première droite, α' et β' la longitude et la latitude de la seconde.

Cela posé, si l'on joint le point P avec le point P', on pourra écrire

$$\text{OP}'\ \textit{dirigé} + \text{PP}'\ \textit{dirigé} = \text{OP}\ \textit{dirigé},$$

condition que nous mettrons sous la forme

$$\text{OP}\ \textit{dirigé} - \text{OP}'\ \textit{dirigé} = \text{PP}'\ \textit{dirigé},$$

et dans laquelle tout est connu dans le premier membre.

Si maintenant on remarque que OP et OP' sont égaux à l'unité et si l'on désigne par η et ζ la longitude et la latitude de PP', cette équation deviendra

$$\begin{aligned}
&\cos\beta(\cos\alpha + \sqrt{-1}\sin\alpha) + \sqrt{-1}^{\sqrt{-1}}\sin\beta \\
&\qquad - \cos\beta'(\cos\alpha' + \sqrt{-1}\sin\alpha') - \sqrt{-1}^{\sqrt{-1}}\sin\beta' \\
&= \text{PP}'\left[\cos\zeta(\cos\eta + \sqrt{-1}\sin\eta) + \sqrt{-1}^{\sqrt{-1}}\sin\zeta\right].
\end{aligned}$$

De là on déduit, en égalant respectivement le réel au réel et les imaginaires aux imaginaires, les trois équations de condition suivantes :

$$\begin{aligned}
\cos\beta\cos\alpha - \cos\beta'\cos\alpha' &= \text{PP}'\cos\zeta\cos\eta, \\
\cos\beta\sin\alpha - \cos\beta'\sin\alpha' &= \text{PP}'\cos\zeta\sin\eta, \\
\sin\beta - \sin\beta' &= \text{PP}'\sin\zeta.
\end{aligned}$$

Prenant la somme des carrés de ces trois équations, il vient

$$2 - 2[\cos\beta\cos\beta'(\cos\alpha\cos\alpha' + \sin\alpha\sin\alpha') + \sin\beta\sin\beta'] = (\text{PP}')^2,$$

et plus simplement

$$2 - 2[\cos\beta\cos\beta'\cos(\alpha - \alpha') + \sin\beta\sin\beta'] = (\text{PP}')^2;$$

mais, si dans le triangle OPP' on désigne par φ l'angle en O qui est précisément celui des deux droites, et si l'on ne perd pas de vue que OP et OP′ sont chacun égaux à l'unité, il est connu qu'on aura

$$2 - 2\cos\varphi = (PP')^2;$$

comparant cette équation avec la précédente, on en déduit immédiatement

$$\cos\varphi = \cos\beta\cos\beta'\cos(\alpha - \alpha') + \sin\beta\sin\beta':$$

telle est, en fonction des données, la valeur du cosinus de l'angle cherché.

Cette analyse nous donne les moyens non-seulement d'évaluer l'angle de deux droites, mais en outre de connaître le directif de PP′, c'est-à-dire d'une corde quelconque de la sphère dont les extrémités P et P′ sont données.

La connaissance de ce directif dépend, en effet, de la détermination de ζ et de η. Or la dernière des trois équations de condition donne immédiatement

$$\sin\zeta = \frac{\sin\beta - \sin\beta'}{PP'};$$

mais nous venons de voir que PP′ est égal à $\sqrt{2 - 2\cos\varphi}$; il viendra donc

$$\sin\zeta = \frac{\sin\beta - \sin\beta'}{\sqrt{2 - 2\cos\varphi}},$$

et il ne s'agira plus que de remplacer $\cos\varphi$ dans cette expression par la valeur ci-dessus, pour obtenir $\sin\zeta$ en fonction des données β, β', α, α'.

Quant au cosinus du même angle, il sera donné par la formule

$$\cos\zeta = \sqrt{1 - \frac{(\sin\beta - \sin\beta')^2}{2 - 2\cos\varphi}}.$$

Faisant maintenant usage de cette valeur de $\cos\zeta$, dans les deux premières équations de condition, celles-ci donnent pour

$\cos\eta$ et $\sin\eta$, après avoir remplacé PP' par $\sqrt{2 - 2\cos\varphi}$, savoir :

$$\cos\eta = \frac{\cos\beta\cos\alpha - \cos\beta'\cos\alpha'}{\sqrt{2 - 2\cos\varphi - (\sin\beta - \sin\beta')^2}},$$

$$\sin\eta = \frac{\cos\beta\sin\alpha - \cos\beta'\sin\alpha'}{\sqrt{2 - 2\cos\varphi - (\sin\beta - \sin\beta')^2}}.$$

On peut faire disparaître φ de ces expressions et les obtenir, ainsi qu'il suit, en fonction des seules données de la question :

$$\cos\eta = \frac{\cos\beta\cos\alpha - \cos\beta'\cos\alpha'}{\sqrt{\cos^2\beta + \cos^2\beta' - 2\cos\beta\cos\beta'\cos(\alpha - \alpha')}},$$

$$\sin\eta = \frac{\cos\beta\sin\alpha - \cos\beta'\sin\alpha'}{\sqrt{\cos^2\beta + \cos^2\beta' - 2\cos\beta\cos\beta'\cos(\alpha - \alpha')}}.$$

Les autres questions très-diverses qu'on peut se proposer sur les directions des droites seront traitées avec tout le développement qu'elles comportent, lorsque, après nous être expliqué sur les directions des plans, nous procéderons aux études qui ont pour objet la combinaison de l'élément continu de la longueur avec celui de sa direction, ce qui embrasse évidemment tous les cas possibles de la Géométrie.

CHAPITRE TROISIÈME.

REPRÉSENTATION ALGÉBRIQUE DES DIRECTIONS POUR LES PLANS. — RAPPORTS DES PLANS, SOIT ENTRE EUX, SOIT AVEC DES DROITES, AU POINT DE VUE DIRECTIF.

SOMMAIRE. — XLI. Nécessité de se rendre compte des moyens géométriques à l'aide desquels on procède à la détermination des plans. Exemples divers et discussions y relatives. — XLII. Indication des principes à l'aide desquels il a été possible d'établir des analogies et des équivalences entre la Géométrie et l'Algèbre, en ce qui concerne les directions des droites. Conditions auxquelles devront satisfaire ces équivalences, si elles existent, pour ce qui est relatif à l'élément directif des plans. — XLIII. Détermination de l'équivalent algébrique de la direction des plans qui passent par les axes. — XLIV. Intersection de ces plans avec le plan des coordonnées auquel ils sont perpendiculaires. Intersection de deux plans passant par deux axes différents. Double forme sous laquelle se présente le directif de cette intersection. Identité de ces deux formes. — XLV. Directifs des plans perpendiculaires aux plans des coordonnées ou perpendiculaires à une droite tracée sur l'un des plans des coordonnées. Les correspondances géométriques qui existent entre ces deux catégories de plans et celle dont il a été question à l'article XLIII se reproduisent exactement en Algèbre. — XLVI. Directifs des plans passant par une droite tracée sur le plan des xy et qui font avec ce plan un angle donné. — XLVII. Intersections de ces plans avec ceux des coordonnées. Nouvelles concordances remarquables entre les faits géométriques et les principes analytiques. — XLVIII. Directifs des plans passant : 1° par une droite tracée sur le plan des xz et faisant avec ce plan un angle donné ; 2° par une droite tracée sur le plan des yz et faisant avec ce plan un angle donné. — XLIX. Détermination des angles A, B, C que fait un plan donné avec les trois plans des coordonnées. — L. Vérification des formules précédentes et usage des valeurs de A, B, C pour obtenir le directif d'une perpendiculaire à un plan. — LI. Détermination du directif de l'intersection de deux plans. — LII. Concordances entre les formules déduites des principes directifs et celles qui, d'après les seules considérations géométriques, constituent la théorie complète de la Trigonométrie sphérique. — LIII. Détermination de l'angle formé par l'intersection de deux plans. — LIV. Directif d'un plan faisant avec un autre plan un angle donné. Examen du cas particulier où cet angle est droit. — LV. Conditions auxquelles doit satisfaire une droite pour être contenue dans un plan donné. — LVI. Conditions auxquelles doit satisfaire un plan pour passer par une droite donnée. — LVII. Détermination de l'angle que fait un plan avec une droite donnée. —

LVIII. Expression du directif d'un plan passant par deux droites données. — LIX. Examen des cas particuliers où les deux droites sont deux des axes des coordonnées. — LX. Limites entre lesquelles nous devons maintenir les présentes recherches. Grande rationnalité de la méthode directive. Supériorité de sa puissance productive sur celle des procédés ordinaires d'investigation.

XLI.

Avant de procéder à la recherche des rapports qui, en ce qui concerne les plans, peuvent exister entre les deux sciences de l'étendue et du calcul, il est indispensable de se rendre un compte exact des moyens géométriques à l'aide desquels on procède à la détermination des plans. Quand ces moyens seront connus et bien compris, il sera plus facile, d'abord, de s'assurer si des relations peuvent à cet égard exister entre la Géométrie et l'Algèbre, et en second lieu de déterminer, au cas où elles existeraient en effet, quelle en doit être la nature et quelle en sera l'expression.

On sait qu'au point de vue géométrique trois conditions sont nécessaires pour fixer invariablement la position d'un plan. Ces conditions consisteront, par exemple, dans la fixation de trois points par lesquels le plan devra passer, ou bien dans celle de deux droites qui se coupent, ou encore dans la détermination d'une droite et d'un point qui seront contenus l'un et l'autre dans le plan en question, ou enfin à l'aide de toute autre combinaison équivalente.

La constatation de l'équivalence, que nous mentionnons ici, doit toujours être soigneusement faite, de manière qu'on soit toujours bien certain que les conditions données sont au nombre de trois et qu'elles ne sont ni inférieures ni supérieures à ce nombre ; car, dans la première de ces deux circonstances, la position du plan serait toujours indéterminée, et dans la seconde elle serait le plus souvent impossible.

Si, par exemple, les trois points donnés étaient situés sur une même droite, tout plan passant par cette droite contiendrait les trois points, et par conséquent le problème serait indéterminé. Cela résulte de ce que les conditions sont alors réduites aux deux seulement qui sont nécessaires pour la fixation d'une droite. Si, au contraire, on voulait que le plan passât par deux droites données, comme la fixation de chaque droite exige deux points, on voit qu'il faudrait satisfaire à quatre conditions, ce qui est généralement impossible ; mais, lorsque les droites se coupent, ces conditions se réduisent à trois, parce que, le point d'intersection étant donné, il n'en faut plus connaître qu'un nouveau pour fixer la position de chaque droite. C'est ce qui arrive encore lorsque les deux droites sont assujetties à la condition d'être parallèles, parce qu'alors, l'une des droites étant déterminée par deux points, il n'en faut plus qu'un pour fixer sa parallèle.

Dans les divers exemples que nous venons de passer en revue, la détermination du plan se fait, soit par des points, soit par des droites, soit par la combinaison des uns avec les autres ; mais on peut aussi faire intervenir pour cette détermination la considération d'autres plans et d'angles, et associer ceux-ci avec tout ou partie des éléments ci-dessus indiqués.

Par exemple, une droite étant tracée sur un plan donné, on peut assujettir un plan à passer par cette droite et à faire avec le plan donné un certain angle φ. Il est facile de se convaincre qu'un tel énoncé n'impose ni plus ni moins que trois conditions et qu'il se ramène au cas dans lequel un plan est déterminé par deux droites qui se coupent. En effet, si par un point quelconque A de la droite on mène un plan perpendiculaire à cette droite, ce plan coupera le plan donné suivant une ligne qui sera l'un des côtés de l'angle φ, l'autre côté de cet angle sera une droite dont la situation se trouve invariablement fixée par la valeur de φ et qui, sous peine de ne pas satisfaire aux conditions de l'énoncé, doit être contenue dans le plan cherché ; la question est donc ramenée à faire passer un plan par deux droites qui se coupent au point A.

Mais, si le plan donné ne contenait pas la droite donnée, il ne serait pas certain que le problème fût toujours possible. Pour nous éclairer à ce sujet, appelons R le point de rencontre de la droite et du plan ; par ce point, menons au plan une perpendiculaire, et considérons cette perpendiculaire comme l'axe d'une surface conique dont le sommet est en R et dont l'angle générateur est le complément de l'angle φ. Comme le point R est sur la droite donnée, le plan cherché doit passer par ce point ; d'ailleurs ce dernier plan ne peut faire un angle φ avec le plan donné qu'à la condition d'être tangent à la surface conique ci-dessus. Cela posé, par rapport à ce cône, la droite pourra être dans trois situations différentes, savoir : elle sera ou extérieure au cône ou intérieure, ou bien elle se confondra avec une de ses génératrices. Dans le premier cas, le problème sera résolu à l'aide d'un plan passant par cette droite et tangent au cône : on voit même qu'il y aura deux solutions ; dans le dernier cas, ces deux solutions se réduiront à une. On voit d'ailleurs que, dans ces deux circonstances, la question est ramenée à faire passer un plan par deux droites qui se coupent au point R; mais, lorsque la droite donnée se trouvera intérieure au cône, tout plan passant par elle étant nécessairement sécant à ce cône, il n'y aura pas de solution possible.

Nous ne pousserons pas plus loin l'examen de ces considérations, qui sont purement géométriques et que le lecteur pourra développer à loisir; mais nous avons dû appeler l'attention sur ce sujet, afin qu'on ne perde pas de vue que, dans les recherches qui ont pour objet de déterminer les rapports qui peuvent exister entre deux sciences, il faut toujours s'éclairer au préalable sur les principes et sur les facultés qui font partie du domaine individuel de chacune de ces sciences. Ce n'est qu'après que cette connaissance est bien acquise qu'on est en mesure de se prononcer sur les relations et les équivalences qui peuvent exister de l'une à l'autre. Telle est la voie dans laquelle nous sommes entré dès le début de nos études sur les rapports de la Géométrie et de l'Algèbre et que nous allons continuer de poursuivre dans l'exposé suivant, qui a pour objet tout ce qui se rattache à la direction des plans.

XLII.

En ce qui concerne les droites, l'idée que nous nous faisons de la direction est inséparable de l'idée d'unité. La constitution de ces sortes de lignes est telle, en effet, que nous ne pouvons les concevoir que sous la condition que l'élément directif y reste le même pour tous les points : l'élément continu seul, la longueur, y change lorsqu'on passe d'un point à un autre ; mais le caractère essentiel de la droite, au point de vue de la direction, est l'invariabilité.

Il fallait donc, pour que l'Algèbre fût apte à représenter la droite telle que la constituent les conceptions géométriques, qu'il se trouvât dans cette science une expression propre à convenir à tous les points d'une droite. C'est ce qui existe, en effet, et ce qui, en particulier, est d'une détermination très-facile quand on ne sort pas du plan. Ayant pris, en effet, un point quelconque P sur une droite passant par l'origine O, et ayant abaissé de ce point une perpendiculaire PA sur la ligne de base, le chemin dirigé OP est géométriquement équivalent à la somme des chemins $OA + \sqrt{-1}\,PA$, somme qui peut s'écrire

$$OP\left(\frac{OA}{OP} + \sqrt{-1}\,\frac{PA}{OP}\right).$$

Or, dans cette expression, le second facteur, par suite de la constance des rapports $\frac{OA}{OP}$ et $\frac{PA}{OP}$, reste invariable, et convient par conséquent à tous les points de la droite ; c'est celui qui constitue l'élément directif. Le premier facteur seul, qui représente l'élément continu, change quand on passe d'un point à un autre. On voit ainsi comment s'établissent des relations intimes entre les conceptions géométriques et les facultés propres à l'Algèbre, et de là résulte la possibilité de représenter les unes par les autres.

Si, au lieu de droites contenues dans un même plan, il s'agit d'une droite située d'une manière quelconque dans l'espace, des concordances analogues peuvent être établies. En effet, ayant pris (*fig.* 5) le point O pour origine et la droite OX pour axe des x, considérons une droite arbitraire OP se projetant sur le plan des xy suivant OA. D'un point quelconque P de cette droite, abaissons sur ce dernier plan la perpendiculaire PA, et puis du point A la perpendiculaire AB sur l'axe des x. Il est certain que géométriquement, et en vertu des principes qui régissent les perpendicularités, le chemin dirigé OP sera égal à

$$OB + \sqrt{-1}\,AB + \sqrt{-1}^{\sqrt{-1}}\,PA;$$

Fig. 5.

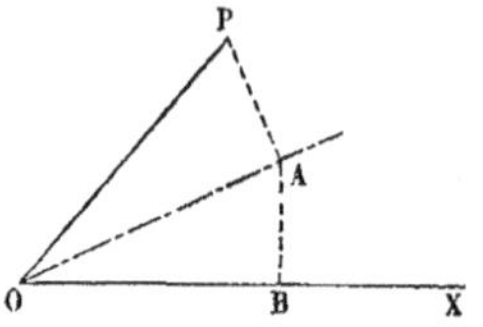

mais les deux premiers termes peuvent s'écrire

$$OA\left(\frac{OB}{OA} + \sqrt{-1}\,\frac{AB}{OA}\right);$$

l'expression ci-dessus de OP dirigé devient donc

$$OA\left(\frac{OB}{OA} + \sqrt{-1}\,\frac{AB}{OA}\right) + \sqrt{-1}^{\sqrt{-1}}\,PA,$$

et celle-ci à son tour prend la forme

$$OP\left[\frac{OA}{OP}\left(\frac{OB}{OA} + \sqrt{-1}\,\frac{AB}{OA}\right) + \sqrt{-1}^{\sqrt{-1}}\,\frac{PA}{OP}\right].$$

Or tous les rapports contenus dans le second facteur restant constants, quel que soit le point P qu'on aura choisi sur la droite, ce facteur jouit du privilége d'être immuable, et devient ainsi le représentant naturel de ce qu'il y a d'invariable dans la droite, c'est-à-dire de sa direction. Quant au premier facteur OP, c'est l'élément continu, et celui-ci change, comme cela doit être, lorsqu'on passe d'un point à un autre.

Mais, si de la droite on passe au plan, les considérations géométriques qui se rattachent aux directions subissent de profondes modifications. Tandis qu'en chaque point de la droite l'idée de la direction est unique, il n'en est pas de même sur le plan, puisque, par chacun de ses points, nous concevons qu'on peut faire passer une infinité de droites et que ces droites sont très-diversement dirigées. Il faudra donc, s'il existe en Algèbre une expression susceptible de nous donner l'idée et la mesure de ce qui se passe sur le plan, au point de vue directif, que cette expression jouisse de la propriété de convenir à la fois à toutes les directions des droites qui, passant par un même point du plan, sont contenues dans ce plan. De là résulte la nécessité que, dans cette expression, figure un élément variable comme le sont les directions de toutes ces droites; mais en même temps, comme ces droites, quoique en nombre infini, ne sont pas quelconques, comme elles sont assujetties à être toutes contenues dans le plan considéré, il faudra qu'il se trouve dans l'expression en question un élément fixe propre à réaliser la condition en vertu de laquelle il n'y aura de directions acceptables que celles des droites qui ne sortent pas du plan. Ce n'est évidemment que lorsqu'on sera parvenu à soumettre une expression algébrique à cette double condition de constance d'une part, de variabilité de l'autre, que cette expression pourra devenir le représentant analytique des faits naturels en vertu desquels la conception géométrique du plan nous est acquise.

Quelque compliqué que paraisse ce programme au premier abord, on va voir que, non-seulement il n'est pas impossible d'y satisfaire, mais que sa réalisation peut s'obtenir sans difficulté.

Toutefois, pour aller du simple au composé, nous nous occuperons d'abord d'une catégorie de plans spécialisée par la condition qu'ils sont assujettis à passer par l'un des trois axes des coordonnées. Dans les articles suivants nous donnons l'exposé de ces premières recherches.

XLIII.

Nous supposerons d'abord que l'axe choisi est celui des x. Un plan passant par cet axe est complétement défini en Géométrie, lorsqu'on connaît l'angle qu'il fait avec le plan des xy. Cet angle, d'après les notations admises à l'article **XXIX**, est représenté par le symbole (xY).

Par un point quelconque du plan, menons une droite assujettie à la seule condition d'être contenue dans le plan. Cette droite coupera l'axe des x et fera avec lui un certain angle (X). Le directif de cette droite sera le même que celui d'une parallèle qu'on lui mènera par l'origine, et cette parallèle sera à son tour contenue dans le plan. Or nous avons vu à l'article XXX que, dans les conditions que nous venons de définir, le directif, tant de la droite que de sa parallèle, a pour valeur

$$\cos X + \left[\sqrt{-1}\cos(xY) + \sqrt{-1}^{\sqrt{-1}}\sin(xY)\right]\sin X.$$

Dans cette expression, l'élément (xY) est invariable, puisque c'est lui qui définit et fixe la position du plan ; mais l'élément X changera suivant le choix qu'on aura fait pour la droite, et l'on voit qu'il pourra recevoir toutes les valeurs comprises depuis zéro jusqu'à 2π ; mais, dans tout le cours de ces variations, les droites successives, dont l'expression ci-dessus représente le directif, ne cesseront pas d'être contenues dans le plan. Il résulte de là que cette expression, par la variation de X, convient à l'ensemble des droites qu'on peut mener par un point quelconque du plan et qui sont situées sur ce plan. Elle est donc, en ce qui concerne les directions, la reproduction complète de la propriété constitutive du plan en Géométrie, et, par suite, elle en est l'exacte représentation en Algèbre.

En conséquence, l'expression ci-dessus, dans laquelle (xY) est constant et X variable de zéro à 2π, est le directif du plan.

On peut soumettre ce résultat à quelques vérifications. Chaque fois qu'on donnera à X une valeur fixe, l'expression directive ci-dessus deviendra celle d'une droite. Si, par exemple, on suppose que X est nul, la droite en question s'applique sur l'axe des x. En effet, pour $X = 0$, l'expression se réduit à $+1$. Si l'on donne à X la valeur $\frac{\pi}{2}$, la droite vient se placer dans le plan des xy, et l'angle qu'elle y fait avec l'axe des y est précisément celui du plan donné. En effet, l'hypothèse $X = \frac{\pi}{2}$ ramène l'expression ci-dessus à la forme

$$\sqrt{-1}\cos(xY) + \sqrt{-1}^{\sqrt{-1}}\sin(xY),$$

qui convient exactement aux conditions que nous venons de définir.

Lorsque, au lieu de passer par l'axe des x, le plan donné passe par celui des y, si l'on appelle (yX) l'angle que fait ce plan avec celui des xy et si l'on désigne par Y celui que fait une droite quelconque qui y est située avec l'axe des y, le directif de cette droite sera

$$\sqrt{-1}\cos Y + \left[\cos(yX) + \sqrt{-1}^{\sqrt{-1}}\sin(yX)\right]\sin Y,$$

et, en appliquant à ce cas des raisonnements analogues aux précédents, on arrivera à cette conclusion que cette expression, en y laissant (yX) constant et en y considérant Y variable de zéro à 2π, est la représentation algébrique du directif du plan.

Enfin, pour un plan passant par l'axe des z et faisant un angle (zX) avec celui des xz, le directif du plan sera

$$\sqrt{-1}^{\sqrt{-1}}\cos Z + \left[\cos(zX) + \sqrt{-1}\sin(zX)\right]\sin Z,$$

expression dans laquelle (zX) est constant et où Z, qui représente l'angle que fait avec l'axe des z une droite quelconque située dans le plan, est variable de zéro à 2π.

XLIV.

Dans le but de se familiariser avec l'emploi de ces nouvelles expressions, il est utile de présenter quelques observations sur les faits qui s'y rattachent le plus immédiatement.

Nous avons déjà constaté que, pour les plans passant par l'axe des x, l'intersection avec le plan des yz a pour expression

$$\sqrt{-1}\cos(xY) + \sqrt{-1}^{\sqrt{-1}}\sin(xY).$$

On se convaincra, à l'aide de raisonnements analogues, que les plans passant par l'axe des y coupent celui des xz, suivant une droite dont le directif est

$$\cos(yX) + \sqrt{-1}^{\sqrt{-1}}\sin(yX),$$

qu'enfin les plans qui passent par l'axe des z coupent celui des xy suivant une droite ayant pour directif

$$\cos(zX) + \sqrt{-1}\sin(zX).$$

Ces diverses remarques ne présentent aucune difficulté.

Considérons maintenant deux plans passant, l'un par l'axe des x, l'autre par celui des y, et proposons-nous de déterminer leur intersection. Cette intersection sera une droite passant par l'origine, et son directif sera un cas particulier de chacun des directifs des deux plans.

Mais pour le premier plan la direction est exprimée par

$$\cos X + \left[\sqrt{-1}\cos(xY) + \sqrt{-1}^{\sqrt{-1}}\sin(xY)\right]\sin X;$$

pour le second elle l'est par

$$\sqrt{-1}\cos Y + \left[\cos(yX) + \sqrt{-1}^{\sqrt{-1}}\sin(yX)\right]\sin Y.$$

Il faudra donc, pour l'intersection, que ces deux directifs soient égaux. De là résulteront des conditions à l'aide desquelles nous pourrons assigner les valeurs des angles X et Y qui conviennent spécialement à cette intersection.

Ces conditions sont

$$\cos X = \cos(yX)\sin Y,$$
$$\cos(xY)\sin X = \cos Y,$$
$$\sin(xY)\sin X = \sin(yX)\sin Y.$$

Comme à l'ordinaire, elles figurent au nombre de trois, mais nous savons déjà que l'une d'elles est comportée par les deux autres.

Divisant la dernière par la première, on a

$$\operatorname{tang} X = \frac{\operatorname{tang}(yX)}{\sin(xY)};$$

divisant ensuite la dernière par la seconde, on trouve

$$\operatorname{tang} Y = \frac{\operatorname{tang}(xY)}{\sin(yX)}.$$

On déduira de là les valeurs des sinus et cosinus de X et de Y en fonction de tang X et de tang Y.

En substituant ce qui concerne X dans la première des expressions ci-dessus, on aura pour le directif de l'intersection

$$\frac{\sin(xY)+\left[\sqrt{-1}\cos(xY)+\sqrt{-1}^{\sqrt{-1}}\sin(xY)\right]\operatorname{tang}(yX)}{\sqrt{\sin^2(xY)+\operatorname{tang}^2(yX)}}.$$

Sous cette forme, le directif porte l'empreinte du plan qui passe par l'axe des x.

Si maintenant on substitue dans la seconde ce qui concerne Y, le directif de la même intersection sera

$$\frac{\sqrt{-1}\sin(yX)+\left[\cos(yX)+\sqrt{-1}^{\sqrt{-1}}\sin(yX)\right]\operatorname{tang}(xY)}{\sqrt{\sin^2(yX)+\operatorname{tang}^2(xY)}},$$

et l'on voit que, sous cette forme, l'expression porte l'empreinte du plan qui passe par l'axe des y.

Si l'angle (xY) devenait droit, le premier plan se confondrait avec celui des xz, et l'intersection serait une droite située sur ce dernier plan faisant avec l'axe des x l'angle (yX). En effet, dans ce cas, le numérateur de la première expression se réduit à $1+\sqrt{-1}^{\sqrt{-1}}\operatorname{tang}(yX)$ et le dénominateur devient $\sqrt{1+\operatorname{tang}^2(yX)}$ ou simplement $\frac{\sin(yX)}{\cos(xX)}$; par suite l'expression prend la forme voulue

$$\cos(yX)+\sqrt{-1}^{\sqrt{-1}}\sin(yX).$$

Dans la même hypothèse de l'angle (xY) égal à un droit, il faut que la seconde expression conduise exactement au même résultat que la première. Or l'expression se présente de prime abord sous la forme du rapport de deux infinis ; mais, en y remplaçant la tangente de (xY) en fonction du sinus et du cosinus, le dénominateur se réduit à $\frac{\sin(xY)}{\cos(xY)}$; multipliant alors les deux termes de la fraction par $\cos(xY)$, il reste pour le directif de l'intersection la même valeur que ci-dessus.

Si c'est l'angle (yX) qui devient droit, on vérifiera par des moyens analogues que, quelle que soit celle des deux expressions dont on voudra faire usage, la direction de l'intersection devient, comme cela doit être, celle d'une droite située sur le plan des yz et faisant un angle (xY) avec l'axe des y.

Si l'on combinait un plan passant par l'axe des x avec un autre passant par celui des z, ou deux plans passant l'un par l'axe des y, l'autre par celui des z, on obtiendrait les intersections par des procédés et des calculs en tout semblables à ceux qui viennent d'être exposés. Nous n'insistons pas davantage sur ces détails, au sujet desquels il sera très-facile au lecteur de s'éclairer par lui-même.

Ne manquons pas de faire remarquer, avant d'abandonner ce sujet, que si, dans les trois équations de condition ci-dessus, au lieu de prendre les valeurs de X et de Y en fonction de (xY) et de (yX), pour les substituer dans les directifs des deux plans, nous avions pris au contraire les valeurs des secondes quantités en fonction des premières et si nous avions fait les mêmes substitutions, nous aurions dû retomber sur le directif d'une droite faisant avec les axes des x et des y les angles respectifs X et Y. Procédons à cette vérification.

La somme des carrés des deux dernières conditions donne

$$\sin^2 X = \cos^2 Y + \sin^2(yX)\sin^2 Y,$$

d'où l'on déduit

$$\sin(yX) = \frac{\sqrt{\sin^2 X - \cos^2 Y}}{\sin Y}$$

et, par suite,

$$\cos(yX) = \frac{\cos X}{\sin Y};$$

puis, prenant la somme des carrés des première et troisième conditions, on a

$$\sin^2 Y = \cos^2 X + \sin^2(xY)\sin^2 X.$$

De là on déduit les valeurs suivantes de $\sin(xY)$ et $\cos(xY)$:

$$\sin(xY) = \frac{\sqrt{\sin^2 Y - \cos^2 X}}{\sin X}, \quad \cos(xY) = \frac{\cos Y}{\sin X}.$$

Substituant maintenant les sinus et cosinus de xY dans le

premier directif du plan, on trouve

$$\cos X + \sqrt{-1}\cos Y + \sqrt{-1}^{\sqrt{-1}}\sqrt{\sin^2 Y - \cos^2 X}.$$

Substituant en second lieu les sinus et cosinus de yX dans le second directif, il vient

$$\cos X + \sqrt{-1}\cos Y + \sqrt{-1}^{\sqrt{-1}}\sqrt{\sin^2 X - \cos^2 Y}.$$

Ces expressions, étant l'une et l'autre les représentants du directif de l'intersection, doivent être égales, et c'est ce qui a lieu, en effet, en vertu de la relation

$$\sin^2 Y - \cos^2 X = \sin^2 X - \cos^2 Y.$$

En outre, ce sont exactement les formes obtenues à l'article XXXI pour le directif d'une droite faisant l'angle X avec l'axe des x et l'angle Y avec l'axe des y. Il résulte bien de là que les concordances prévues sont en effet réalisées.

XLV.

Les questions que nous venons de résoudre pour les plans contenant l'un des axes permettent d'apprécier et de mesurer tout ce qui concerne les plans qui, passant par l'origine, sont perpendiculaires aux plans des coordonnées. Il résulte, en effet, de cette perpendicularité qu'un plan de cette catégorie contient nécessairement l'axe qui est perpendiculaire au plan des coordonnées dont on s'occupe. On rentre donc dans le cas précédent, et il n'y aura plus qu'à chercher dans les données de la question la valeur des éléments qui figurent dans les expressions ci-dessus déterminées.

Par exemple, si la trace, avec le plan des xy, d'un plan qui, passant par l'origine, est perpendiculaire à ce dernier, est définie par l'angle α qu'elle fait avec l'axe des x, cet angle sera précisément celui que fait le plan dont il s'agit avec celui des xz. Ce sera donc ce que, dans l'article précédent, nous avons appelé (zX). Cela posé, si Z est l'angle que fait avec l'axe des z une direction quelconque tracée dans le plan en question, cette direction sera exprimée par

$$\sqrt{-1}^{\sqrt{-1}}\cos Z + [\cos(zX) + \sqrt{-1}\sin(zX)]\sin Z,$$

et tel sera le directif du plan sous les conditions que zX y sera considéré comme constant et que Z y variera depuis zéro jusqu'à 2π.

Mais, d'un autre côté, si l'on appelle β la latitude d'une droite dont α est la longitude, cette droite, d'ailleurs contenue dans le plan considéré, aura pour directif

$$\cos\beta(\cos\alpha + \sqrt{-1}\sin\alpha) + \sqrt{-1}^{\sqrt{-1}}\sin\beta,$$

et telle sera l'expression de la direction du plan dans laquelle α sera constant et β variable de zéro à 2π.

Or il est bien facile de reconnaître que ces deux expressions sont identiques, puisque, d'une part, $\alpha = zX$ et que, d'autre part, l'angle β étant le complément de l'angle Z, on a les deux égalités

$$\cos\beta = \sin Z, \quad \sin\beta = \cos Z.$$

Il y a une autre catégorie de plans qui rentre également dans la première. Cette catégorie comprend ceux qui sont perpendiculaires à une droite tracée sur l'un des plans des coordonnées et qui passent par l'origine. Il est évident, en effet, que ces plans contiennent l'axe perpendiculaire au plan des coordonnées qu'on considère, de sorte que, comme précédemment, il n'y aura plus qu'à chercher, dans les données de la question, la valeur des éléments qu'il faudra introduire dans l'expression directive déjà déterminée.

Par exemple, si la droite donnée est située sur le plan des xy et fait avec l'axe des x un angle θ, une droite quelconque tracée sur le plan qui nous occupe, et dont A serait la latitude, aura pour longitude constante $\theta + \frac{\pi}{2}$. Sa direction sera donc

$$\cos A\left[\cos\left(\theta + \frac{\pi}{2}\right) + \sqrt{-1}\sin\left(\theta + \frac{\pi}{2}\right)\right] + \sqrt{-1}^{\sqrt{-1}}\sin A,$$

qui se réduit à la forme

$$\cos A\left(-\sin\theta+\sqrt{-1}\cos\theta\right)+\sqrt{-1}^{\sqrt{-1}}\sin A,$$

comme nous l'avons trouvé à l'article XXXIX. Cette expression sera donc le directif du plan, en y supposant θ constant et A variable de zéro à 2π.

Mais, d'un autre côté, si (zX) est l'angle du plan considéré avec celui des xz, et si l'on appelle Z l'angle que fait une droite quelconque, située dans ce plan, avec l'axe des z, le directif du plan devra être

$$\sqrt{-1}^{\sqrt{-1}}\cos Z+\left[\cos(zX)+\sqrt{-1}\sin(zX)\right]\sin Z,$$

dans lequel zX est constant et Z variable de zéro à 2π. Il faudra donc que cette expression soit identique avec la précédente. C'est ce qui a lieu en effet, puisque, d'une part, (zX) est évidemment égal à $\theta+\frac{\pi}{2}$, et que, d'autre part, Z étant le complément de A, on a les deux égalités

$$\cos Z=\sin A,\quad \sin Z=\cos A.$$

Il y a donc concordance entre les divers points de vue auxquels on peut se placer dans l'examen de ces questions.

XLVI.

Généralisons maintenant le problème, et supposons que le plan considéré, au lieu de passer par l'un des axes et d'être, par conséquent, assujetti à être perpendiculaire à l'un des plans des coordonnées, passe par une droite quelconque, issue de l'origine, tracée sur l'un de ces plans, et fait avec celui-ci un certain angle.

Nous admettrons, par exemple, que la droite donnée est située sur le plan des xy (*fig.* 6) et que, O étant l'origine, elle y est figurée par OD. Cette droite représentera sur ce plan la trace du plan cherché. Supposons ce dernier plan construit, et menons-y une droite quelconque, faisant avec OD un angle φ, et coupant la sphère unité au point P. De ce point, abaissons une perpendiculaire PA sur OD. Si l'on désigne

Fig. 6.

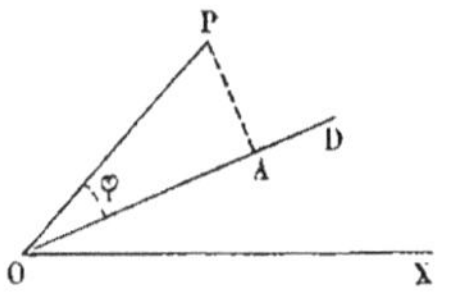

par $\mathfrak{D}$ le directif de OA, par $\mathfrak{D}'$ celui de PA, la direction de la droite OP sera exprimée par

$$\mathfrak{D}.\mathrm{OA} + \mathfrak{D}'.\mathrm{PA}, \quad \text{ou par} \quad \mathfrak{D}.\cos\varphi + \mathfrak{D}'\sin\varphi.$$

Dans cette expression, quel que soit φ, mais sous la condition que OP est située sur le plan cherché, $\mathfrak{D}$ et $\mathfrak{D}'$ sont constants; car $\mathfrak{D}$ est le directif de la droite fixe OD et $\mathfrak{D}'$ est celui d'une longueur qui, quel que soit le point P, reste toujours parallèle à elle-même. Les valeurs de ces deux constantes dépendront uniquement des données de la question ; il n'y aura que φ qui variera avec la position de la droite choisie, depuis zéro jusqu'à 2π.

Il suit de là qu'à l'aide de la variation de φ cette expression convient à toutes les droites qui, partant de l'origine, sont situées sur le plan considéré et qu'elle est, par conséquent, le directif de ce plan. Nous n'avons donc plus qu'à lui donner sa forme définitive par l'introduction des valeurs de $\mathfrak{D}$ et de $\mathfrak{D}'$, telles qu'elles résultent des données de la question.

En ce qui concerne $\mathfrak{D}$, si l'on désigne par α l'angle que fait OD avec l'axe des x, sa valeur sera

$$\cos\alpha + \sqrt{-1}\sin\alpha.$$

Quant à $\mathfrak{D}'$, la détermination de cette direction a été faite à l'article **XXXIX**, et nous avons vu que, A étant l'angle du plan considéré avec celui des xy, sa valeur est

$$\cos\mathrm{A}\left(-\sin\alpha + \sqrt{-1}\cos\alpha\right) + \sqrt{-1}^{\sqrt{-1}}\sin\mathrm{A}.$$

D'après cela, l'expression générale $\mathbb{D}\cos\varphi + \mathbb{D}'\sin\varphi$ se particularise et devient

$$\cos\varphi(\cos\alpha + \sqrt{-1}\sin\alpha)$$
$$+\left[\cos A(-\sin\alpha + \sqrt{-1}\cos\alpha) + \sqrt{-1}^{\sqrt{-1}}\sin A\right]\sin\varphi,$$

qui peut être mise sous la forme

$$(\cos\varphi + \sqrt{-1}\cos A\sin\varphi)(\cos\alpha + \sqrt{-1}\sin\alpha)$$
$$+\sqrt{-1}^{\sqrt{-1}}\sin A\sin\varphi.$$

Tel est le directif du plan dans lequel α et A sont les constantes données par l'énoncé, et où φ, qui peut varier de zéro à 2π, est l'angle que fait avec la droite donnée une droite quelconque tracée sur le plan.

On vérifiera facilement que, lorsque α est successivement égal à zéro ou à $\frac{\pi}{2}$, on retrouve les formules données ci-dessus pour les directifs des plans qui passent l'un par l'axe des x, l'autre par celui des y; lorsque, au contraire, c'est A qui est nul, l'expression devient

$$(\cos\varphi + \sqrt{-1}\sin\varphi)(\cos\alpha + \sqrt{-1}\sin\alpha)$$

ou

$$\cos(\varphi + \alpha) + \sqrt{-1}\sin(\varphi + \alpha),$$

qui est celle d'une direction quelconque du plan des xy. Enfin, lorsque A est égal à $\frac{\pi}{2}$, on obtient le directif d'un plan passant par l'axe des z.

XLVII.

Proposons-nous maintenant de chercher l'intersection du plan en question avec chacun des plans des coordonnées.

Et d'abord, pour le plan des xy, il faut que l'angle φ soit constamment nul; cela donne immédiatement, comme nous le savions déjà,

$$\cos\alpha + \sqrt{-1}\sin\alpha.$$

Passons maintenant à ce qui est relatif au plan des xz. L'origine étant placée en O (*fig.* 7) et OX représentant l'axe des x,

Fig. 7.

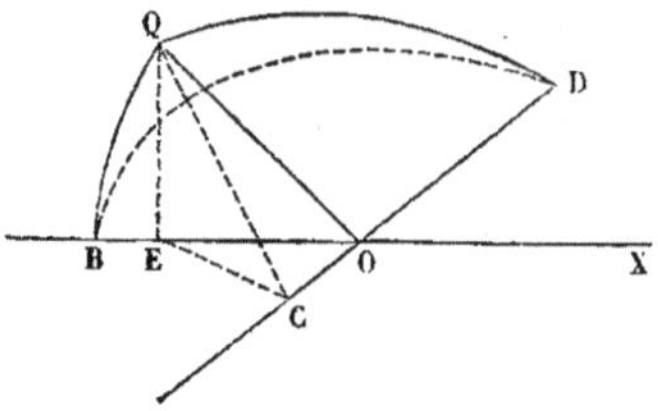

soit OD l'intersection du plan considéré avec celui des xy; supposons enfin que OQ représente l'intersection du même plan avec celui des xz et que Q est le point où cette droite perce la sphère unité.

Déterminons ce qui concerne OQ, et procédons d'abord à cette détermination par les seules considérations géométriques. Il s'agira ici de connaître la valeur de l'angle φ que fait OQ avec OD, angle qui est mesuré sur la sphère unité par l'arc QD; d'un autre côté, l'intersection de la même sphère par le plan des xz est représentée par l'arc QB; ces deux arcs, joints avec celui qui passe par B et par D dans le plan des xy, déterminent le triangle sphérique QBD, rectangle en B, dont QD est par conséquent l'hypoténuse et dont l'angle en D est égal à A. Dans ces circonstances, il est connu qu'entre les diverses parties de ce triangle il existera la relation suivante :

$$\operatorname{tang}(QD)\cos A = \operatorname{tang}(BD);$$

mais $QD = \varphi$ et $BD = \pi - \alpha$; il viendra donc

$$\operatorname{tang}\varphi = \frac{\operatorname{tang}(\pi - \alpha)}{\cos A} = -\frac{\operatorname{tang}\alpha}{\cos A}:$$

telle est l'équation qui donnera la valeur de l'angle φ en fonction des données de la question.

Si l'on voulait, en outre, connaître la latitude du point Q, on la déduirait du même triangle sphérique, en égalant le cosinus de l'hypoténuse au produit des cosinus des deux côtés de l'angle droit, ce qui donne

$$\cos\varphi = \cos(QB)\cos(\pi - \alpha),$$

d'où l'on déduit

$$\cos(QB) = \frac{\cos\varphi}{\cos(\pi - \alpha)} = -\frac{\cos\varphi}{\cos\alpha},$$

et il ne s'agira plus que d'y substituer pour $\cos\varphi$ sa valeur déduite de celle de $\tang\varphi$.

Mais nous pouvons obtenir la valeur de φ par un autre procédé qu'il importe d'autant plus de signaler qu'étant une conséquence immédiate des principes directifs mêmes il constate une fois de plus l'accord de ces principes avec ceux déjà admis dans la Science.

Remarquons à cet effet que, dans le plan des xz, sur lequel se trouve l'intersection que nous cherchons à déterminer, les directifs 1 et $\sqrt{-1}^{\sqrt{-1}}$ doivent seuls être maintenus ; il résulte de là que, pour avoir φ, il suffira, dans le directif général du plan, d'égaler à zéro les termes qui sont multipliés par $\sqrt{-1}$; on obtient ainsi la condition

$$\cos\varphi \sin\alpha + \cos A \sin\varphi \cos\alpha = 0,$$

de laquelle on déduit immédiatement, comme ci-dessus,

$$\tang\varphi = -\frac{\tang\alpha}{\cos A}.$$

Ces préliminaires ainsi établis, à l'aide de cette valeur de $\tang\varphi$, nous obtiendrons les suivantes :

$$\cos\varphi = \frac{\cos A}{\sqrt{\cos^2 A + \tang^2\alpha}}, \quad \sin\varphi = \frac{\tang\alpha}{\sqrt{\cos^2 A + \tang^2\alpha}}.$$

La présence du radical carré implique deux valeurs pour le cosinus et le sinus de φ, et nous ne devons pas négliger de placer ici une observation importante au sujet de cette dualité. L'existence de ces deux valeurs s'explique naturellement par le principe de Trigonométrie en vertu duquel, à une même tangente correspondent deux arcs très-distincts dont la différence est toujours π. Il est d'ailleurs évident, par suite de la relation $\tang \varphi = \frac{\sin \varphi}{\cos \varphi}$, dont la généralité est bien reconnue, tant pour ce qui concerne les grandeurs que pour ce qui concerne les signes, que toutes les fois que la tangente sera positive le sinus et le cosinus auront même signe; toutes les fois, au contraire, que la tangente sera négative, le sinus et le cosinus auront des signes contraires. Quel sera celui de ces signes qu'il faudra appliquer à l'un et à l'autre? Cela dépendra des valeurs particulières de α et de A et par conséquent des données de la question.

Par exemple, dans le cas représenté par la figure, l'angle α est supposé moindre qu'un droit, et il en est de même de A; d'après cela la tangente de φ sera négative. Or, dans ces circonstances, il est connu que la tangente et le cosinus sont négatifs : il faudra donc appliquer le signe — à $\cos\varphi$ et le signe + à $\sin\varphi$.

Sans nous étendre davantage sur ces détails, que nous devions toutefois signaler à l'attention du lecteur, on voit par l'exemple que nous venons de donner que, dans chaque cas, il faudra soumettre les données de la question à une discussion particulière et préalable pour s'éclairer sur la positivité ou la négativité respectives des trois quantités $\tang\varphi$, $\sin\varphi$, $\cos\varphi$.

Ces choses ainsi entendues, si, dans le directif du plan, on supprime les termes multipliés par $\sqrt{-1}$, que nous venons de reconnaître devoir être annulés, il restera, pour la direction de la droite qui forme son intersection avec le plan des xz, l'expression

$$\cos\varphi \cos\alpha - \cos A \sin\varphi \sin\alpha + \sqrt{-1}^{\sqrt{-1}} \sin A \sin\varphi,$$

qu'on peut mettre sous la forme

$$\cos\varphi (\cos\alpha - \cos A \tang\varphi \sin\alpha) + \sqrt{-1}^{\sqrt{-1}} \sin A \sin\varphi.$$

Remplaçant $\tang\varphi$ par sa valeur, il vient

$$\frac{\cos\varphi}{\cos\alpha} + \sqrt{-1}^{\sqrt{-1}} \sin A \sin\varphi;$$

mais, parce que nous savons que, dans le cas particulier que nous avons choisi, il faut que cos φ soit négatif et sin φ positif, nous écrirons définitivement

$$-\frac{\cos\varphi}{\cos\alpha}+\sqrt{-1}^{\sqrt{-1}}\sin A\sin\varphi.$$

Comme vérification de cette expression, on pourra remarquer, si l'on consulte la figure, que l'intersection OQ, dont la latitude est l'arc QOX, doit avoir pour directif

$$\cos\operatorname{arc}(QOX)+\sqrt{-1}^{\sqrt{-1}}\sin\operatorname{arc}(QOX).$$

Il faut donc que le cosinus de la latitude soit égal à $-\frac{\cos\varphi}{\cos\alpha}$ et que son sinus ait pour valeur $\sin A\sin\varphi$. La première égalité a été déjà constatée ci-dessus. Pour nous éclairer au sujet de la seconde, abaissons du point Q sur OD prolongé la perpendiculaire QC, puis celle QE sur OB et joignons EC. Nous formerons ainsi un triangle rectangle en E, dans lequel on aura

$$QE = QC\cos EQC;$$

mais $QC = \sin\varphi$, et l'angle EQC est le complément de A; il viendra donc

$$QE = \sin\varphi\sin A,$$

ce qui confirme l'identité prévue.

Enfin, si, dans le directif de l'intersection que nous venons d'écrire sous la forme

$$-\frac{\cos\varphi}{\cos\alpha}+\sqrt{-1}^{\sqrt{-1}}\sin A\sin\varphi,$$

on substitue les valeurs ci-dessus de cos φ et de sin φ, on obtiendra l'expression de ce directif en fonction immédiate des données de la question. On trouvera ainsi

$$-\frac{\cos A}{\cos\alpha\sqrt{\cos^2 A+\tang^2\alpha}}+\sqrt{-1}^{\sqrt{-1}}\frac{\sin A\tang\alpha}{\sqrt{\cos^2 A+\tang^2\alpha}},$$

qui, après toutes réductions, prend la forme définitive

$$\frac{-\cos A + \sqrt{-1}^{\sqrt{-1}} \sin A \sin \alpha}{\sqrt{\cos^2 A \cos^2 \alpha + \sin^2 \alpha}},$$

Après ces développements sur ce qui concerne l'intersection avec le plan des xz, nous pourrons passer plus rapidement sur ce qui est relatif à la trace du plan considéré sur celui des yz.

Soient O l'origine (*fig.* 8), OX l'axe des x, OB celui des y

Fig. 8.

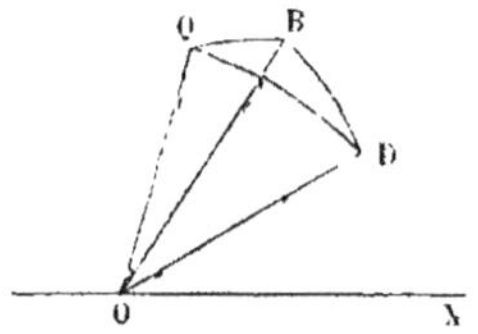

et OD la droite donnée. Si OQ représente l'intersection cherchée, la sphère unité sera coupée par le plan considéré et par ceux des yz et des xy, suivant les trois arcs respectifs QD, QB, BD formant un triangle sphérique rectangle en B et dont l'angle en D est égal à A. On aura donc dans ce triangle

$$\operatorname{tang} BD = \operatorname{tang} QD \cos A ;$$

mais, BD étant le complément de α et QD étant égal à ψ, il viendra

$$\cot \alpha = \operatorname{tang} \psi \cos A, \quad \text{d'où} \quad \operatorname{tang} \psi = \frac{\cot \alpha}{\cos A}.$$

Cette valeur, qui résulte de relations purement géométriques, va être confirmée par des considérations puisées dans les principes directifs mêmes.

En effet la trace sur le plan yz ne doit contenir dans son expression que les directifs $\sqrt{-1}$ et $\sqrt{-1}^{\sqrt{-1}}$. Il faut donc que, pour cette droite, les termes multipliés par 1, dans le directif général du plan, soient nuls. Cela donne la condition

$$\cos \psi \cos \alpha - \cos A \sin \psi \sin \alpha = 0,$$

de laquelle on déduit

$$1 - \cos A \operatorname{tang}\psi \operatorname{tang}\alpha = 0, \quad \text{et par suite} \quad \operatorname{tang}\psi = \frac{\cot\alpha}{\cos A},$$

résultat qui est en effet le même que le précédent.

De cette valeur de $\operatorname{tang}\psi$ on déduira

$$\cos\psi = \frac{\cos A}{\sqrt{\cos^2 A + \cot^2\alpha}}, \quad \sin\psi = \frac{\cot\alpha}{\sqrt{\cos^2 A + \cot^2\alpha}},$$

valeurs doubles par suite de la présence du radical carré et au sujet desquelles le choix du signe sera déterminé après une discussion préalable sur les données α et A, ainsi que nous l'avons recommandé pour l'intersection avec le plan des xz. Dans le cas actuel, il résulte de la figure que les angles α et A sont supposés aigus, de sorte que $\cos\psi$ et $\sin\psi$ ont chacun le signe positif.

Cela posé, le directif du plan, après l'annulation des termes multipliés par 1, se réduit à

$$\sqrt{-1}\,(\cos A \sin\psi \cos\alpha + \cos\psi \sin\alpha) + \sqrt{-1}^{\sqrt{-1}} \sin A \sin\psi,$$

et tel est le directif de l'intersection avec le plan des yz ; on peut le mettre sous la forme

$$\sqrt{-1}\,\cos\psi\,(\cos A \operatorname{tang}\psi \cos\alpha + \sin\alpha) + \sqrt{-1}^{\sqrt{-1}} \sin A \sin\psi,$$

et plus simplement, en y remplaçant $\operatorname{tang}\psi$ par sa valeur et effectuant les réductions,

$$\sqrt{-1}\,\frac{\cos\psi}{\sin\alpha} + \sqrt{-1}^{\sqrt{-1}} \sin A \sin\psi.$$

Nous pouvons procéder à une vérification facile de ce résultat. En effet, l'arc QB étant la latitude de l'intersection, on devra avoir pour son directif

$$\sqrt{-1}\cos(QB) + \sqrt{-1}^{\sqrt{-1}} \sin(QB);$$

il faut donc qu'on ait

$$\cos(QB) = \frac{\cos\psi}{\sin\alpha} \quad \text{et} \quad \sin(QB) = \sin A \sin\psi.$$

Or, dans le triangle sphérique, la propriété relative à l'hypoténuse donne

$$\cos\psi = \cos(\mathrm{QB})\cos(\mathrm{BD}), \quad \text{d'où} \quad \cos(\mathrm{QB}) = \frac{\cos\psi}{\sin\alpha};$$

d'un autre côté, en vertu de la proportionnalité des sinus des côtés aux sinus des angles opposés, on pourra écrire immédiatement $\sin(\mathrm{QB}) = \sin\mathrm{A}\sin\psi$, d'où il résulte que les deux expressions du directif sont en effet concordantes.

Enfin, si dans le directif

$$\sqrt{-1}\,\frac{\cos\psi}{\sin\alpha} + \sqrt{-1}^{\sqrt{-1}}\sin\mathrm{A}\sin\psi,$$

on remplace $\cos\psi$ et $\sin\psi$ par leurs valeurs, on obtiendra, en fonction des données, l'expression définitive suivante pour le directif de l'intersection :

$$\frac{\sqrt{-1}\cos\mathrm{A} + \sqrt{-1}^{\sqrt{-1}}\sin\mathrm{A}\cos\alpha}{\sqrt{\cos^2\mathrm{A}\sin^2\alpha + \cos^2\alpha}}.$$

XLVIII.

Si le plan qu'on considère était défini par une droite qui, passant par l'origine, est contenue dans le plan des xz et par l'angle B qu'il fait avec ce dernier plan, les formules précédentes seraient remplacées par d'autres formules qu'il sera facile de déterminer en s'appuyant sur les principes ci-dessus développés.

Soient, par exemple (*fig.* 9), O l'origine, OX et OZ les axes

Fig. 9.

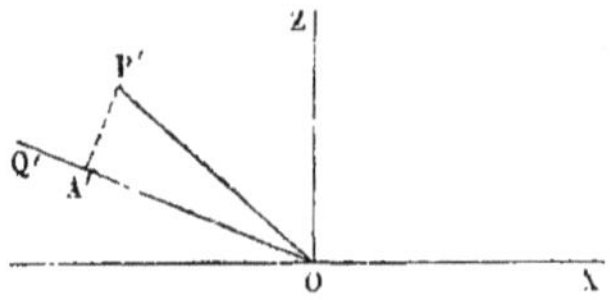

des x et des z. Représentons par OQ' la droite donnée qui sera, sur le plan des xz, la trace du plan cherché. Supposons ce dernier plan construit, et menons-y une droite quelconque OP′ faisant avec OQ′ un angle φ' et coupant la sphère unité en un point P′. De ce point abaissons une perpendiculaire P′A′ sur OQ′ ; si l'on désigne par $\mathcal{D}$ le directif de OA′ et par $\mathcal{D}'$ celui de P′A′, la direction de la droite OP′ sera exprimée par

$$\mathcal{D}(\mathrm{OA'}) + \mathcal{D}'(\mathrm{P'A'}) \quad \text{ou par} \quad \mathcal{D}\cos\varphi' + \mathcal{D}'\sin\varphi',$$

et, à l'aide de la variation de φ', qui pourra avoir lieu de zéro à 2π, cette expression appartiendra à toutes les droites contenues dans le plan, sous la réserve toutefois que $\mathcal{D}$ et $\mathcal{D}'$ seront choisis de manière à satisfaire à cette dernière condition.

Or, en ce qui concerne $\mathcal{D}$, si l'on désigne par β l'angle Q′OX, que fait la droite donnée avec l'axe des x, sa valeur sera

$$\cos\beta + \sqrt{-1}^{\sqrt{-1}}\sin\beta.$$

Quant à $\mathcal{D}'$, la détermination de cette direction a été faite à l'article **XXXIX**, où nous avons vu qu'elle est exprimée par

$$\cos\mathrm{B}\left(-\sin\beta + \sqrt{-1}^{\sqrt{-1}}\cos\beta\right) + \sqrt{-1}\sin\mathrm{B}.$$

D'après cela l'expression générale $\mathcal{D}\cos\varphi' + \mathcal{D}'\sin\varphi'$ se particularise et revêt définitivement la forme suivante :

$$\left(\cos\varphi' + \sqrt{-1}^{\sqrt{-1}}\cos\mathrm{B}\sin\varphi'\right)\left(\cos\beta + \sqrt{-1}^{\sqrt{-1}}\sin\beta\right)$$
$$+ \sqrt{-1}\sin\mathrm{B}\sin\varphi'.$$

Tel est le directif du plan dans lequel β et B sont les constantes fournies par l'énoncé, et où φ', qui peut varier de zéro à 2π, est l'angle que fait avec la droite donnée une droite quelconque tracée sur le plan.

Supposons, en troisième lieu, que le plan considéré est défini par une droite qui, passant par l'origine, est contenue dans le plan des yz, et par l'angle C qu'il fait avec ce dernier plan.

Dans ce cas, soient O l'origine, OX et OY les axes des x et des y ; représentons par OQ″ la droite donnée qui sera, sur le plan des yz, la trace du plan cherché. Supposons ce dernier plan construit (*fig.* 10) et menons-y une droite quelconque OP″ faisant avec OQ″ un angle ψ' et coupant la sphère unité au

Fig. 10.

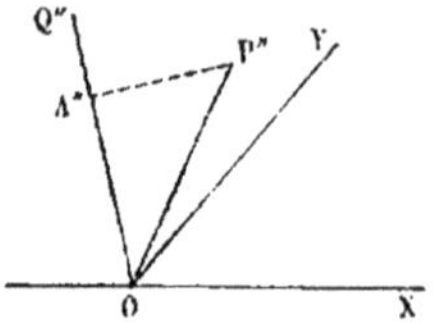

point P″. De ce point, abaissons une perpendiculaire P″A″ sur OQ″. Si l'on désigne par $\mathcal{D}$ le directif de OA″ et par $\mathcal{D}'$ le directif de P″A″, la direction de la droite OP″ sera exprimée par

$$\mathcal{D}(\mathrm{OA}'') + \mathcal{D}'(\mathrm{P''A''}) \quad \text{ou par} \quad \mathcal{D}\cos\psi' + \mathcal{D}'\sin\psi';$$

et, à l'aide de la variation de ψ' qui pourra avoir lieu de zéro à 2π, cette expression appartiendra à toutes les droites contenues dans le plan, sous la réserve toutefois d'un choix convenable de $\mathcal{D}$ et de $\mathcal{D}'$.

Or, en ce qui concerne $\mathcal{D}$, si l'on désigne par γ l'angle Q″OY que fait OQ″ avec l'axe des y, sa valeur sera

$$\sqrt{-1}\cos\gamma + \sqrt{-1}^{\sqrt{-1}}\sin\gamma.$$

Quant à $\mathcal{D}'$, la détermination de cette direction a été faite à l'article **XXXIX**, où nous avons constaté qu'elle est exprimée par

$$\cos C\left(-\sqrt{-1}\sin\gamma + \sqrt{-1}^{\sqrt{-1}}\cos\gamma\right) + \sin C.$$

D'après cela, l'expression générale $\mathcal{D}\cos\psi' + \mathcal{D}'\sin\psi'$ se particularise et revêt définitivement la forme suivante :

$$\sin C\sin\psi' + \sqrt{-1}\,(\cos\gamma\cos\psi' - \cos C\sin\gamma\sin\psi')$$
$$+ \sqrt{-1}^{\sqrt{-1}}(\sin\gamma\cos\psi' + \cos C\cos\gamma\sin\psi').$$

Tel est le directif du plan dans lequel γ et C sont les constantes fournies par l'énoncé et où ψ', qui peut varier de zéro à 2π, est l'angle que fait avec la droite donnée une droite quelconque tracée sur le plan.

Dans les deux cas que nous venons de traiter, comme dans celui dont nous nous sommes occupé à l'article précédent, les intersections avec les plans des coordonnées s'obtiendront par des annulations convenablement faites des termes qui, dans l'expression de la direction du plan, sont multipliés par les éléments directifs 1, $\sqrt{-1}$, $\sqrt{-1}^{\sqrt{-1}}$.

XLIX.

A l'aide des formules que nous venons d'établir, nous nous trouvons en mesure de procéder à la détermination des angles que le plan dont il s'agit fait avec les plans des coordonnées.

Pour y parvenir considérons deux plans **P** et **P'** définis, le premier par les éléments α et **A** de l'article **XLVI**, le second par les éléments β et **B** de l'article **XLVIII**, et supposons qu'ils viennent à se confondre en un seul et même plan ; il en résulte que les deux intersections primitivement déterminées par **P** et par **P'** avec le plan des xy vont se superposer, et qu'il en sera de même de celles faites avec le plan des xz ; il en résulte aussi que le plan unique, conséquence de cette hypothèse, fera un angle **A** avec le plan des xy et un angle **B** avec celui des xz, angle que nous allons déterminer.

Or l'intersection du plan **P** avec le plan des xy a pour directif

$$\cos\alpha + \sqrt{-1}\sin\alpha,$$

et l'intersection du plan **P'** avec le même plan des coordonnées a pour direction

$$\cos\varphi'\cos\beta - \cos B\sin\varphi'\sin\beta + \sqrt{-1}\sin B\sin\varphi',$$

expression qui, à cause de $\tang\varphi' = -\dfrac{\tang\beta}{\cos B}$, peut être mise sous la forme plus simple

$$\frac{\cos\varphi'}{\cos\beta} + \sqrt{-1}\sin B\sin\varphi'.$$

D'ailleurs, dans l'hypothèse de la réunion des deux plans

en un seul, l'angle φ' qui est celui que font entre elles les intersections du plan P', avec ceux des xy et des xz, devient évidemment égal à son analogue φ pour le plan P ; supprimant donc l'accent devenu inutile, on devra avoir, pour le cas où les deux plans viennent à se confondre, les deux conditions

$$\cos\varphi = \cos\beta\cos\alpha, \quad \sin B = \frac{\sin\alpha}{\sin\varphi},$$

dont la seconde donne la valeur de $\sin B$.

Ces deux résultats sont facilement confirmés par les considérations géométriques. En effet on peut remarquer que les arcs φ, β et α forment un triangle sphérique rectangle dont φ est l'hypoténuse ; d'où l'on déduit que le cosinus de φ doit être égal au produit des cosinus de β et de α, ce qui justifie la première condition. Quant à la seconde, si le lecteur veut bien se reporter à la première figure de l'article XLVII, où OQ représente l'intersection avec le plan des xz, il reconnaîtra que, dans le triangle sphérique BQD rectangle en B, l'angle en Q formé par les arcs $QD = \varphi$ et $QB = \pi - \beta$ est précisément l'angle B. Faisant donc usage de la propriété en vertu de laquelle les sinus des côtés sont proportionnels aux sinus des angles opposés, on aura

$$\sin\varphi : 1 :: \sin(\pi - \alpha) : \sin B ;$$

d'où l'on déduit, comme ci-dessus,

$$\sin B = \frac{\sin\alpha}{\sin\varphi}.$$

Il ne s'agira plus maintenant que d'introduire dans cette valeur de $\sin B$ celle déjà déterminée de $\sin\varphi$ en fonction de α et de A, ce qui donne

$$\sin B = \sqrt{\cos^2 A\cos^2\alpha + \sin^2\alpha}, \quad \text{d'où} \quad \cos B = \sin A\cos\alpha.$$

En faisant une substitution analogue dans la première condition, on en déduit

$$\cos\beta = \frac{\cos A}{\sqrt{\cos^2 A\cos^2\alpha + \sin^2\alpha}}, \quad \sin\beta = \frac{\sin\alpha\sin A}{\sqrt{\cos^2 A\cos^2\alpha + \sin^2\alpha}}.$$

Passons maintenant à la détermination de l'angle C, que le plan considéré fait avec le plan des xy. A cet effet, soient deux plans P et P′ définis, le premier par les éléments α et A de l'article XLVI, le second par les éléments γ et C de l'article XLVIII. Lorsque ces deux plans se confondent, les deux intersections, primitivement déterminées par P et par P′ avec le plan des xy, vont se superposer ; il en sera de même de celles faites avec le plan des yz, et alors C prend la valeur que nous cherchons.

Or l'intersection du plan P avec celui des xy a pour directif

$$\cos\alpha + \sqrt{-1}\sin\alpha.$$

Celle du plan P′ avec le même plan des coordonnées sera exprimée par le directif de ce plan dépouillé des termes en $\sqrt{-1}^{\sqrt{-1}}$, ce qui donne

$$\sin C \sin\psi' + \sqrt{-1}\,(\cos\gamma\cos\psi' - \cos C \sin\gamma \sin\psi')\,;$$

mais, à cause de $\tang\psi' = \frac{\tang\gamma}{\cos C}$, elle prend la forme plus simple

$$\sin C \sin\psi' + \sqrt{-1}\,\frac{\cos\psi'}{\cos\gamma}.$$

Si maintenant on suppose que les deux plans se confondent, l'angle ψ', qui est celui que font entre elles les intersections du plan P′ avec ceux des xy et des yz, devient égal à ψ, et l'on a, par suite, les deux conditions

$$\sin\alpha = \frac{\cos\psi}{\cos\gamma}, \quad \sin C = \frac{\cos\alpha}{\sin\psi}.$$

On pourra, comme précédemment, vérifier l'exactitude de ces résultats par des moyens purement géométriques. On s'appuiera pour cela sur la seconde figure de l'article XLVII et sur les propriétés du triangle sphérique QDB rectangle en B, dont ψ est l'hypoténuse et dans lequel le côté BD est le complément de α et l'angle en Q est égal à C.

Introduisant maintenant dans les deux conditions ci-dessus

les valeurs déjà déterminées de $\sin\psi$ et $\cos\psi$ en fonction de α et de A, on obtiendra les résultats suivants :

$$\cos\gamma = \frac{\cos A}{\sqrt{\cos^2 A \sin^2\alpha + \cos^2\alpha}},$$

$$\sin C = \sqrt{\cos^2 A \sin^2\alpha + \cos^2\alpha}, \quad \cos C = \sin A \sin\alpha.$$

L.

Les valeurs des angles A, B, C étant ainsi connues, nous pourrons nous en servir pour résoudre le problème qui consiste à déterminer le directif d'une droite perpendiculaire à un plan.

Mais, avant de résoudre cette question, il ne sera pas inutile de soumettre ces valeurs à une vérification. On sait que la somme des carrés des cosinus des trois angles que fait un plan avec trois plans rectangulaires entre eux est égale à l'unité, et que par suite la somme des carrés des sinus doit être égale à 2. Nous devrons donc avoir, si nous avons bien opéré,

$$\sin^2 A + \sin^2 B + \sin^2 C = 2.$$

Or, si l'on substitue pour $\sin B$ et $\sin C$ les valeurs ci-dessus, il viendra

$$\sin^2 A + \cos^2 A(\cos^2\alpha + \sin^2\alpha) + \cos^2\alpha + \sin^2\alpha = 2,$$

condition qui est évidemment satisfaite.

Procédons maintenant à la détermination du directif de la perpendiculaire à un plan donné.

Il suffira, pour résoudre la question, de remarquer que les angles qu'un plan fait avec les trois plans des coordonnées sont précisément égaux à ceux que fait la perpendiculaire avec les axes respectivement normaux à ces plans. A l'aide de cette remarque, on voit que le directif cherché sera celui d'une droite faisant avec les axes des angles connus. Or c'est là un problème qui a été résolu à l'article XXXI. Si, par exemple, on fait choix des angles A et B que la perpendiculaire fait avec l'axe des z et avec celui des y, on aura, pour la direction et selon la formule qui figure à cet article,

$$\sqrt{\sin^2 A - \cos^2 B} + \sqrt{-1} \cos B + \sqrt{-1}^{\sqrt{-1}} \cos A.$$

Remplaçant cos B par sa valeur sin A cos α, le radical devient sin A sin α, et l'on a définitivement pour le directif cherché

$$\sin A \sin\alpha + \sqrt{-1} \cos\alpha \sin A + \sqrt{-1}^{\sqrt{-1}} \cos A.$$

Si l'on fait choix des angles A et C que la perpendiculaire fait respectivement avec l'axe des z et avec celui des x, la formule qui figure pour ce cas à l'article XXXI donnera pour le directif cherché

$$\cos C + \sqrt{-1} \sqrt{\sin^2 A - \cos^2 C} + \sqrt{-1}^{\sqrt{-1}} \cos A.$$

Remplaçant cos C par sa valeur sin A sin α, le radical devient sin A cos α, et l'on trouve pour le directif cherché

$$\sin A \sin\alpha + \sqrt{-1} \cos\alpha \sin A + \sqrt{-1}^{\sqrt{-1}} \cos A,$$

expression qui, comme on devait s'y attendre, est exactement la même que la précédente.

L'emploi des angles C et B, qui sont ceux que la perpendiculaire fait respectivement avec l'axe des x et avec celui des y, conduirait à la même conclusion.

Dans les applications de cette formule, on ne devra pas manquer d'avoir égard aux observations que nous avons développées à l'article XLVII, au sujet des doubles signes dont sont toujours susceptibles les termes radicaux. Ainsi que nous l'avons recommandé, cela devra faire l'objet d'une discussion préalable basée sur la nature particulière des données angulaires α et A.

S'il était utile d'exprimer ce qui concerne la perpendiculaire avec les éléments β et B, relatifs au plan des xz, il faudrait déterminer α et A en fonction de ceux-ci et substituer leurs valeurs dans le directif obtenu.

Or nous venons de voir qu'on a

$$\cos B = \sin A \cos\alpha;$$

cela fait déjà connaître la valeur du terme en $\sqrt{-1}$; d'un autre côté nous avons trouvé

$$\sin\beta = \frac{\sin\alpha \sin A}{\sqrt{\cos^2 A \cos^2\alpha + \sin^2\alpha}} = \frac{\sin\alpha \sin A}{\sin B};$$

on déduit de là

$$\sin\alpha \sin A = \sin\beta \sin B:$$

c'est la valeur du terme multiplié par 1.

Enfin si l'on multiplie entre elles les valeurs de $\cos\beta$ et $\sin B$ déterminées à l'article XLIX, on a pour produit $\cos A$, ce qui donne la valeur du terme en $\sqrt{-1}^{\sqrt{-1}}$. L'expression cherchée sera donc

$$\sin B \sin\beta + \sqrt{-1} \cos B + \sqrt{-1}^{\sqrt{-1}} \cos\beta \sin B.$$

Ce résultat pouvait être prévu à l'avance. En effet, si l'on permute entre eux les plans des coordonnées xy et xz, les quantités α et A deviennent β et B, et, comme l'axe des x ne change pas, le premier terme du directif $\sin A \sin\alpha$ se transforme simplement en $\sin B \sin\beta$; mais l'axe primitif des y devenant celui des z, le coefficient actuel de $\sqrt{-1}^{\sqrt{-1}}$ devra être le précédent de $\sqrt{-1}$ modifié quant aux données, c'est-à-dire $\sin B \cos\beta$; enfin l'axe primitif des z se transformant en celui des y, le coefficient actuel de $\sqrt{-1}$ devra être le précédent de $\sqrt{-1}^{\sqrt{-1}}$ également modifié quant aux données angulaires, c'est-à-dire $\cos B$. Cela conduit directement à l'expression ci-dessus.

Si, enfin, on veut faire usage pour la représentation de la perpendiculaire des éléments γ et C, on remarquera qu'on a

$$\cos C = \sin A \sin\alpha,$$

ce qui fait déjà connaître le premier terme du directif; d'un autre côté, on a, d'après les formules de l'article XLIX,

$$\cos\gamma = \frac{\cos A}{\sin C},$$

d'où l'on déduit

$$\cos A = \sin C \cos\gamma :$$

c'est la valeur du terme multiplié par $\sqrt{-1}^{\sqrt{-1}}$.

Enfin, si l'on multiplie entre elles les valeurs de $\sin C$ et de $\sin\gamma$, on trouve

$$\sin C \sin\gamma = \sin A \cos\alpha,$$

ce qui fait connaître le coefficient du terme en $\sqrt{-1}$. L'expression cherchée est donc

$$\cos C + \sqrt{-1} \sin C \sin\gamma + \sqrt{-1}^{\sqrt{-1}} \cos\gamma \sin C.$$

Ce résultat pouvait également être prévu à l'avance, en remarquant d'abord que, si l'on permute entre eux les plans des coordonnées xy et yz, les quantités α et A deviennent, sur le nouveau plan des xy, γ et C. En second lieu, les axes actuels des x, y et z sont les axes primitifs y, z, x, de sorte que, dans le directif cherché, les termes en 1, $\sqrt{-1}$, $\sqrt{-1}^{\sqrt{-1}}$ seront permutés comme suit : $\sqrt{-1}$, $\sqrt{-1}^{\sqrt{-1}}$, 1 ; ce qui donne

$$\sqrt{-1} \sin C \sin\gamma + \sqrt{-1}^{\sqrt{-1}} \sin C \cos\gamma + \cos C,$$

expression qui, sauf l'arrangement des termes ajoutés, est la même que celle ci-dessus.

Nous entrerons dans de plus longs détails au sujet de ces permutations d'axes, lorsque nous nous occuperons de la transformation des coordonnées, dans une publication ultérieure, ayant pour objet une suite de recherches sur les rapports qui lient l'Algèbre à la Géométrie.

LI.

Les formules qui précèdent font connaître les conséquences les plus essentielles dépendant de l'existence d'un plan tel que nous l'avons défini. Examinons maintenant ce qui concerne la coexistence de deux pareils plans, et proposons-nous d'abord de déterminer leur intersection.

Nous avons vu, dans l'article XLVI, que, si un plan passe par une droite qui, située sur le plan des xy, fait un angle α avec l'axe des x et que si l'angle de ce plan avec celui des xy est désigné par A, le directif du plan est

$$\begin{gathered}(\cos\varphi + \sqrt{-1}\cos A \sin\varphi)(\cos\alpha + \sqrt{-1}\sin\alpha)\\ + \sqrt{-1}^{\sqrt{-1}}\sin A \sin\varphi,\end{gathered}$$

l'angle φ étant celui que fait avec la droite donnée une droite quelconque passant par l'origine et située dans le plan.

Si l'on considère un second plan dont les données analogues seront α' et A' et si φ' est l'angle que fait une droite quelconque située sur ce plan avec sa trace sur le plan des xy, le directif de ce plan sera

$$\begin{gathered}(\cos\varphi' + \sqrt{-1}\cos A' \sin\varphi')(\cos\alpha' + \sqrt{-1}\sin\alpha')\\ + \sqrt{-1}^{\sqrt{-1}}\sin A' \sin\varphi'.\end{gathered}$$

Or, pour l'intersection, les deux droites déterminées par les angles φ et φ' doivent se confondre en une seule, et de là résulte que, dans cette circonstance, il faut que les deux expressions ci-dessus soient égales. Cette égalité conduit à trois équations de condition au moyen desquelles on déterminera les valeurs de φ et de φ' qui conviennent à l'intersection. Ces valeurs substituées ensuite dans l'un ou dans l'autre des directifs des plans feront connaître la représentation algébrique de la direction cherchée. On obtient ainsi les trois équations suivantes :

$$\cos\varphi\cos\alpha - \cos A\sin\varphi\sin\alpha = \cos\varphi'\cos\alpha' - \cos A'\sin\varphi'\sin\alpha',$$

$$\cos\varphi\sin\alpha + \cos A\sin\varphi\cos\alpha = \cos\varphi'\sin\alpha' + \cos A'\sin\varphi'\cos\alpha',$$

$$\sin A\sin\varphi = \sin A'\sin\varphi'.$$

A la vérité, on a trois équations pour déterminer deux inconnues, ce qui pourrait porter à penser que le problème est généralement impossible ; mais on se convaincra facilement que la troisième condition est comportée par les deux autres, et qu'elle s'en déduit immédiatement en prenant la somme de leurs carrés.

Procédons maintenant à la détermination de φ et de φ'.

Pour cela, multiplions la première condition par $-\sin\alpha'$, la seconde par $+\cos\alpha'$ et ajoutons, il viendra

$$\cos\varphi\sin(\alpha-\alpha')+\sin\varphi\cos A\cos(\alpha-\alpha')=\cos A'\sin\varphi'.$$

Substituant dans cette équation la valeur de $\sin\varphi'$, déduite de la dernière condition, et multipliant ensuite les deux membres par $\frac{\operatorname{tang} A'}{\cos\varphi\sin A}$, on trouve

$$\sin(\alpha-\alpha')\frac{\operatorname{tang} A'}{\sin A}+\operatorname{tang}\varphi\frac{\operatorname{tang} A'}{\operatorname{tang} A}\cos(\alpha-\alpha')=\operatorname{tang}\varphi;$$

d'où l'on déduit, toutes réductions faites,

$$\operatorname{tang}\varphi=\frac{\operatorname{tang} A'\sin(\alpha-\alpha')}{\sin A-\operatorname{tang} A'\cos A\cos(\alpha-\alpha')}.$$

Nous pouvons soumettre cette formule au contrôle de deux vérifications. Si l'on suppose que α' est égal à π et qu'en même temps A' prend la valeur $\frac{\pi}{2}$, le second plan devient celui des xz, de sorte que φ représente alors l'angle que font entre elles les intersections du premier plan avec ceux des xy et des xz. Cet angle a été déterminé à l'article XLVII, et nous avons trouvé que sa tangente est égale à $-\frac{\operatorname{tang}\alpha}{\cos A}$. Or, dans l'hypothèse actuelle, la valeur générale ci-dessus de $\operatorname{tang}\varphi$ prend la forme

$$\frac{\operatorname{tang}\frac{\pi}{2}\sin(\alpha-\pi)}{\sin A-\operatorname{tang}\frac{\pi}{2}\cos A\cos(\alpha-\pi)}.$$

Divisant haut et bas par $\operatorname{tang}\frac{\pi}{2}$, le premier terme du dénominateur devient nul, et cette valeur se réduit à $-\frac{\operatorname{tang}(\alpha-\pi)}{\cos A}$, qui, en vertu de $\tang(\alpha - \pi) = \tang\alpha$, est la même que celle ci-dessus.

Si, A' étant égal à $\frac{\pi}{2}$, on a pareillement $\alpha' = \frac{\pi}{2}$, le second plan devient celui des yz, et l'angle φ est celui que font entre elles les intersections du premier plan avec ceux des xy et des yz ; alors la formule générale, après qu'on a divisé les deux termes de la fraction par $\tang\frac{\pi}{2}$, devient

$$-\frac{\tang\left(\alpha - \frac{\pi}{2}\right)}{\cos A} \quad \text{et par suite} \quad \frac{\cot\alpha}{\cos A},$$

ainsi que nous l'avons trouvé à l'article XLVII.

Revenons maintenant à la valeur ci-dessus de $\tang\varphi$; si, pour abréger, on pose

$$\tang A' \sin(\alpha - \alpha') = M, \quad \sin A - \tang A' \cos A \cos(\alpha - \alpha') = N,$$

la valeur de $\tang\varphi$ prend la forme $\frac{N}{M}$, et par suite on aura

$$\cos\varphi = \frac{M}{\sqrt{M^2 + N^2}}, \quad \sin\varphi = \frac{N}{\sqrt{M^2 + N^2}}.$$

Ces valeurs, substituées dans le directif du premier plan, donneront pour le directif de l'intersection l'expression suivante :

$$\frac{(\cos\alpha + \sqrt{-1}\sin\alpha)(M + \sqrt{-1}\,N\cos A) + \sqrt{-1}^{\sqrt{-1}}\,N\sin A}{\sqrt{M^2 + N^2}}.$$

On vérifiera que la somme des carrés des coefficients respectifs de 1, $\sqrt{-1}$, $\sqrt{-1}^{\sqrt{-1}}$ est égale à l'unité.

Maintenant, pour avoir φ', multiplions la première condition par $-\sin\alpha$, la seconde par $+\cos\alpha$ et ajoutons ; il viendra

$$\cos A \sin\varphi = -\cos\varphi' \sin(\alpha - \alpha') + \cos A' \sin\varphi' \cos(\alpha - \alpha').$$

Remplaçant, à l'aide de la troisième condition, $\sin\varphi$ par sa valeur en fonction de φ', on trouvera, toutes réductions faites,

$$\operatorname{tang}\varphi' = \frac{\operatorname{tang}A \sin(\alpha - \alpha')}{\operatorname{tang}A \cos A' \cos(\alpha - \alpha') - \sin A'}.$$

Si, comme précédemment, on pose, pour abréger,

$$\operatorname{tang}A \cos A' \cos(\alpha - \alpha') - \sin A' = M', \quad \operatorname{tang}A \sin(\alpha - \alpha') = N',$$

on aura successivement

$$\cos\varphi' = \frac{M'}{\sqrt{M'^2 + N'^2}}, \quad \sin\varphi' = \frac{N'}{\sqrt{M'^2 + N'^2}}.$$

Ces valeurs, substituées dans le directif du second plan, donneront pour le directif de l'intersection l'expression suivante :

$$\frac{(\cos\alpha' + \sqrt{-1}\sin\alpha')(M' + \sqrt{-1}\,N'\cos A') + \sqrt{-1}^{\sqrt{-1}}\,N'\sin A'}{\sqrt{M'^2 + N'^2}}.$$

Il va sans dire que cette seconde expression de l'intersection doit être équivalente à la précédente. C'est ce qu'on vérifiera facilement en égalant entre eux, de part et d'autre, les coefficients respectifs de 1, $\sqrt{-1}$, $\sqrt{-1}^{\sqrt{-1}}$; on obtiendra ainsi trois équations, et l'on reconnaîtra sans peine qu'elles ne sont autre chose que les trois conditions primitives.

LII.

Nous avons déjà constaté, à l'article XXXV, que les principes directifs applicables aux droites dans l'espace confirment et démontrent au besoin ceux qui, d'après les considérations géométriques pures, constituent la théorie des triangles sphériques rectangles. Nous avons, en outre, promis au lecteur que, lorsque nous aurions traité de la direction des plans, nous serions en mesure de poursuivre et de généraliser cet examen comparatif et de l'appliquer à un triangle sphérique quelconque : le moment est venu de justifier cette assertion.

On va voir, en effet, en se reportant aux trois équations de condition de l'article précédent, que celles-ci renferment en elles tous les principes de la Trigonométrie sphérique.

Soient (*fig.* 11) O l'origine et OX l'axe des x. Représentons

Fig. 11.

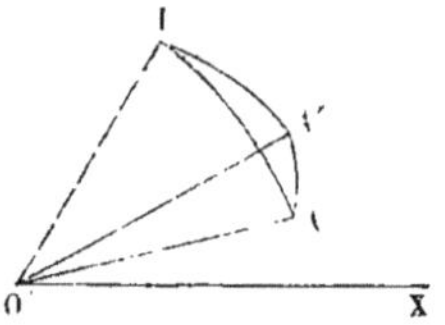

par OA la trace du plan qui fait un angle A avec celui des xy, par OA' la trace d'un second plan qui fait un angle A' avec le même plan des coordonnées, et par OI l'intersection de ces deux plans, les points A, A', I étant ceux où les trois droites coupent la sphère unité. On formera ainsi un triangle sphérique dont les deux côtés IA et IA' seront les angles φ et φ', ci-dessus et dont le troisième côté représentera la différence des arcs α et α' qui définissent les deux traces. Quant aux angles de ce triangle, celui en A sera l'angle donné A, celui en A' sera $\pi - A'$, enfin celui en I sera celui que forment entre eux les deux plans donnés.

On sait que dans un tel triangle les sinus des côtés sont proportionnels aux sinus des angles opposés. Or c'est évidemment cette propriété qu'exprime la troisième condition. A la vérité, dans celle-ci, c'est $\sin A'$ qui figure, tandis que dans le triangle c'est $\pi - A'$; mais, comme le sinus du supplément d'un arc est le même que celui de cet arc, on voit que cette circonstance n'infirme en rien la vérité de la proposition dont il s'agit ici.

Au seul point de vue des principes, nous pourrions à la rigueur nous borner à cette constatation, puisqu'on sait que toutes les formules propres aux triangles sphériques peuvent se déduire d'une seule d'entre elles; mais, comme ici il est surtout question d'un contrôle, il convient de faire voir qu'à leur tour les deux autres conditions conduisent, comme la dernière, à une seconde propriété connue des triangles sphériques.

Or de ces deux équations nous avons déduit la suivante :

$$\cos\varphi \sin(\alpha - \alpha') + \cos A \sin\varphi \cos(\alpha - \alpha') = \frac{\sin\varphi \sin A}{\operatorname{tang} A'}.$$

En la divisant par $\sin\varphi$, elle devient

$$\cot\varphi \sin(\alpha - \alpha') + \cos A \cos(\alpha - \alpha') = \sin A \cot A'.$$

Maintenant il arrivera de deux choses l'une : ou α sera plus petit que α', ou il sera plus grand que lui. La figure ci-dessus suppose qu'il est plus petit ; dans ce cas $\sin(\alpha - \alpha')$ devra être remplacé par $-\sin(\alpha' - \alpha)$; d'un autre côté, on a

$$\cot A' = -\cot(\pi - A') ;$$

la condition ci-dessus, en y introduisant les éléments du triangle, prendra donc la forme

$$-\cot\varphi \sin(\alpha' - \alpha) + \cos A \cos(\alpha' - \alpha) = -\sin A \cot(\pi - A'),$$

d'où l'on déduit

$$\cot\varphi \sin(\alpha' - \alpha) = \cos A \cos(\alpha' - \alpha) + \sin A \cot(\pi - A').$$

On reconnaît ici la formule qui, dans le triangle sphérique, lie deux côtés φ et $\alpha' - \alpha$ avec deux angles A et $\pi - A'$, dont l'un est opposé à l'un des côtés.

Si, au contraire, c'est α qui est plus grand que α', la différence $\alpha - \alpha'$ sera positive, et ce sera alors A' (*fig.* 12) qui

Fig. 12.

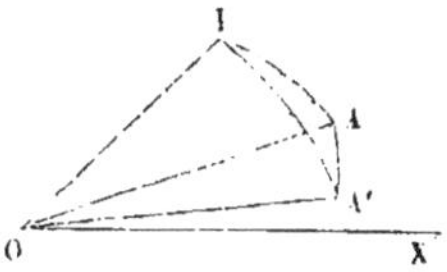

figurera directement dans le triangle, tandis que l'autre angle sera $\pi - A$. Or, comme on a

$$\cos A = -\cos(\pi - A),$$

et que d'ailleurs le sinus de A est le même que celui de

$\pi - A$, il en résulte que la condition ci-dessus, en y introduisant les éléments du nouveau triangle, s'écrira

$$\cot\varphi \sin(\alpha - \alpha') - \cos(\pi - A)\cos(\alpha - \alpha') = \sin(\pi - A)\cot A';$$

d'où l'on déduit

$$\cot\varphi \sin(\alpha - \alpha') = \sin(\pi - A)\cot A' + \cos(\pi - A)\cos(\alpha - \alpha'),$$

et l'on retombe ainsi sur la même propriété du triangle sphérique.

Enfin, pour ce qui concerne la formule qui, dans le triangle, lie les trois côtés avec un angle, on multipliera la première des conditions par $\cos\alpha'$, la seconde par $\sin\alpha'$, et on les ajoutera. On obtiendra ainsi

$$\cos\varphi\cos(\alpha - \alpha') - \cos A \sin\varphi \sin(\alpha - \alpha') = \cos\varphi'.$$

Dans le cas de la première figure ci-dessus, où α est moindre que α', on a

$$\sin(\alpha - \alpha') = -\sin(\alpha' - \alpha).$$

Quant à A opposé à l'angle φ', il se maintient dans le triangle tel qu'il a été primitivement défini, et l'on a, en résumé, la condition

$$\cos\varphi' = \cos\varphi\cos(\alpha' - \alpha) + \cos A \sin\varphi \sin(\alpha' - \alpha),$$

qui exprime, en effet, la propriété ci-dessus rappelée.

Dans le cas de la seconde figure où α est plus grand que α', le troisième côté est alors exprimé par $\alpha - \alpha'$; mais l'angle opposé à φ' devient $\pi - A$, et, comme on a $-\cos A$ égal à $\cos(\pi - A)$, on voit que l'équation ci-dessus, en y introduisant les éléments actuels du triangle, devient

$$\cos\varphi' = \cos\varphi\cos(\alpha - \alpha') + \cos(\pi - A)\sin\varphi\sin(\alpha - \alpha'),$$

qui, encore dans ce cas, exprime la propriété connue en vertu de laquelle les trois côtés sont liés à un angle.

De ces considérations, que nous croyons avoir suffisamment développées, il résulte, conformément à ce que nous avons annoncé, que les trois conditions de l'article précédent, directement déduites des considérations directives, renferment en elles tous les principes de la Trigonométrie sphérique, ce qui confirme de plus en plus l'accord existant entre les deux sciences.

LIII.

Pour compléter, dans ce qu'ils ont d'essentiel, les faits qui se rattachent à la coexistence de deux plans, nous nous proposerons de déterminer l'angle que ces plans font entre eux.

A cet effet, on peut remarquer que cette recherche se ramène immédiatement à celle de l'angle que font entre elles les deux perpendiculaires à ce plan, puisque cet angle est le même de part et d'autre. Or c'est un problème que nous avons traité à l'article XL, et il n'y aura plus qu'à rattacher la solution que nous avons obtenue aux données actuelles de la question.

Il a été constaté dans cet article que, si θ et β sont la longitude et la latitude de la première droite, si θ' et β' sont la longitude et la latitude d'une seconde droite, si enfin ψ est l'angle de ces deux droites, on aura

$$\cos\psi = \cos\beta\cos\beta'\cos(\theta - \theta') + \sin\beta\sin\beta'.$$

Dans le cas actuel, la première droite étant perpendiculaire au plan dont la trace sur le plan des xy est déterminé par l'angle α, sa longitude sera $\alpha + \frac{\pi}{2}$. On verra de même que la longitude de la seconde est $\alpha' + \frac{\pi}{2}$, de sorte que $\cos(\theta - \theta')$ prendra la valeur $\cos(\alpha - \alpha')$.

En ce qui concerne les latitudes, il résulte également du fait de la perpendicularité que celle de la première perpendiculaire sera $A + \frac{\pi}{2}$, et celle de la seconde $A' + \frac{\pi}{2}$; de sorte qu'on aura

$$\sin\beta = \sin\left(A + \frac{\pi}{2}\right) = \cos A, \quad \cos\beta = \cos\left(A + \frac{\pi}{2}\right) = -\sin A;$$

on aura de même pour β'

$$\sin\beta' = \sin\left(A' + \frac{\pi}{2}\right) = \cos A', \quad \cos\beta' = \cos\left(A' + \frac{\pi}{2}\right) = -\sin A'.$$

Substituant toutes ces valeurs dans la formule qui donne $\cos\psi$, celle-ci devient

$$\cos\psi = \sin A \sin A' \cos(\alpha - \alpha') + \cos A \cos A'.$$

Telle est la valeur définitive du cosinus de l'angle cherché.

Or nous pouvons encore ici constater l'accord qui existe entre les considérations directives et les faits géométriques.

En effet, l'angle ψ est celui qui figure en I dans les deux triangles sphériques mentionnés dans l'article précédent; mais, dans ces deux triangles, les trois angles sont : ou bien ψ, A, π — A', lorsque α est plus petit que α', ou bien ψ, π — A et A', lorsque α est plus grand que α'; d'ailleurs, dans l'un et dans l'autre cas, le côté $\alpha - \alpha'$ est celui qui est opposé à l'angle ψ. Nous nous trouvons donc ici en regard de la propriété en vertu de laquelle les trois angles d'un triangle sphérique sont liés à l'un des côtés, et l'on aura en conséquence, d'après les formules connues, savoir :

Dans le premier cas,

$$\cos\psi = \sin A \sin(\pi - A') \cos(\alpha - \alpha') - \cos A \cos(\pi - A'),$$

et dans le second

$$\cos\psi = \sin(\pi - A) \sin A' \cos(\alpha - \alpha') - \cos(\pi - A) \cos A'.$$

Or que, dans l'un et dans l'autre, on fasse, pour π — A et pour π — A', les remplacements légitimes en A et en A', et l'on retombera pour $\cos\psi$ sur la valeur déduite ci-dessus des considérations directives.

LIV.

La connaissance de l'angle ψ déterminé par l'intersection de deux plans donne les moyens d'avoir le directif d'un plan qui fait avec un autre un angle donné.

En effet, en désignant par C la valeur constante du cosinus

de cet angle, on aura

$$C = \sin A \sin A' \cos(\alpha - \alpha') + \cos A \cos A';$$

et, comme on n'a qu'une seule équation pour déterminer les inconnues α' et A' en fonction des données α, A et C, on voit que le problème est susceptible d'une infinité de solutions. On se donnera donc à volonté une des quantités α' ou A' ; à l'aide de la condition ci-dessus, on prendra la valeur de l'autre, et on la substituera dans la forme générale du directif du plan cherché. On obtiendra ainsi pour ce directif

$$(\cos\varphi' + \sqrt{-1}\cos A' \sin\varphi')(\cos\alpha' + \sqrt{-1}\sin\alpha')$$
$$+ \sqrt{-1}^{\sqrt{-1}} \sin A' \sin\varphi',$$

expression dans laquelle il entre deux variables indépendantes, d'abord φ' et ensuite α' ou A', suivant qu'à l'aide de l'équation de condition on aura éliminé l'une ou l'autre de ces quantités. La première variable φ' se rapporte dans chacun des plans possibles aux positions diverses des droites situées sur ce plan ; l'autre variable α' ou A' précise la position individuelle de chacun de ces plans.

La substitution de A' en fonction de α', et réciproquement, étant une simple recherche de calcul ordinaire, nous ne nous y arrêterons pas.

Mais nous examinerons le cas particulier où l'angle ψ que font les deux plans est droit. La constante C qui représente $\cos\psi$ est alors nulle, et l'équation de condition prend la forme

$$\operatorname{tang} A \operatorname{tang} A' \cos(\alpha - \alpha') = -1,$$

d'où l'on déduit

$$\operatorname{tang} A' = -\frac{\cot A}{\cos(\alpha - \alpha')};$$

on aura d'après cela

$$\cos A' = \frac{\cos(\alpha - \alpha')}{\sqrt{\cos^2(\alpha - \alpha') + \cot^2 A}},$$

$$\sin A' = \frac{\cot A}{\sqrt{\cos^2(\alpha - \alpha') + \cot^2 A}},$$

et par suite le directif cherché sera exprimé par

$$\left(\cos\varphi' + \sqrt{-1}\,\frac{\cos(\alpha - \alpha')\sin\varphi'}{\sqrt{\cos^2(\alpha - \alpha') + \cot^2 A}}\right)(\cos\alpha' + \sqrt{-1}\sin\alpha') + \sqrt{-1}^{\sqrt{-1}}\,\frac{\cot A \sin\varphi'}{\sqrt{\cos^2(\alpha - \alpha') + \cot^2 A}}.$$

Telle est l'expression directive d'un plan dont la trace sur le plan des xy est définie par l'angle α' et qui est perpendiculaire à un plan défini à son tour par les éléments α et A.

Si, indépendamment de l'hypothèse que l'angle ψ est droit, on introduit celle, très-particulière, que les deux traces sont perpendiculaires l'une à l'autre, la valeur de α' devient $\alpha + \frac{\pi}{2}$, et il en résulte que, la différence des deux angles α et α' étant un angle droit, la valeur de $\cos(\alpha - \alpha')$ est nulle. L'équation de condition se réduit alors à

$$\cos A \cos A' = 0,$$

ce qui apprend que le cosinus de A′ doit être nul, et que par suite l'angle A′ est droit. Cette conséquence est d'ailleurs tout à fait conforme aux exigences géométriques.

D'un autre côté, la circonstance que $\cos(\alpha - \alpha')$ est nul réduit le directif à

$$\cos\varphi'\left[\cos\left(\alpha + \frac{\pi}{2}\right) + \sqrt{-1}\sin\left(\alpha + \frac{\pi}{2}\right)\right] + \sqrt{-1}^{\sqrt{-1}}\sin\varphi',$$

c'est-à-dire à celui d'un plan, perpendiculaire au plan des xy, dont la trace sur ce dernier plan fait un angle droit avec celle du plan donné, et dans lequel l'angle variable φ' est celui qu'une droite quelconque située dans ce plan fait avec la ligne suivant laquelle il coupe celui des coordonnées xy. Tout cela se trouve en complet accord, soit avec les faits géométriques connus, soit avec les principes directifs ci-dessus établis.

LV.

Après nous être occupé des faits principaux qui se rattachent à la coexistence de deux plans, nous allons procéder à la recherche de ceux qui résultent des comparaisons qu'on peut faire entre la situation d'un plan et celle d'une droite.

Nous nous proposerons d'abord de déterminer à quels caractères on reconnaîtra qu'une droite est contenue dans un plan donné.

Si l'on se reporte aux considérations développées à l'article **XLVI**, et qui ont pour objet la détermination du directif d'un plan, on reconnaîtra que l'esprit de la méthode que nous avons employée consiste à trouver une expression algébrique commune à toutes les droites qui, en vertu des lois de la Géométrie, auront été reconnues comme jouissant de la propriété d'être situées sur ce plan. Il est évident, en effet, que, si une pareille expression existe, par cela même qu'elle s'appliquera à chacune de ces droites, elle deviendra un symbole analytique propre à caractériser leur ensemble, c'est-à-dire le plan dans lequel elles sont toutes synthétiquement résumées.

Une telle expression devra évidemment contenir les données qui servent à définir le plan ; mais en outre, par cela même qu'elle doit convenir à l'infinité des droites qui y sont situées, elle devra aussi renfermer une variable indépendante ayant pour mission, à l'aide des valeurs arbitraires qu'on lui attribuera, de spécialiser chacune de ces droites.

On a vu à l'article **XLVI** comment, dans l'ordre de données que nous avons adopté pour la définition du plan et qui sont d'abord l'angle α que fait avec l'axe des x sa trace sur le plan des xy et ensuite l'angle A suivant lequel il coupe celui-ci, on a vu, dis-je, comment les conditions qui viennent d'être énoncées se réalisent au moyen de l'expression générale

$$\mathbb{D}\cos\varphi + \mathbb{D}'\sin\varphi,$$

dans laquelle $\mathbb{D}$ représente le directif de la trace, $\mathbb{D}'$ le directif de la perpendiculaire à cette trace dans le plan donné, et φ

l'angle que fait avec cette même trace une droite quelconque située dans le plan. De ces désignations il résulte que c'est dans $\mathcal{D}$ et dans $\mathcal{D}'$ que résident les quantités constantes qui caractérisent le plan (ces expressions, en effet, sont invariables avec lui) et que φ, qui peut prendre toutes les valeurs de zéro à 2π, est la variable indépendante spécifiant chaque droite en particulier.

De ces explications, que nous avons cru nécessaire de reproduire avec quelques développements, il résulte qu'une droite quelconque, considérée dans l'espace, ne pourra être contenue dans le plan donné que sous la condition que son directif rentrera dans la catégorie des espèces du symbole général $\mathcal{D}\cos\varphi + \mathcal{D}'\sin\varphi$, et sera par conséquent équivalent à un des cas particuliers qui en font partie.

Or ce symbole, lorsqu'on y remplace $\mathcal{D}$ et $\mathcal{D}'$ par leurs valeurs en fonction de α et de A, prend la forme indiquée à l'article **XLVI**, savoir:

$$\begin{aligned}&(\cos\varphi + \sqrt{-1}\cos A\sin\varphi)(\cos\alpha + \sqrt{-1}\sin\alpha)\\&\quad + \sqrt{-1}^{\sqrt{-1}}\sin A\sin\varphi.\end{aligned}$$

D'un autre côté, si θ et β sont la longitude et la latitude de la droite, son directif sera

$$\cos\beta(\cos\theta + \sqrt{-1}\sin\theta) + \sqrt{-1}^{\sqrt{-1}}\sin\beta,$$

et, puisqu'il faut que ce dernier soit équivalent à une des valeurs que prend le directif du plan dans le cours des variations de φ, la valeur particulière de φ au moyen de laquelle cette équivalence sera réalisée se déterminera en écrivant l'égalité des deux expressions ci-dessus, ce qui conduit aux trois équations de condition suivantes :

$$\begin{aligned}\cos\varphi\cos\alpha - \cos A\sin\varphi\sin\alpha &= \cos\beta\cos\theta,\\ \cos\varphi\sin\alpha + \cos A\sin\varphi\cos\alpha &= \cos\beta\sin\theta,\\ \sin A\sin\varphi &= \sin\beta.\end{aligned}$$

Nous savons d'ailleurs que l'une d'elles est toujours comportée par les deux autres, de sorte qu'en réalité on n'a que deux conditions distinctes. De celles-ci on déduira, en fonction des données α, A, θ et β, les valeurs que devraient avoir $\cos\varphi$ et $\sin\varphi$, et il ne s'agira plus que de s'assurer si ces valeurs, qui sont fixes comme le sont les données qui les déterminent, jouissent, en effet, de la propriété d'être le cosinus et le sinus d'un même angle. S'il en est ainsi, l'angle φ existera, et la droite donnée sera contenue dans le plan ; mais, si ces valeurs ne satisfont pas à la condition que la somme de leurs carrés est égale à l'unité, l'existence de l'angle φ sera inconciliable avec les conditions connexes, simultanément imposées par les données du plan et par celles de la droite, et par conséquent celle-ci ne sera pas située sur le plan.

Cela posé, des équations ci-dessus on déduit

$$\sin\varphi = \frac{\sin\beta}{\sin A}, \quad \cos\varphi = \cos\beta\cos(\theta - \alpha).$$

Or, en se reportant aux considérations géométriques qui s'appliquent aux triangles sphériques rectangles, on reconnaîtra sans peine que ces deux conditions sont satisfaites par un triangle de cette espèce dont φ serait l'hypoténuse, dont β et $\theta - \alpha$ seraient les côtés de l'angle droit et dont A serait l'angle opposé au côté β. Ce triangle étant d'ailleurs complétement déterminé par les seuls éléments A et $\theta - \alpha$, s'il arrive que l'arc opposé à A et dépendant de ces éléments soit précisément l'arc donné β, le triangle sera constructible avec les données de la question et les deux équations ci-dessus seront nécessairement satisfaites ; mais, si la latitude donnée β est plus grande ou plus petite que ne doit l'être l'arc obligé qui est opposé à A, le triangle ne pourra être construit, et par suite, les deux équations ci-dessus n'étant pas réalisables, la droite ne sera pas dans le plan.

D'ailleurs, si dans le même triangle on a recours à la propriété qui lie les deux côtés de l'angle droit à l'angle A, on sait qu'on aura

$$\tan\beta = \tan A \sin(\theta - \alpha).$$

Telle est donc, en définitive, la valeur que doit avoir la tangente de β en fonction des trois autres données, pour que, le triangle qui nous occupe étant constructible, la droite se trouve située sur le plan.

Cette conséquence, déduite de considérations purement géométriques, est confirmée par l'Analyse. En effet, si, dans la première des trois conditions ci-dessus, on substitue les valeurs obtenues pour $\cos\varphi$ et pour $\sin\varphi$, elle devient

$$\cos\beta\cos(\theta-\alpha)\cos\alpha - \cos A\,\frac{\sin\beta}{\sin A}\sin\alpha = \cos\beta\cos\theta.$$

Divisant les deux membres par $\cos\beta$, on a

$$\cos(\theta-\alpha)\cos\alpha - \cos\theta = \frac{\sin\alpha\,\mathrm{tang}\,\beta}{\mathrm{tang}\,A}.$$

Le premier membre se réduit à $\sin\alpha\sin(\theta-\alpha)$; divisant donc toute l'équation par $\sin\alpha$, on trouve comme précédemment

$$\mathrm{tang}\,\beta = \mathrm{tang}\,A\sin(\theta-\alpha).$$

La substitution des valeurs de $\cos\varphi$ et de $\sin\varphi$ dans la seconde condition donnerait la même valeur de $\mathrm{tang}\,\beta$. On se convaincra enfin qu'on arriverait également au but en écrivant que la somme des carrés des expressions représentatives de $\cos\varphi$ et de $\sin\varphi$ est égale à l'unité.

Concluons donc qu'un plan étant défini par les données α et A, une droite, ayant pour longitude θ, ne sera contenue dans le plan que si la tangente de la latitude est égale à $\mathrm{tang}\,A\sin(\theta-\alpha)$.

Or de cette valeur de $\mathrm{tang}\,\beta$ on déduit les suivantes :

$$\cos\beta = \frac{1}{\sqrt{1+\mathrm{tang}^2 A\sin^2(\theta-\alpha)}},$$

$$\sin\beta = \frac{\mathrm{tang}\,A\sin(\theta-\alpha)}{\sqrt{1+\mathrm{tang}^2 A\sin^2(\theta-\alpha)}}.$$

Faisant donc, dans le directif de la droite, la substitution de ces valeurs, ce directif devient

$$\frac{\cos\theta+\sqrt{-1}\sin\theta+\sqrt{-1}^{\sqrt{-1}}\,\mathrm{tang}\,A\sin(\theta-\alpha)}{\sqrt{1+\mathrm{tang}^2 A\sin^2(\theta-\alpha)}}.$$

On peut remarquer, comme vérification, que, si θ prend la valeur $\frac{\pi}{2}$, cette expression doit devenir le directif de l'intersection du plan donné avec celui des yz. En effet, dans cette hypothèse, elle se réduit d'abord à

$$\frac{\sqrt{-1} + \sqrt{-1}^{\sqrt{-1}} \operatorname{tang} A \cos\alpha}{\sqrt{1 + \operatorname{tang}^2 A \cos^2\alpha}}.$$

Puis, multipliant haut et bas par $\cos A$ et remplaçant sous le radical $\sin^2 A$ par $1 - \cos^2 A$, on trouve

$$\frac{\sqrt{-1} \cos A + \sqrt{-1}^{\sqrt{-1}} \sin A \cos\alpha}{\sqrt{\cos^2 A \sin^2\alpha + \cos^2\alpha}},$$

qui est en effet l'expression du directif de cette intersection donnée à la fin de l'article **XLVII**.

Présentons une dernière observation. Dans les termes où la question est posée, la longitude θ de la droite donnée est une quantité fixe, et, par suite, l'expression ci-dessus, fixe à son tour, représente le directif de cette droite; mais, comme on en pourrait dire autant de toute autre droite ayant une longitude différente de θ, il s'ensuit que, si l'on suppose θ variable, cette expression conviendra indistinctement à toutes les droites situées sur le plan, de sorte qu'on est autorisé alors à la considérer comme le directif de ce plan. Dans ce cas, la variable indépendante qui doit figurer dans tout directif de cette espèce, et qui précédemment était φ, devient maintenant θ. On pourra s'assurer, en effet, que les valeurs de $\sin\varphi$ et de $\cos\varphi$, étant substituées dans le directif du plan exprimé en φ, transforment celui-ci en l'expression ci-dessus, dans laquelle α et A continuent à représenter les constantes, mais où θ va remplir désormais la fonction de variable indépendante.

LVI.

Après avoir ainsi établi la condition en vertu de laquelle une droite est située sur un plan, occupons-nous de la question inverse qui consiste à assujettir un plan à passer par une droite donnée.

La Géométrie nous enseigne que par une droite on peut faire passer une infinité de plans, et que, par conséquent, le problème que nous cherchons à résoudre est indéterminé. C'est ce que l'analyse va confirmer.

Si, conformément à ce que nous avons pratiqué jusqu'ici, nous désignons par α et A les éléments encore inconnus qui servent à définir le plan cherché, si, d'un autre côté, nous représentons par θ et β la longitude et la latitude de la droite donnée, il résulte de ce que nous avons constaté dans l'article précédent que la condition nécessaire et suffisante pour que la droite soit contenue dans le plan, et pour qu'inversement le plan passe par la droite, est exprimée par l'équation

$$\tang\beta = \tang A \sin(\theta - \alpha);$$

mais, tandis que précédemment A et α étaient connus et que θ et β étaient dans leur dépendance, ici au contraire c'est θ et β qui sont fixes et α et A qui sont les inconnues.

En conséquence, déterminant d'après cette équation la valeur de A, on trouvera

$$\tang A = \frac{\tang\beta}{\sin(\theta - \alpha)}.$$

Telle est l'unique relation qui lie les inconnues α et A avec les données θ et β, et il en résulte qu'en effet, ainsi que nous l'avons annoncé tout à l'heure, il peut passer une infinité de plans par une droite donnée.

Ces plans s'obtiendront en attribuant à α telle valeur qu'on voudra, ce qui revient à se donner arbitrairement leur trace sur le plan des xy et à déterminer leur inclinaison sur ce même plan des coordonnées, au moyen d'un angle dont la tangente aura pour valeur $\frac{\tang\beta}{\sin(\theta - \alpha)}$.

De cette valeur de $\tang A$ on déduit les suivantes :

$$\cos A = \frac{\sin(\theta - \alpha)}{\sqrt{\sin^2(\theta - \alpha) + \tang^2\beta}},$$

$$\sin A = \frac{\tang\beta}{\sqrt{\sin^2(\theta - \alpha) + \tang^2\beta}}.$$

Substituant donc dans l'expression ordinaire du directif d'un plan ces valeurs de $\cos A$ et de $\sin A$, cette expression prendra la forme particulière

$$\left[\cos\varphi + \sqrt{-1}\,\frac{\sin(\theta - \alpha)\sin\varphi}{\sqrt{\sin^2(\theta - \alpha) + \tang^2\beta}}\right](\cos\alpha + \sqrt{-1}\sin\alpha)$$
$$+ \sqrt{-1}^{\sqrt{-1}}\,\frac{\tang\beta\sin\varphi}{\sqrt{\sin^2(\theta - \alpha) + \tang^2\beta}},$$

qui sera celle de tous les plans jouissant de la propriété de passer par la droite donnée.

On voit que ce directif, ainsi que cela doit être, possède deux variables indépendantes α et φ, la première α destinée à fixer la position individuelle de chaque plan, la seconde φ servant, une fois que le plan a été ainsi déterminé, à caractériser la situation des diverses droites qui y sont contenues.

Il importe de remarquer que, dans cette question, φ conserve toute son indépendance, tandis que, dans la précédente, les valeurs déterminées pour $\sin\varphi$ et $\cos\varphi$ sont fixes et appartiennent tout particulièrement à l'angle que la droite donnée doit faire avec la trace du plan pour qu'elle soit contenue dans celui-ci.

Il suit de là, et c'est un moyen de vérification que nous ne devons pas négliger d'indiquer, que si, dans le cas actuel, on veut considérer φ non plus comme une indéterminée, mais comme étant l'angle spécial que la droite donnée doit faire avec celle qu'on aura choisie comme trace du plan sur le plan des xy; que si, par conséquent, on attribue à $\cos\varphi$ et à $\sin\varphi$ les valeurs respectives $\cos\beta\cos(\theta - \alpha)$, $\frac{\sin\beta}{\sin A}$, l'expression directive que nous venons d'obtenir devra finalement se résoudre en celle de la droite donnée. C'est ce que nous allons constater.

En effet, dans ces circonstances, la substitution des valeurs de $\cos\varphi$ et de $\sin\varphi$ dans le directif ci-dessus donne

$$\left[\cos\beta\cos(\theta-\alpha)+\sqrt{-1}\,\frac{\sin(\theta-\alpha)\dfrac{\sin\beta}{\sin A}}{\sqrt{\sin^2(\theta-\alpha)+\tang^2\beta}}\right]$$

$$\times(\cos\alpha+\sqrt{-1}\sin\alpha)+\sqrt{-1}^{\sqrt{-1}}\,\frac{\tang\beta\dfrac{\sin\beta}{\sin A}}{\sqrt{\sin^2(\theta-\alpha)+\tang^2\beta}}.$$

Mais, parce que le radical a pour valeur $\dfrac{\tang\beta}{\sin A}$, on voit que l'expression se ramène immédiatement à

$$\cos\beta[\cos(\theta-\alpha)+\sqrt{-1}\sin(\theta-\alpha)](\cos\alpha+\sqrt{-1}\sin\alpha)+\sqrt{-1}\sin\beta.$$

D'ailleurs $\cos(\theta-\alpha)+\sqrt{-1}\sin(\theta-\alpha)$ ayant pour valeur

$$\frac{\cos\theta+\sqrt{-1}\sin\theta}{\cos\alpha+\sqrt{-1}\sin\alpha},$$

l'expression se simplifie encore et devient, après qu'on y a opéré toutes les réductions,

$$\cos\beta(\cos\theta+\sqrt{-1}\sin\theta)+\sqrt{-1}^{\sqrt{-1}}\sin\beta,$$

forme sous laquelle on reconnaît en effet le directif de la droite donnée.

LVII.

Dans la catégorie des questions auxquelles peut donner lieu la coexistence d'une droite et d'un plan, une des plus importantes est celle qui consiste à déterminer l'angle qu'un plan fait avec une droite.

Pour la résoudre, imaginons que par l'origine, point que nous supposons toujours être commun soit aux droites, soit aux plans considérés, nous menons une perpendiculaire au plan donné, puis par cette perpendiculaire et par la droite faisons passer un plan. Il résulte des conditions auxquelles ce dernier plan se trouve assujetti qu'il sera perpendiculaire au plan donné, et comme, d'ailleurs, il contient notre droite, l'angle cherché ψ sera celui que la droite fait dans ce plan avec l'intersection ; mais, parce qu'il contient aussi la perpendiculaire au plan donné, il s'ensuit que l'angle cherché sera le complément de celui que cette perpendiculaire fait avec la droite donnée.

Nous sommes ainsi ramené à trouver l'angle de deux droites, question déjà traitée à l'article **XL**, et au sujet de laquelle il ne nous restera plus qu'à rattacher la solution obtenue aux données actuelles de l'énoncé.

Il a été constaté dans cet article que, si θ et β sont la longitude et la latitude d'une première droite, si θ' et β' sont la longitude et la latitude d'une seconde droite, si enfin ψ' est l'angle de ces deux droites, on aura

$$\cos\psi' = \cos\beta\cos\beta'\cos(\theta - \theta') + \sin\beta\sin\beta'.$$

Dans le cas actuel θ et β sont connus : ce sont les éléments de la droite donnée. Quant à θ' et β', qui sont les éléments directifs de la perpendiculaire, nous avons constaté à l'article **XLIII** que, si, comme dans ce qui précède, le plan est défini par les angles α et A, on aura

$$\theta' = \alpha + \frac{\pi}{2}, \quad \beta' = A + \frac{\pi}{2}.$$

En conséquence, les valeurs respectives de

$$\cos(\theta - \theta'), \quad \cos\beta', \quad \sin\beta'$$

seront

$$\sin(\theta - \alpha), \quad -\sin A, \quad +\cos A.$$

Substituant ces valeurs dans celle de $\cos\psi'$, il viendra,

$$\cos\psi' = -\cos\beta\sin A\sin(\theta - \alpha) + \sin\beta\cos A,$$

et, parce que l'angle cherché ψ est le complément de ψ', nous aurons finalement

$$\sin\psi = -\cos\beta\sin A\sin(\theta - \alpha) + \sin\beta\cos A.$$

On remarquera que, si la droite était située sur le plan donné, l'angle ψ serait nul; il faut donc, dans ce cas, que le second membre de l'équation ci-dessus se réduise à zéro. Or la condition nécessaire pour que la droite soit dans le plan est

$$\operatorname{tang}\beta = \operatorname{tang} A \sin(\theta - \alpha),$$

de laquelle on déduit

$$\sin(\theta - \alpha) = \frac{\operatorname{tang}\beta}{\operatorname{tang} A}.$$

Substituant cette valeur dans l'expression de $\sin\psi$, le premier terme du second membre devient

$$-\cos\beta \sin A \frac{\operatorname{tang}\beta}{\operatorname{tang} A}, \quad \text{c'est-à-dire} \quad -\sin\beta \cos A.$$

Il est donc égal et de signe contraire au second terme, et par suite la valeur de $\sin\psi$ est en effet nulle.

Si la droite donnée est située sur le plan des xy, sa latitude β est nulle. Alors le sinus de l'angle qu'elle fait avec le plan est mesuré par la distance perpendiculaire à ce plan comprise entre celui-ci et le point où la droite vient couper la sphère unité. Cette distance est l'un des côtés de l'angle droit d'un triangle rectangle dont $\sin(\theta - \alpha)$ est l'hypoténuse et dont l'angle aigu opposé au côté $\sin\psi$ est A; on aura donc

$$\sin\psi = \sin A \sin(\theta - \alpha).$$

Or on voit immédiatement que telle est, en effet, la valeur que donne la formule lorsqu'on y suppose que la latitude β devient nulle.

LVIII.

Jusqu'à présent les plans dont nous nous sommes occupé ont été définis par la double condition de passer par une droite donnée située dans l'un des plans des coordonnées et de faire avec ce même plan un certain angle. On conçoit que la définition d'un plan peut être constituée par plusieurs autres moyens, et il convient, sinon de les passer tous en revue, du moins de s'occuper des principaux. Parmi ceux-ci, un des plus importants est celui qui consiste à assujettir un plan à passer par deux droites données et à déterminer son directif à l'aide des éléments qui définissent les deux droites.

Si, comme dans ce qui précède, nous désignons par α et A les angles qui nous ont servi de données ordinaires pour le plan, mais qui sont encore inconnus, si nous appelons θ et β la longitude et la latitude de la première droite, θ' et β' la longitude et la latitude de la seconde droite, on remarquera que, parce que le plan cherché doit contenir chacune des deux droites, il résulte de ce qui a été exposé à ce sujet dans l'article LV qu'on devra avoir les deux conditions

$$\operatorname{tang}\beta = \operatorname{tang}A \sin(\theta - \alpha), \quad \operatorname{tang}\beta' = \operatorname{tang}A \sin(\theta' - \alpha),$$

à l'aide desquelles nous pourrons déterminer α et A en fonction des quantités connues θ, β, θ', β'.

Si on les divise l'une par l'autre, on éliminera A, et il viendra

$$\frac{\operatorname{tang}\beta}{\operatorname{tang}\beta'} = \frac{\sin(\theta - \alpha)}{\sin(\theta' - \alpha)}.$$

Développant les deux termes de la fraction qui forme le second membre et les divisant ensuite par $\cos\alpha$, on a

$$\frac{\operatorname{tang}\beta}{\operatorname{tang}\beta'} = \frac{\sin\theta - \cos\theta \operatorname{tang}\alpha}{\sin\theta' - \cos\theta' \operatorname{tang}\alpha};$$

faisant alors disparaître les dénominateurs et ne laissant dans le premier membre que les termes multipliés par $\operatorname{tang}\alpha$, on trouve

$$\operatorname{tang}\alpha(\operatorname{tang}\beta' \cos\theta - \operatorname{tang}\beta \cos\theta') = \sin\theta \operatorname{tang}\beta' - \operatorname{tang}\beta \sin\theta',$$

et de là on déduit

$$\operatorname{tang}\alpha = \frac{\sin\theta \operatorname{tang}\beta' - \operatorname{tang}\beta \sin\theta'}{\cos\theta \operatorname{tang}\beta' - \operatorname{tang}\beta \cos\theta'}.$$

On peut remarquer, comme vérification, que, si les longitudes θ et θ' sont égales, les deux droites sont dans un plan ayant même longitude qu'elles et perpendiculaire au plan des xy. Ce plan est donc celui qu'on cherche, et par suite α

doit être égal à θ. C'est en effet ce que donne la formule qui se réduit alors à

$$\tang \alpha = \tang \theta.$$

Supposons, au contraire, que ce sont les latitudes β et β' qui sont égales. Dans ce cas, les extrémités de β et de β' seront situées toutes deux sur un même parallèle de la sphère, et, comme elles sont contenues l'une et l'autre dans le plan cherché, la droite qui les réunit sera l'intersection de ce plan avec celui du parallèle; par suite, l'intersection de ce même plan avec celui des xy sera parallèle à cette même droite.

Or cette droite est perpendiculaire au méridien qui divise en deux parties égales l'angle que forment entre eux les méridiens des deux droites données; d'où il suit que la trace cherchée devra être perpendiculaire, dans le plan des xy, à la bissectrice de cet angle. D'ailleurs celle-ci fait avec l'axe des x un angle égal à $\frac{\theta + \theta'}{2}$; par conséquent, l'angle α aura dans ce cas pour valeur $\frac{\theta + \theta'}{2} + \frac{\pi}{2}$, d'où l'on conclut finalement

$$\tang \alpha = -\cot \frac{\theta + \theta'}{2}.$$

Voyons ce que, de son côté, la formule nous apprend à cet égard : l'hypothèse que β' est égal à β la réduit à

$$\tang \alpha = \frac{\sin \theta - \sin \theta'}{\cos \theta - \cos \theta'};$$

mais on sait qu'on a les deux relations suivantes :

$$\sin \theta - \sin \theta' = \quad 2 \sin \frac{\theta - \theta'}{2} \cos \frac{\theta + \theta'}{2},$$

$$\cos \theta - \cos \theta' = -2 \sin \frac{\theta + \theta'}{2} \sin \frac{\theta - \theta'}{2}.$$

Opérant la division et supprimant dans les deux termes le facteur commun $2 \sin \frac{\theta - \theta'}{2}$, on trouve que $\tang \alpha$ est égal à $-\cot \frac{\theta - \theta'}{2}$, ainsi que nous venons de le constater.

La valeur de α étant ainsi connue, procédons à la détermination de celle de A.

Si, pour abréger et simplifier les calculs intermédiaires, on pose $\tang\alpha = \frac{M}{N}$, on aura

$$\cos\alpha = \frac{N}{\sqrt{M^2+N^2}}, \quad \sin\alpha = \frac{M}{\sqrt{M^2+N^2}}.$$

Prenons maintenant une quelconque des valeurs de $\tang\beta$ ou de $\tang\beta'$, la première par exemple, on en déduira

$$\tang A = \frac{\tang\beta}{\sin(\theta-\alpha)}.$$

Si l'on développe $\sin(\theta-\alpha)$ et si l'on introduit dans ce développement les valeurs ci-dessus de $\cos\alpha$ et de $\sin\alpha$, on aura

$$\tang A = \frac{\sqrt{M^2+N^2}\tang\beta}{N\sin\theta - M\cos\theta};$$

mais on a

$$N\sin\theta = \sin\theta(\cos\theta\tang\beta' - \tang\beta\cos\theta'),$$
$$M\cos\theta = \cos\theta(\sin\theta\tang\beta' - \tang\beta\sin\theta').$$

Prenant la différence, il vient

$$N\sin\theta - M\cos\theta = -\tang\beta(\sin\theta\cos\theta' - \cos\theta\sin\theta')$$

et par suite

$$\tang A = -\frac{\sqrt{M^2+N^2}}{\sin(\theta-\theta')}.$$

Substituant enfin pour $\sqrt{M^2+N^2}$ sa valeur, on obtient directement l'expression suivante de $\tang A$ en fonction des données:

$$\tang A = \frac{\sqrt{\tang^2\beta + \tang^2\beta' - 2\tang\beta\tang\beta'\cos(\theta-\theta')}}{\sin(\theta-\theta')}.$$

Si maintenant, dans le directif du plan où figurent α et A, on introduit les valeurs obtenues pour les lignes trigonométriques de ces deux angles, il viendra, pour l'expression de ce directif,

$$\left(\cos\varphi + \sqrt{-1}\,\frac{\sin(\theta-\theta')\sin\varphi}{\sqrt{\sin^2(\theta-\theta') + M^2 + N^2}}\right)\frac{N + M\sqrt{-1}}{\sqrt{M^2+N^2}}$$
$$-\sqrt{-1}^{\sqrt{-1}}\,\frac{\sqrt{M^2+N^2}\sin\varphi}{\sqrt{\sin^2(\theta-\theta') + M^2 + N^2}}.$$

Nous avons conservé, comme moyen d'abréviation, les symboles M et N; mais, leurs valeurs en fonction des données étant connues, il sera toujours facile, dans les applications, d'écrire ce directif dans la forme même voulue par ces données.

On vérifiera que la somme des carrés des coefficients de 1, $\sqrt{-1}$, $\sqrt{-1}^{\sqrt{-1}}$ est égale à l'unité.

LIX.

En faisant varier à volonté les éléments de longitude et de latitude qui servent à définir les deux droites, on pourra procéder à l'examen de tous les cas particuliers qui peuvent se présenter.

Ces recherches n'offrent généralement rien de compliqué; mais il y a certaines spécialités pour lesquelles les éléments dont nous venons de parler arrivant à leurs limites attribuent à toutes les tangentes qui figurent dans les calculs précédents des valeurs nulles ou infinies, et qui quelquefois se présentent dès l'abord sous la forme indéterminée. Dans ces divers cas, ce n'est qu'à l'aide de discussions minutieuses et d'une nature assez délicate qu'on arrive à être fixé sur les valeurs qu'il convient finalement d'adopter. Nous croyons donc qu'il est nécessaire de montrer par quelques exemples comment ces discussions doivent être conduites.

L'hypothèse que les deux droites données sont successivement deux des trois axes des coordonnées nous a paru renfermer tout ce qu'il y a d'essentiel à exposer à ce sujet, et nous allons procéder à son examen détaillé.

Admettons que nos deux droites sont l'une l'axe des x, l'autre l'axe des y, ce qui revient à supposer que θ, β et β'

sont nuls et que $\theta' = \frac{\pi}{2}$. Dans ce cas, le plan cherché est évidemment celui des xy; il faut, par conséquent, que le directif de l'article précédent se ramène à l'expression d'une droite quelconque située sur ce plan des coordonnées. Nous allons voir que le calcul confirme en effet cette conclusion.

Et d'abord, pour qu'il en soit ainsi que nous venons de le dire, il faut que le terme en $\sqrt{-1}^{\sqrt{-1}}$ disparaisse. Or, si l'on remarque que ce terme a pour facteur $\sqrt{M^2 + N^2}$, et que, lorsque β et β' sont nuls, il en est de même de $M^2 + N^2$, on voit que cette première condition sera satisfaite et que, par conséquent, ce qui restera de l'expression, après la radiation de ce terme, ne pourra être que le directif d'une droite située sur le plan des xy.

Quelle sera cette droite? C'est ce que nous allons examiner.

Il est évident que, d'après la définition de φ, ce sera celle qui fait un angle φ avec l'intersection du plan cherché et du plan des xy; mais, lorsque, comme c'est ici le cas, ces deux plans se confondent, la première idée qui se présente à l'esprit, au sujet de l'intersection, est que celle-ci devient indéterminée, et qu'il n'y a pas une droite contenue dans le plan des xy qui ne puisse être considérée comme jouissant de la propriété de représenter cette intersection. C'est aussi ce que la formule semble indiquer dès l'abord, puisque l'hypothèse que β et β' sont nuls donne pour la tangente de α la forme $\frac{0}{0}$; mais, en examinant de plus près la question, on est conduit à modifier cette première manière de voir et à rejeter cette idée d'indétermination pour lui substituer celle que l'intersection dont il s'agit, bien loin d'être une droite arbitraire, a une direction unique spéciale et analytiquement définie. Voici sur quelles considérations s'appuie ce nouveau point de vue.

Si, en conservant pour les deux droites données les longitudes zéro et $\frac{\pi}{2}$, nous leur attribuons des latitudes égales, et d'ailleurs quelconques, nous rentrerons dans un cas déjà examiné ci-dessus et pour lequel nous avons reconnu que l'intersection du plan cherché avec le plan des xy est une perpendiculaire à la bissectrice de l'angle que forment les deux longitudes.

Ici, ces deux longitudes étant zéro et $\frac{\pi}{2}$, la bissectrice en question sera la droite inclinée à 45 degrés. Or, tant que les longitudes ne changeront pas, cette droite sera invariable et il en sera, par conséquent, de même de la trace du plan cherché avec le plan des xy qui sera constante pour toutes les valeurs des latitudes, quelles qu'elles soient, dans l'hypothèse toutefois que celles-ci restent égales entre elles. De là résulte le théorème que les plans contenant deux droites dont les longitudes sont zéro et $\frac{\pi}{2}$ et dont les latitudes sont égales coupent tous le plan des xy suivant une droite fixe perpendiculaire à la direction de 45 degrés. On peut donc considérer que ces plans sont successivement engendrés par la rotation de l'un d'entre eux autour de la trace en question, mode général de génération qui comprend, comme cas particulier, celui qui nous occupe en ce moment. Celui-ci rentre donc dans la loi commune et doit être considéré comme ayant même trace que tous les autres. Aussi, lorsqu'on introduit d'abord dans la valeur de tangα le principe de l'égalité des latitudes, elle prend la forme $\frac{\sin\theta - \sin\theta'}{\cos\theta - \cos\theta'}$, laquelle à son tour se ramène, pour $\theta = 0$ et $\theta' = \frac{\pi}{2}$, à -1, qui est en effet la tangente de la perpendiculaire à la droite inclinée à 45 degrés.

Revenant maintenant au directif du plan cherché, il nous restera à prouver, pour que les choses se passent ainsi que nous l'avons expliqué, que, μ étant l'angle que fait avec l'axe des x une droite quelconque située dans le plan des xy, ce directif se ramène simplement à

$$\cos\mu + \sqrt{-1}\sin\mu.$$

A cet effet, on remarquera que ce qui reste du directif, après la radiation du terme en $\sqrt{-1}^{\sqrt{-1}}$ qui a été annulé, est un produit de deux facteurs.

Le premier de ces facteurs a la forme

$$\cos\varphi + \sqrt{-1}\,\frac{\sin(\theta - \theta')\sin\varphi}{\sqrt{\sin^2(\theta - \theta') + M^2 + N^2}};$$

mais, parce que, d'une part, $M^2 + N^2$ est nul, parce que, d'autre part, $\sin(\theta - \theta')$, qui devient le sinus d'un angle droit, est égal à l'unité, on voit que ce facteur se réduit à

$$\cos\varphi + \sqrt{-1}\sin\varphi.$$

Quant au second facteur, qui est exprimé par $\frac{N + M\sqrt{-1}}{\sqrt{M^2 + N^2}}$, il se présente au premier abord sous la forme $\frac{0}{0}$; mais, si l'on divise les deux termes de la fraction par N, il devient $\frac{1 + \tang\alpha\sqrt{-1}}{\sqrt{1 + \tang^2\alpha}}$, et comme, dans le cas actuel, on a $\tang\alpha = -1$, on aura définitivement $\frac{1}{\sqrt{2}} - \frac{1}{\sqrt{2}}\sqrt{-1}$, qui se rapporte bien en effet à la direction ci-dessus indiquée pour l'angle α de l'intersection.

Mais l'angle φ, ainsi que cela résulte de sa définition première, doit toujours être compté à partir de cette intersection. Si donc on appelle μ l'arc compris entre l'axe des x et l'extrémité de φ ainsi compté, on aura

$$\mu + 45^\circ = \varphi, \quad \text{d'où} \quad \mu = \varphi - 45^\circ.$$

Or le produit trouvé ci-dessus

$$(\cos\varphi + \sqrt{-1}\sin\varphi)\left(\frac{1}{\sqrt{2}} - \frac{1}{\sqrt{2}}\sqrt{-1}\right)$$

répondant précisément à la direction de $\varphi - 45$ exprime, par suite, celle d'une droite quelconque rapportée à l'axe des x, ce qui justifie toutes nos assertions.

Supposons maintenant que les deux droites données sont l'une l'axe des x, l'autre celui des z; il est évident qu'alors le plan cherché est celui des xz, et que, par suite, l'expression de son directif devra prendre la forme

$$\cos\mu + \sqrt{-1}^{\sqrt{-1}} \sin\mu,$$

l'angle μ, variable de zéro à 2π, étant celui que fait avec l'axe des x une droite quelconque située dans le plan cherché. Nous allons voir comment le calcul va se mettre d'accord avec ces conclusions.

Étudions d'abord ce qui concerne l'angle α, qui est celui que fait avec l'axe des x la trace du plan cherché sur celui des xy. Ici cette trace ne pouvant être évidemment que l'axe des x, il en résulte que $\tang\alpha$ doit être égal à zéro. En effet, parce que la latitude β est nulle, la formule qui donne $\tang\alpha$ se réduit à

$$\tang\alpha = \frac{\sin\theta \tang\beta'}{\cos\theta \tang\beta'} = \tang\theta.$$

Or, comme θ est nul, on voit que α le sera également.

D'un autre côté, il n'est pas moins évident qu'ici l'angle A que fait le plan cherché avec celui des xy doit être droit. Or, si, dans la valeur de $\tang A$, on supprime les termes multipliés par $\tang\beta$ qui est nul, il viendra

$$\tang A = \frac{\tang\beta'}{\sin(\theta - \theta')},$$

et, comme $\tang\beta'$ est infini, $\tang A$ le sera aussi. D'ailleurs l'expression générale de $\tang A$ étant $\frac{\sqrt{M^2+N^2}}{\sin(\theta-\theta')}$, on voit que, dans le cas actuel, $\sqrt{M^2+N^2}$ est infini.

Ces préliminaires ainsi établis, voyons ce que va devenir le directif général du plan.

Si dans le terme en $\sqrt{-1}^{\sqrt{-1}}$ on divise haut et bas par $\sqrt{M^2+N^2}$ et qu'on ait ensuite égard à ce que cette dernière quantité est infinie, le numérateur et le dénominateur de la fraction qui multiplie $\sin\varphi$ deviennent chacun égal à l'unité, et par suite ce terme se réduit à $\sqrt{-1}^{\sqrt{-1}} \sin\varphi$; le reste du directif se compose de deux facteurs dont l'un est $\frac{N + M\sqrt{-1}}{\sqrt{M^2+N^2}}$;

celui-ci divisé haut et bas par N prend la forme $\frac{1+\sqrt{-1}\,\text{tang}\,\alpha}{\sqrt{1+\text{tang}^2\alpha}}$, et, à cause que $\text{tang}\,\alpha$ est nul, il se réduit à l'unité. Quant à l'autre facteur, son second terme étant nul, à cause du dénominateur infini, il se réduit au premier terme, c'est-à-dire à $\cos\varphi$. L'expression du directif se trouve donc représentée par

$$\cos\varphi + \sqrt{-1}^{\sqrt{-1}} \sin\varphi,$$

forme dans laquelle φ est l'angle variable que fait une droite quelconque avec la trace du plan cherché sur celui des xy. Or, cette trace étant ici l'axe des x mêmes, on voit que l'expression ci-dessus réunit par la variation de φ toutes les qualités voulues pour représenter le plan des xz.

Admettons enfin que les deux droites données sont l'une l'axe des y, l'autre l'axe des z. Il est évident que, dans ce cas, le plan cherché sera celui des yz et que son intersection avec le plan des xy ne pourra être que l'axe des y. De là il résulte que les deux angles α et A seront chacun égal à un angle droit; quant à l'angle φ, qui est celui que fait une droite quelconque située sur ce plan avec son intersection sur le plan des xy, ce sera l'angle de cette droite avec l'axe des y, et, d'après cela, le directif du plan cherché ne pourra être que

$$\sqrt{-1}\cos\varphi + \sqrt{-1}^{\sqrt{-1}} \sin\varphi.$$

Voyons comment ces diverses circonstances seront confirmées par le calcul.

Les valeurs de θ et de β sont, savoir $\frac{\pi}{2}$ pour le premier angle et zéro pour le second, celles de θ' et de β' sont l'une et l'autre $\frac{\pi}{2}$.

Si, dans la valeur de $\text{tang}\,\alpha$, on commence par supprimer les termes qui, multipliés par $\text{tang}\,\beta$, deviennent nuls, il restera

$$\text{tang}\,\alpha = \text{tang}\,\theta,$$

ce qui prouve qu'en effet l'angle α est égal à un droit. Si, en même temps, dans la valeur de $\tang A$ on supprime aussi les termes qui, multipliés par $\tang\beta$, sont nuls, il restera

$$\tang A = \frac{\tang\beta'}{\sin(\theta - \theta')},$$

et, parce que $\sin(\theta - \theta')$ est égal à l'unité, on voit que $\tang A$ sera infini comme l'est $\tang\beta'$, ce qui prouve, comme nous l'avons reconnu, que l'angle A est aussi droit.

D'ailleurs, parce que l'infinité de $\tang A$ entraîne celle de $\sqrt{M^2+N^2}$, on conclura de là, par les mêmes moyens qui ont été exposés dans le cas précédent, que le terme en $\sqrt{-1}^{\sqrt{-1}}$ du directif se réduit à $\sqrt{-1}^{\sqrt{-1}}\sin\varphi$.

Le reste de ce directif est un produit composé de deux facteurs: l'un d'eux est $\dfrac{N + M\sqrt{-1}}{\sqrt{M^2+N^2}}$; si l'on divise haut et bas par M, il viendra $\dfrac{\cot\alpha + 1}{\sqrt{\cot^2\alpha + 1}}$; mais, $\cot\alpha$ étant nul, ce facteur se réduit à $\sqrt{-1}$.

Quant à l'autre facteur, son second terme est nul, à cause du dénominateur qui est infini; il ne reste donc de ce facteur que le premier terme, c'est-à-dire $\cos\varphi$. Le produit en question prend donc la valeur $\sqrt{-1}\cos\varphi$, et l'on obtient par conséquent, pour le directif cherché, l'expression

$$\sqrt{-1}\cos\varphi + \sqrt{-1}^{\sqrt{-1}}\sin\varphi,$$

ainsi que nous l'avons annoncé.

Nous pensons qu'après toutes ces explications le lecteur sera parfaitement en mesure de procéder à une application, quelle qu'elle soit, de la formule générale qui exprime le directif d'un plan passant par deux droites données.

LX.

Quelque nombreuses que soient les questions que nous avons abordées dans le présent Chapitre, nous n'avons pas la prétention d'avoir épuisé tout ce qui se rattache à la direction des plans, considérée soit en elle-même, soit dans les rapports qu'elle peut avoir avec celle des droites ou avec celle d'autres plans. La fécondité du sujet est telle que, pour le traiter dans toute sa généralité, il faudrait lui consacrer un contingent de développements autrement étendu que celui qui peut trouver place dans la spécialité d'un Chapitre.

Mais, à vrai dire, dans cette circonstance comme dans toutes celles analogues, l'important consiste moins à accumuler un très-grand nombre de solutions préparées à l'avance qu'à présenter des méthodes propres à faire trouver ces solutions quand il devient nécessaire de les connaître. Il suffit pour cela de se borner à l'étude détaillée d'un certain nombre d'applications convenablement choisies, résumant les principes essentiels de la théorie, et donnant une idée suffisamment étendue des méthodes proposées en ce qui concerne leur esprit, leurs ressources et leurs moyens.

Une fois cette connaissance bien acquise, il est peu de questions se rattachant à l'ordre de faits qu'une théorie embrasse dont la sagacité de l'analyste ne puisse espérer de trouver la solution, s'il sait suivre avec intelligence les voies qui lui ont été ouvertes et dont on lui a fait parcourir les artères principales.

Tel est l'objectif que nous avons eu constamment en vue, et nous croyons avoir satisfait dans ce qui précède aux conditions les plus essentielles de ce programme.

Qu'il nous soit maintenant permis de revenir d'une manière générale sur les idées dominantes de cet écrit et de donner un résumé de leur objet principal, de leur filiation, de leur utilité.

Nous nous sommes appliqué, dès le début, à présenter avec tous les développements nécessaires la conception qu'il faut se faire, soit de l'élément de continuité, soit de l'élément de direction dans les droites et dans les plans; nous avons étudié l'un et l'autre dans son isolement; nous avons cru que, parce que dans l'ordre naturel des choses il nous est permis d'avoir une idée nette et distincte de chacun, c'est-à-dire de concevoir, d'une part, la longueur sans considération de la direction, d'autre part, la direction sans considération de la longueur, nous avons cru, disons-nous, qu'il n'y avait rien d'illogique à espérer, que dans leur représentation analytique ces attributs pourraient rester indépendants, comme ils le sont dans les manifestations géométriques qui nous en donnent l'image et la conception initiale. L'étude des ressources de l'Algèbre, les comparaisons que cette étude nous a permis d'établir entre les opérations de cette science et les procédés constitutifs de celle de l'étendue, les équivalences que nous avons pu constater à la suite de ces comparaisons ont justifié nos prévisions et ont mis entre nos mains, dans le domaine de l'Analyse, des expressions propres à caractériser chacun de ces attributs dans toute l'étendue de leurs facultés.

Cette étude isolée et bien définie des propriétés de chaque attribut, du rôle qu'ils sont appelés à remplir indépendamment l'un de l'autre, des fonctions spéciales et très-diverses qui sont dévolues à chacun, constitue le contingent d'idées nouvelles que nous avons cherché à introduire dans la Science et devient la base essentielle, et en même temps la plus naturelle, des rapports qui lient l'Algèbre à la Géométrie. Qui ne voit, en effet, que, dès l'instant que nous possédons les équivalences analytiques des deux attributs qui constituent la science tout entière de l'étendue, il n'est pas une combinaison de ces attributs, et par conséquent pas un problème de Géométrie, dont l'énoncé ne puisse être reproduit en langage algébrique et que nous ne soyons en mesure d'explorer et de résoudre par les investigations de l'Algèbre.

Certes nous sommes loin de prétendre qu'il n'a été rien fait en cette matière ; nous savons fort bien qu'il existe une Géométrie analytique, et nous ne voulons rien retrancher à l'importance des services qu'elle a rendus à la Science ; mais nous croyons qu'elle n'est pas constituée sur les bases les plus logiques et que, par suite de cette imperfection, sa fécondité se trouve resserrée entre de trop étroites limites Donnons quelques explications à ce sujet.

Dans l'état actuel des choses, on représente ordinairement, en Algèbre, les droites et les plans au moyen d'équations dans lesquelles l'élément continu de la longueur se trouve combiné, rationnellement sans doute, mais sans règles fixes sur le choix de cette rationnalité, avec l'élément de direction ; celui-ci est d'ailleurs évalué soit directement par l'angle, soit par les rapports qui en dépendent. Or, dans l'ordre logique, des équations ne sauraient être considérées que comme des jugements portés sur les propriétés des objets dont on s'occupe, comme des conséquences déduites de ces propriétés, conséquences autorisées et justifiées par le raisonnement, mais qui, tout en exprimant d'incontestables vérités, ne sont pas l'expression générale et la représentation condensée de tout ce qu'il y a dans un attribut. Ces conséquences, au contraire, se spécialisent dans la considération du seul côté par lequel on a envisagé la question et auquel s'appliquent les équations indicatrices du jugement prrticulier qu'on a émis. En opérant ainsi, on ne saurait avoir la synthèse immédiate et complète des appréciations plus ou moins nombreuses que l'on pourrait faire au sujet d'un même attribut, si l'on se plaçait à d'autres points de vue non moins autorisés que le premier.

Or, pour se renfermer dans l'ordre logique dont nous venons de parler, tant que, dans un problème de Géométrie, on se borne à donner une droite, un plan, on ne fait que poser des éléments, on ne provoque pas un jugement ; celui-ci viendra après coup lorsqu'il s'agira de statuer sur les conditions auxquelles la question proposée soumet ces éléments. Si donc on veut fidèlement reproduire, en Algèbre, ce qu'on fait dans la science de l'étendue, il faut, à chaque élément géométrique donné, s'astreindre à faire correspondre un élément analytique *équivalent*, ce qui se pratiquera par une simple expression et non par une ou plusieurs équations. En suivant cette marche et à l'aide de cette *équivalence* préalablement constatée, on aura fait dire à l'Algèbre tout ce que la Géométrie dit de son côté, de la manière qu'elle le dit elle-même, dans l'ordre qu'il lui aura convenu d'adopter, et l'on aura évidemment établi l'assimilation entre les deux sciences sur ses bases les plus naturelles.

C'est à l'aide de la détermination algébrique des directifs des droites et des plans qu'il est possible de satisfaire complétement à ce programme. Par l'emploi de ces directifs, il n'est pas un détail d'un énoncé géométrique qui n'ait son équivalent en Algèbre ; la traduction de l'une de ces sciences dans l'autre se fait immédiatement ; l'assimilation se poursuit jusqu'au bout par des procédés aussi simples, aussi directs que possible, et, lorsqu'elle est arrivée à son terme, on n'a plus, pour obtenir la solution, qu'à mettre en œuvre les moyens analytiques connus.

Nous ne nous dissimulons pas qu'à en juger par quelques expressions qui ont passé sous nos yeux, on pourrait craindre que ces sortes de calculs ne se présentassent quelquefois sous une forme un peu compliquée; mais ces complications n'intéressent en aucune façon le côté théorique de la méthode; elles n'ont d'autre inconvénient que celui d'imposer quelques longueurs à certaines applications pratiques. D'ailleurs ces inconvénients ne sont-ils pas avantageusement rachetés par le privilége que possède le procédé directif de conduire certainement au but? Dans les recherches géométriques ordinaires, une circonstance heureuse peut faire entrevoir dans une figure certains rapports entre quelques-unes des données qui indiqueront avec simplicité la solution d'un problème ou la démonstration d'un théorème ; d'autres fois, au contraire, on étudiera longtemps un tracé géométrique sans y rien découvrir qui soit propre à faire obtenir le résultat qu'on recherche, de sorte que souvent l'insuccès peut se trouver au bout de beaucoup de sagacité et de patience.

Par le procédé directif, il n'en est pas ainsi; avec plus ou moins de calculs, on est toujours certain d'arriver. Ce procédé constitue donc une ressource très-précieuse, puisque avec lui les solutions deviennent certaines, tandis qu'avec les moyens géométriques ordinaires elles ne sont que probables.

Qu'on ne s'imagine pas d'ailleurs que nous voulons préconiser l'idée qu'il faut faire du directif en tout et pour tout. Un tel exclusivisme est loin de notre pensée. Nous dirons au contraire que, dans une science quelconque, il faut savoir se servir de tous les moyens utiles, quelles que soient les théories qui ont servi à constater leur légitimité. L'homœopathie, par exemple, aura beau faire, il est fort douteux qu'elle parvienne à détruire cet imposant ensemble de faits acquis par des observations, des études, des méditations laborieusement poursuivies pendant trois mille ans. De son côté, l'allopathie aurait tort de croire que le dernier mot a été dit sur la constitution des sciences médicales et que tous les moyens proposés en dehors d'elle doivent être rejetés.

Employons donc, suivant les circonstances, tantôt le procédé ordinaire, tantôt le procédé directif; dans certains cas même, combinons-les ensemble : ce sera presque toujours ce qu'il y aura de mieux à faire pour allier la simplicité des moyens avec la certitude d'obtenir le résultat cherché.

Au reste, ce qu'on doit attendre du directif ne peut être bien apprécié que lorsque ses combinaisons avec le continu auront été étudiées, et c'est ce dont nous allons maintenant nous occuper.

CHAPITRE CINQUIÈME.

CONSIDÉRATIONS SUR LES CONSÉQUENCES ESSENTIELLES ET SUR L'APPLICATION DES PRINCIPES CI-DESSUS EXPOSÉS.

SOMMAIRE. — LXI. Conséquences des faits développés dans les Chapitres précédents pour l'établissement d'une théorie au moyen de laquelle toutes les investigations de la Géométrie seront immédiatement ramenées à la résolution d'équations algébriques. Les bases de cette théorie sont dès à présent posées, des travaux ultérieurs la compléteront. — LXII. L'équivalent algébrique de la direction d'une droite dans l'espace conduit directement à l'équivalent des sphères et des cônes à axe vertical qui ont leur centre ou leur sommet à l'origine. — LXIII. Équivalent algébrique des longueurs dirigées ne passant pas par l'origine et situées d'une manière tout à fait arbitraire dans l'espace. — LXIV. Recherche de l'intersection de deux cônes à axe vertical ayant même angle générateur et dont les sommets sont situés sur le plan des xy. — LXV. Équivalents des sphères et des cônes dont le centre ou le sommet occupe une position quelconque. — LXVI. Équivalent des cônes à axes inclinés. — LXVII. Équivalents des cylindres dont les génératrices font avec le plan de base un angle quelconque. — LXVIII. Réflexions sur les deux principes générateurs des êtres géométriques. Comparaison entre les procédés directs d'investigation géométrique et ceux que l'Algèbre emploie. Les premiers ne consistent guère qu'en tâtonnements ; avec les seconds on est toujours certain d'atteindre le but qu'on a en vue. — LXIX. Application à un exemple particulier. — LXX. Détermination par le procédé directif : 1° de la diagonale d'un cube ; 2° de la diagonale d'un parallélépipède à base carrée ayant toutes ses arêtes égales, dont deux des faces latérales sont verticales et les deux autres inclinées d'une manière quelconque ; 3° de la diagonale d'un parallélépipède à arêtes inégales et à inclinaisons arbitraires. — LXXI. Conditions auxquelles doivent satisfaire deux droites situées arbitrairement dans l'espace pour qu'elles se rencontrent. — LXXII. Équivalent algébrique des plans ne passant pas par l'origine et situés d'une manière quelconque dans l'espace. — LXXIII. Rencontre d'une droite et d'un plan dans le cas le plus général. — LXXIV. Intersection de deux plans situés d'une manière quelconque dans l'espace. — LXXV. Réflexions finales sur le système directif. Grande nécessité de son intervention, de son affirmation doctrinale dans les études de Géométrie. Discussion à ce sujet sur l'exposition vicieuse des premières notions de la Géométrie. Redressement facile de ces erreurs par les considérations directives.

LXI.

Les faits analytico-géométriques dont nous venons de présenter le développement dans les Chapitres précédents constituent les bases d'une théorie destinée, croyons-nous, à éclairer d'un nouveau jour les recherches qu'on peut se proposer de faire sur la science de l'étendue considérée dans toute sa généralité.

Tandis que jusqu'à présent on a dû, dans ces recherches, isoler l'une de l'autre la considération de la longueur de celle de la direction ou de l'angle, et s'occuper séparément de la détermination du continu et du directif, par des procédés non définis et variables dans chaque cas, désormais l'Algèbre, suivant pas à pas les indications de la Géométrie, reproduira dans ses expressions l'équivalent de la *longueur dirigée*, et, liant entre eux ces équivalents par des équations, conformément aux indications des énoncés mêmes, nous donnera, par la résolution de ces équations, les moyens de déterminer à coup sûr, à l'aide des données, toutes les inconnues d'une question.

Est-ce à dire pour cela que cette théorie se trouve d'ores et déjà constituée dans tous ses détails et soit immédiatement apte à entrer en fonction. Nous sommes loin d'afficher une telle prétention, et nous reconnaissons sans peine qu'il y a encore beaucoup à faire pour la doter de toute l'extension dont elle est susceptible, de toutes les facilités d'application pratique qu'il est permis d'entrevoir.

C'est là une œuvre qui ne peut être menée à fin qu'avec le secours du temps ; mais, pour si incomplète qu'on veuille la considérer aujourd'hui, il suffit que nous soyons en possession du germe qui la contient pour qu'il nous soit permis d'espérer que, grâce à de persévérantes études, elle versera d'abondantes moissons dans le champ de la Science.

Ainsi que nous l'avons dit dans l'Avant-Propos, il ne nous est guère permis d'espérer que les développements entrevus pourront être notre œuvre personnelle ; mais nos jeunes successeurs exploreront en détail l'ensemble des nouveaux horizons que nous venons leur signaler, et sauront bien y découvrir les éléments de féconde réalisation qu'ils possèdent, que nous entrevoyons dès à présent, mais que nous ne saurions décrire et formuler avec toute la précision que le temps et la réflexion peuvent seuls assurer aux œuvres de l'intelligence.

On nous permettra toutefois, à côté de cette déclaration

d'insuffisance, dont nous n'hésitons pas à consigner ici l'expression, de présenter nos vues sur quelques points du chemin qui reste à parcourir pour compléter et perfectionner le programme des recherches futures, et de signaler dans ce dernier Chapitre certaines indications sur les conséquences les plus essentielles de la doctrine que nous venons d'exposer et sur les procédés propres à en faciliter le développement et l'application.

LXII.

Nous ferons d'abord remarquer que les résultats que nous avons constatés, bien qu'ayant pour objet direct les droites et les plans, ne se bornent pas exclusivement à nous renseigner sur cette classe particulière d'êtres géométriques et qu'il est facile d'en déduire des conséquences immédiates assez étendues pour d'autres espèces de lignes, surfaces et volumes qui sont d'un usage habituel dans la Science.

Rappelons qu'il a été démontré que, si α et β sont la longitude et la latitude d'une droite passant par l'origine et ρ une longueur quelconque prise sur cette droite à partir de l'origine, l'expression

$$\rho\left[\cos\beta(\cos\alpha+\sqrt{-1}\sin\alpha)+\sqrt{-1}^{\sqrt{-1}}\sin\beta\right]$$

conviendra à tous les points de cette droite, à la condition d'y considérer ρ comme variable depuis zéro jusqu'à l'infini.

Si ρ est considéré comme constant, elle donnera l'équivalent algébrique du point situé sur cette droite à la distance fixe ρ de l'origine.

Portons maintenant notre attention sur les deux autres quantités α et β qui figurent dans cette expression et supposons-y α constant, mais β variable depuis zéro jusqu'à 2π.

On voit qu'on obtiendra ainsi une infinité de droites qui auront toutes même longitude α et des latitudes variables. Ces droites appartiennent évidemment au plan mené verticalement à celui des xy et passant par la direction fixe $\cos\alpha+\sqrt{-1}\sin\alpha$. Dans cette hypothèse, l'expression ci-dessus, lorsqu'on y suppose ρ variable de zéro à l'infini, conviendra à tous les points de ce plan ; mais, si ρ est constant, les seuls points auxquels l'expression pourra s'appliquer seront ceux d'une circonférence située sur le plan en question, ayant l'origine pour centre et ρ pour rayon.

Admettons, au contraire, que c'est β qui est fixe et que α varie de zéro à 2π. On se rendra facilement compte que, dans ces circonstances, les droites ainsi obtenues feront toutes avec l'axe des z un angle constant égal à $\frac{\pi}{2} - \beta$, et que, par suite, leur ensemble déterminera une surface conique ayant l'origine pour sommet et l'axe des z pour axe. Si alors ρ varie de zéro à l'infini, l'expression conviendra à tous les points de cette surface conique ; si, au contraire, ρ est constant, les seuls points à considérer seront ceux de la circonférence qu'on obtient en coupant le cône par un plan horizontal passant par l'extrémité de la distance ρ comptée sur la direction de la génératrice à partir de l'origine.

Enfin, si α et β sont variables de zéro à 2π et s'il en est de même de ρ depuis zéro jusqu'à l'infini, l'expression conviendra à tous les points de l'espace ; mais, si, pendant que α et β sont variables, ρ est constant, on aura l'équivalent de la surface sphérique ayant l'origine pour centre et ρ pour rayon. Quant au volume de cette même sphère, on l'obtiendra en supposant que l'élément continu varie de zéro à ρ. Il n'est pas, en effet, un point de l'intérieur de cette sphère auquel ne convienne l'expression ci-dessus.

On comprend, d'après ces explications, que les recherches précédentes ne se bornent pas à nous renseigner sur les directions des droites, mais qu'elles sont, en outre, très-propres à nous faire connaître les équivalents algébriques de certaines surfaces et de certains volumes, et l'on peut entrevoir d'après cela comment elles sont aptes à devenir le guide général de toutes les investigations géométriques. Donnons à ce sujet de nouveaux développements.

LXIII.

Lorsqu'on s'occupe exclusivement des directions et de leur détermination, on peut toujours supposer que les droites sont transportées parallèlement à elles-mêmes, de manière à passer par tel point de l'espace qu'on voudra, et nous avons usé de cette faculté pour les considérer toutes comme issues de l'origine ; mais il n'en est plus ainsi dans les questions de Géométrie, où la considération des longueurs est combinée avec celle des directions. Dans ce cas, chaque partie des figures représentatives des énoncés possède une situation fixe qu'il n'est pas permis de changer sans altérer les rapports de grandeur et de position imposés par ces énoncés. On conçoit en conséquence qu'il est nécessaire de posséder l'équivalent algébrique d'une droite non-seulement pour le directif qui lui appartient et qui s'applique indistinctement à tous ses états de parallélisme, mais encore pour toute situation précise et invariable qu'elle peut occuper dans l'espace. C'est là un problème très-facile à traiter et dont nous allons présenter la solution.

Supposons qu'une droite, dont la longitude est α et la latitude β, rencontre le plan des xy en un point quelconque R. Joignons l'origine O avec le point R, et appelons r la distance fixe qui sépare les points R et O. Si l'on désigne par θ l'angle également fixe que fait la direction de OR avec la ligne de base, la longueur dirigée OR aura pour expression

$$r(\cos\theta + \sqrt{-1}\sin\theta),$$

et il faudra toujours au préalable la parcourir pour atteindre à un point quelconque P de la droite considérée. D'un autre côté, si l'on désigne par ρ la distance variable comptée sur cette même droite, à partir du point R, on voit que l'expression du chemin suivi pour aller de O en P, tant en longueur qu'en direction, sera

$$\begin{aligned} &r(\cos\theta + \sqrt{-1}\sin\theta) \\ &\quad + \rho\left[\cos\beta(\cos\alpha + \sqrt{-1}\sin\alpha) + \sqrt{-1}^{\sqrt{-1}}\sin\beta\right]. \end{aligned}$$

Tel est donc l'équivalent algébrique d'un point quelconque de la droite donnée ; tout y est constant, à l'exception de la quantité ρ.

Il n'est nullement nécessaire d'insister auprès du lecteur pour lui faire acquérir la conviction que les diverses suppositions faites dans l'article précédent, soit sur la constance, soit sur les variabilités individuelles ou simultanées des quantités ρ, α, β, conduiront à des plans, des circonférences, des surfaces sphériques ou coniques analogues à celles que nous avons définies, sous cette seule réserve que les centres et les sommets des cônes, au lieu d'occuper l'origine, seront placés au point R, et que, pour les cônes, leur axe, au lieu d'être la verticale passant par O, sera celle passant par R.

LXIV.

Pour donner immédiatement un exemple du jeu des calculs dans la présente théorie, considérons les deux cônes à axe vertical dont les sommets sont l'un en O, l'autre en R ; supposons que ces cônes ont même angle générateur et proposons-nous de déterminer la courbe qui représente leur intersection.

D'après ce qui a été expliqué, l'équivalent algébrique d'un point quelconque du cône dont le sommet est en O sera

$$\rho\left[\cos\beta\,(\cos\alpha+\sqrt{-1}\sin\alpha)+\sqrt{-1}^{\sqrt{-1}}\sin\beta\right],$$

expression dans laquelle ρ et α sont variables et β constant.

D'un autre côté l'équivalent algébrique du cône dont le sommet est en R, d'après ce qui vient d'être exposé dans l'article précédent, a pour expression

$$\begin{aligned} &r(\cos\theta+\sqrt{-1}\sin\theta)\\ &\quad+\rho'\left[\cos\beta\,(\cos\alpha'+\sqrt{-1}\sin\alpha')+\sqrt{-1}^{\sqrt{-1}}\sin\beta\right]. \end{aligned}$$

Les quantités r, θ et β sont constantes et celles ρ, ρ' et α' sont, pour chaque point de rencontre, des dépendances de la variable α. D'ailleurs l'angle β est exactement le même dans ces deux équivalents.

Cela posé, puisque c'est de la rencontre des deux surfaces coniques qu'on s'occupe, il faut évidemment que, pour les points qui sont communs à ces surfaces, les équivalents soient égaux, et de là résulte la condition générale

$$\begin{aligned}\rho\left[\cos\beta(\cos\alpha+\sqrt{-1}\sin\alpha)+\sqrt{-1}^{\sqrt{-1}}\sin\beta\right]\\ = r(\cos\theta+\sqrt{-1}\sin\theta)\\ +\rho'\left[\cos\beta(\cos\alpha'+\sqrt{-1}\sin\alpha')+\sqrt{-1}^{\sqrt{-1}}\sin\beta\right].\end{aligned}$$

Égalant maintenant de part et d'autre les quantités réelles et les imaginaires des divers ordres, on a les trois conditions particulières

$$\begin{aligned}\rho\cos\beta\cos\alpha &= r\cos\theta+\rho'\cos\beta\cos\alpha',\\ \rho\cos\beta\sin\alpha &= r\sin\theta+\rho'\cos\beta\sin\alpha',\\ \rho\sin\beta &= \rho'\sin\beta.\end{aligned}$$

Ayant donc pris à volonté une valeur quelconque pour α, les trois inconnues à déterminer seront ρ, ρ' et α', et l'on en obtiendra les valeurs à l'aide des trois conditions ci-dessus.

De la troisième on déduit immédiatement $\rho=\rho'$, résultat qu'il était facile de prévoir d'après l'égalité des deux cônes et leur situation symétrique, par rapport à la ligne OR, dont les extrémités servent de point de départ pour compter ρ et ρ'.

Substituant cette valeur de ρ' dans les deux premières conditions, elles deviennent

$$\begin{aligned}\rho\cos\beta\cos\alpha &= r\cos\theta+\rho\cos\beta\cos\alpha',\\ \rho\cos\beta\sin\alpha &= r\sin\theta+\rho\cos\beta\sin\alpha';\end{aligned}$$

prenant la somme des carrés, on trouve

$$\rho^2\cos^2\beta = r^2+\rho^2\cos^2\beta+2r\rho\cos\beta(\cos\theta\cos\alpha'+\sin\theta\sin\alpha').$$

Réduisant et divisant ensuite par r, on obtient la valeur suivante :

$$\cos(\theta-\alpha') = -\frac{r}{2\rho\cos\beta}.$$

D'un autre côté les deux mêmes conditions peuvent s'écrire

$$\rho\cos\beta\cos\alpha - r\cos\theta = \rho\cos\beta\cos\alpha',$$
$$\rho\cos\beta\sin\alpha - r\sin\theta = \rho\cos\beta\sin\alpha',$$

et si, sous cette forme, on prend encore la somme de leurs carrés, on aura

$$\rho^2\cos^2\beta + r^2 - 2r\rho\cos\beta\cos(\theta - \alpha) = \rho^2\cos^2\beta,$$

ce qui conduit au résultat suivant :

$$\cos(\theta - \alpha) = \frac{r}{2\rho\cos\beta}.$$

On déduit de là la valeur suivante de ρ en quantités toutes connues :

$$\rho = \frac{r}{2\cos\beta\cos(\theta - \alpha)},$$

et par suite celle de α' qui sera donnée par la relation

$$\cos(\theta - \alpha') = -\cos(\theta - \alpha).$$

Nous ne nous proposons pas ici de discuter les conséquences de ces résultats. C'est là un travail de pure analyse, qui peut s'effectuer par les méthodes connues de l'Algèbre. L'essentiel, au point de vue où nous nous sommes placé, consistait à faire voir combien il a été facile avec la nouvelle théorie de mettre ces résultats à jour et de résoudre la question.

Contentons-nous de faire voir, pour un cas dans lequel il est facile d'obtenir *a priori* les valeurs de ρ, ρ' et α', que ces valeurs sont conformes à celles données par les formules générales et les vérifient.

A cet effet, supposons qu'on coupe les deux cônes par un plan vertical passant par la ligne OR, ce plan contiendra les deux génératrices qui iront se couper en un point P, de sorte que PO et PR seront ρ et ρ'. Or, parce que ces longueurs font le même angle avec la verticale, elles seront également inclinées sur l'horizontale OR, de sorte que le triangle OPR sera isoscèle ; ce premier fait vérifie donc la formule $\rho = \rho'$.

Quant à α, il est évidemment égal à θ, et, comme la direction α' est alors exactement l'inverse de α, on aura $\alpha' = \alpha + \pi$.

Cela posé, le triangle isoscèle OPR, dans lequel les angles en O et R sont chacun égaux à β, donnera

$$\mathrm{OR} = r = 2\rho\cos\beta, \quad \text{d'où} \quad \rho = \frac{r}{2\cos\beta};$$

c'est précisément là ce qu'on déduit de la formule

$$\rho = \frac{r}{2\cos\beta\cos(\theta - \alpha)}$$

lorsque α est égal à θ, puisque dans ce cas $\cos(\theta - \alpha)$ devient l'unité.

Quant à la formule

$$\cos(\theta - \alpha') = -\cos(\theta - \alpha),$$

elle est également vérifiée, puisque le premier membre prend la valeur $\cos(-\pi)$, ou -1, qui est aussi celle du second membre lorsque $\theta = \alpha$.

Si les deux cônes avaient des angles générateurs différents, on emploierait l'angle β pour l'un, l'angle β' pour l'autre, ce qui compliquerait un peu les calculs ultérieurs, mais n'apporterait aucun changement à la mise du problème en équation.

LXV.

Nous venons de donner, dans l'article **LXIII**, l'équivalent algébrique d'une droite coupant le plan des xy en un point quelconque R, et dirigée d'une manière tout à fait arbitraire dans l'espace ; nous avons ensuite indiqué les conséquences qui en résultent pour les équivalents des sphères et des cônes. Toutefois ces deux surfaces sont spécialisées par cette circonstance que la sphère a son centre et le cône son sommet au point R, c'est-à-dire sur le plan des xy. Disons tout de suite comment il faut traiter le cas général.

Et d'abord, en ce qui concerne la sphère, si R est la position qu'occupe son centre dans l'espace, si l'on désigne par r

la longueur et par θ et φ la longitude et la latitude de la droite OR, l'équivalent du point R sera

$$r\left[\cos\varphi(\cos\theta + \sqrt{-1}\sin\theta) + \sqrt{-1}^{\sqrt{-1}}\sin\varphi\right].$$

Cela posé, pour qu'en partant de l'origine on puisse géométriquement réaliser la sphère qui a son centre en R, il faut, à la suite de OR porter le rayon ρ de la sphère dans toutes les directions, ce qui est représenté par

$$\rho\left[\cos\beta(\cos\alpha + \sqrt{-1}\sin\alpha) + \sqrt{-1}^{\sqrt{-1}}\sin\beta\right],$$

expression dans laquelle ρ est constant et β et α sont chacun variables de zéro à 2π.

En conséquence, sous ces conditions, l'équivalent cherché sera

$$r\left[\cos\varphi(\cos\theta + \sqrt{-1}\sin\theta) + \sqrt{-1}^{\sqrt{-1}}\sin\varphi\right]$$
$$+ \rho\left[\cos\beta(\cos\alpha + \sqrt{-1}\sin\alpha) + \sqrt{-1}^{\sqrt{-1}}\sin\beta\right].$$

Quant au cône, son équivalent aura la même apparence algébrique ; mais, pour lui, ρ sera variable de zéro à l'infini, α le sera de zéro à 2π, et β sera constant.

LXVI.

Les indications que nous venons de donner complètent ce qui concerne les sphères. Il n'en est pas de même pour les cônes dont jusqu'à présent nous avons supposé les axes verticaux ; il convient donc de généraliser et de s'expliquer sur celles de ces surfaces dont les axes ont des directions inclinées quelconques.

Pour simplifier notre exposition, nous pouvons supposer, quelle que soit la position R que le sommet du cône occupe dans l'espace, que celui-ci est transporté à l'origine; son équivalent étant déterminé dans ce cas particulier, il suffira, quand on voudra passer à la position R, d'ajouter à cet équivalent celui du point R, c'est-à-dire si θ et φ sont la longitude et la latitude de la droite OR

$$r\left[\cos\varphi(\cos\theta+\sqrt{-1}\sin\theta)+\sqrt{-1}^{\sqrt{-1}}\sin\varphi\right].$$

Cela posé, soient μ et ν la longitude et la latitude de l'axe du cône, son équivalent directif sera

$$\cos\nu(\cos\mu+\sqrt{-1}\sin\mu)+\sqrt{-1}^{\sqrt{-1}}\sin\nu.$$

D'ailleurs, α et β étant la longitude et la latitude d'une génératrice quelconque, celle-ci aura pour équivalent directif

$$\cos\beta(\cos\alpha+\sqrt{-1}\sin\alpha)+\sqrt{-1}^{\sqrt{-1}}\sin\beta\,;$$

mais, pour que cette dernière direction soit réellement celle d'une génératrice, il faut qu'elle fasse avec l'axe un angle égal à l'angle générateur γ du cône. C'est là un problème que nous avons traité à l'article **LX**, et nous avons trouvé que la condition à remplir, appliquée aux données actuelles, prend la forme

$$(1)\qquad \cos\gamma=\cos\beta\cos\nu\cos(\alpha-\mu)+\sin\beta\sin\nu.$$

Cette condition, dans laquelle γ, μ et ν sont constants et α est variable à volonté, servira à déterminer, en fonction de ces quantités, la valeur qu'il faut attribuer à la latitude β pour que la droite dont les éléments directifs sont α et β représente, en effet, une génératrice du cône.

Cette détermination faite, l'expression ci-dessous

$$r\left[\cos\varphi(\cos\theta+\sqrt{-1}\sin\theta)+\sqrt{-1}^{\sqrt{-1}}\sin\varphi\right]$$
$$+\rho\left[\cos\beta(\cos\alpha+\sqrt{-1}\sin\alpha)+\sqrt{-1}^{\sqrt{-1}}\sin\beta\right]$$

sera l'équivalent cherché de la surface conique.

Dans cet équivalent r, φ et θ sont constants ; ρ est variable de zéro à l'infini, α l'est de zéro à 2π, enfin β est une dépendance des angles γ, μ, ν et varie avec α conformément à la condition (1) ci-dessus.

Si l'on voulait avoir l'intersection de ce cône par un plan passant par l'origine, ayant pour trace sur le plan des xy la direction $\cos\tau+\sqrt{-1}\sin\tau$, et faisant un angle A avec le même plan des xy, on trouve que l'équivalent algébrique d'un point quelconque de ce plan situé à une distance λ de l'origine serait

$$\lambda\Big[(\cos\sigma + \sqrt{-1}\sin\sigma\cos A)(\cos\tau + \sqrt{-1}\sin\tau) + \sqrt{-1}^{\sqrt{-1}}\sin A\sin\sigma\Big],$$

σ étant l'angle que fait la direction de la longueur λ avec la trace du plan coupant.

Or, pour les points communs au cône et au plan, il faut que ce dernier équivalent soit égal à celui du cône. De cette égalité résulteront trois conditions entre les constantes r, φ, θ, τ, A, la variable indépendante α, la quantité β fonction connue de α, et les trois inconnues ρ, λ et σ. Le problème se trouve donc réduit à une pure question d'analyse, et il nous suffit, pour l'objet qui nous occupe, de l'avoir ramené à ce point.

LXVII.

Les explications qu'on vient de lire nous paraissent de nature à bien mettre à jour tout ce qui concerne les sphères et les cônes, ainsi que les rapports qu'ils peuvent avoir, soit entre eux, soit avec les droites et les plans. Pour compléter cet exposé des surfaces élémentaires, nous allons entrer dans quelques détails sur les surfaces cylindriques dont jusqu'à présent l'occasion ne s'est pas présentée de nous occuper.

Imaginons que, sur le plan des xy, on trace une courbe quelconque, et considérons cette courbe comme représentant la trace d'un cylindre sur ce plan.

Un rayon vecteur dirigé quelconque de cette courbe, ayant une longueur r et une direction déterminée par l'angle θ, sera représenté par $r(\cos\theta + \sqrt{-1}\sin\theta)$, expression qui convient à toutes les droites passant par l'origine ; mais, puisqu'il s'agit ici d'une courbe déterminée, on comprend que, dans une pareille courbe, r et θ ne peuvent pas être arbitrairement variables, et que l'une de ces quantités est nécessairement liée à l'autre. Nous devons donc admettre que r est une certaine fonction de θ, soit $f(\theta)$; la forme de la fonction f étant une conséquence directe de la définition géométrique de la courbe.

Cela posé, pour former le cylindre dont cette courbe est la trace, il faudra par l'extrémité de chaque rayon vecteur mener une parallèle à l'axe. Or, si l'on désigne par α et β la longitude et la latitude de cet axe, toutes ces parallèles auront pour direction

$$\cos\beta(\cos\alpha + \sqrt{-1}\sin\alpha) + \sqrt{-1}^{\sqrt{-1}}\sin\beta,$$

de sorte que, si ρ est une longueur variable comptée sur ces parallèles à partir de l'extrémité du rayon vecteur auquel elles correspondent respectivement, il est facile de se rendre compte que l'équivalent de la surface cylindrique sera

$$\begin{aligned} &f(\theta)(\cos\theta + \sqrt{-1}\sin\theta) \\ &\quad + \rho\left[\cos\beta(\cos\alpha + \sqrt{-1}\sin\alpha) + \sqrt{-1}^{\sqrt{-1}}\sin\beta\right]. \end{aligned}$$

Dans cette expression, β et α sont des quantités constantes, et les variables sont θ et ρ.

Supposons maintenant qu'on veut obtenir l'intersection de ce cylindre par un plan dont la trace coupe l'axe des x à une distance a de l'origine et fait avec cet axe un angle τ, ce plan étant d'ailleurs incliné suivant l'angle A sur le plan des xy. L'équivalent algébrique d'un point quelconque de ce plan sera

$$\begin{aligned} a + \lambda\Big[&(\cos\sigma + \sqrt{-1}\cos A\sin\sigma)(\cos\tau + \sqrt{-1}\sin\tau) \\ &+ \sqrt{-1}^{\sqrt{-1}}\sin A\sin\sigma\Big]. \end{aligned}$$

Dans cette expression λ représente une longueur quelconque située sur le plan et comptée à partir de l'extrémité de a, l'angle σ est celui que fait la longueur λ avec la trace du plan.

Or, pour les points communs au plan et au cylindre, il faut que ce dernier équivalent soit égal à celui du cylindre. De cette égalité résulteront trois conditions entre les constantes a, τ, A, α, β, la variable θ et les trois inconnues ρ, λ, σ; le problème se trouve ainsi ramené, comme le précédent, à une simple question d'analyse.

LXVIII.

A supposer qu'on ne voulût voir, dans les divers exemples que nous venons de traiter, que quelques spécialités qui, nous le reconnaissons sans peine, sont loin de former une théorie complète, il nous semble qu'on ne saurait toutefois leur refuser le mérite d'indiquer clairement comment les longueurs et les directions sont susceptibles de se combiner en Algèbre, les unes avec les autres, par des liens absolument identiques à ceux qui les enchaînent en Géométrie, et de permettre à l'esprit d'entrevoir par quels procédés pourra et devra être constituée la théorie appelée à devenir l'expression vraie et définitive des rapports qui existent entre les deux sciences.

Présentons à ce sujet quelques réflexions dans lesquelles nous reviendrons sur les considérations générales qui sont le fondement de la pensée que nous venons d'émettre et qui seront le fil directeur des recherches à entreprendre sur cet important sujet.

Les deux générateurs nécessaires, mais en même temps uniques, de la science de l'étendue tout entière, sont l'élément continu et l'élément directif, la longueur et l'angle, c'est-à-dire la quantité et son mode d'existence, sa situation dans l'espace.

Qu'on nous fasse connaître la valeur numérique de tel nombre de longueurs qu'on voudra, qu'on nous indique en même temps les directions respectives suivant lesquelles ces diverses longueurs doivent être portées à la suite les unes des autres, nous pourrons, à l'aide de ces données, et en faisant usage des procédés de construction que la Géométrie nous enseigne, créer une figure représentative de ces longueurs et de leurs situations et obtenir ainsi l'image exacte et visible de ce que l'énoncé de la question a voulu définir et imposer.

Supposons cette figure construite. En dehors des données qui ont servi à la former, données qui ont leur définition propre et qui sont indépendantes les unes des autres, il résultera, du fait même de la construction, la création de nouveaux éléments, tant longueurs qu'angles, qui devront se trouver, soit entre eux, soit avec les données, dans certains rapports obligés de grandeur et de position.

En effet, sans qu'il soit nécessaire d'entrer dans aucun détail, par cela seul qu'ils font partie d'un ensemble que sa définition rend invariable, il faut bien que, pour concourir à la réalisation de cet ensemble et pour assurer sa fixité, ils soient soumis à un ajustement plutôt qu'à un autre, et de là doivent résulter pour eux certaines obligations, conséquences inévitables de la mission qu'ils sont appelés à remplir.

Faisons comprendre, par un exemple fort simple, la portée de cette observation.

On donne une première longueur a qu'on suppose placée d'une manière quelconque sur un plan. On donne ensuite, dans le même plan, une seconde longueur b qui est assujettie à la double condition de partir d'une des extrémités de a et de faire un angle θ avec la direction qu'il a convenu de prendre pour a. Enfin on donne encore sur ce plan une troisième longueur b' partant de l'autre extrémité de a et faisant avec la direction de a un angle θ'.

Appliquant à ces données les procédés ordinaires de construction géométrique, on formera la figure P'M'MP (*fig.* 13),

Fig. 13.

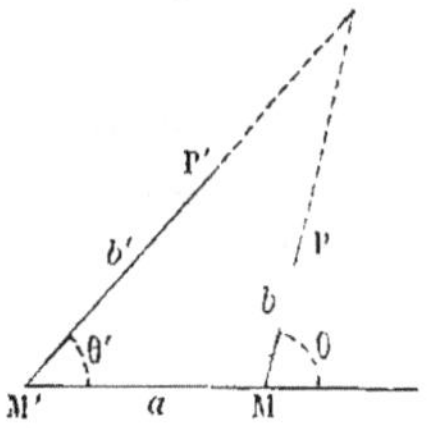

qui est la reproduction visible de l'énoncé. Or, cela fait, il s'établit entre les diverses parties de cette figure, autres que les données, comme par exemple les longueurs **M'P, MP', PP'** et les inclinaisons de ces longueurs sur la ligne de base, il s'établit, disons-nous, divers rapports, soit de grandeur, soit de position, qui sont à la vérité et ne peuvent être que des conséquences des données mêmes, mais dont les valeurs, en fonction de ces données, ne sont pas immédiatement assignables, et exigent pour être obtenues une suite de recherches et de combinaisons à entreprendre sur ces données.

Ainsi, plus particulièrement, les points P et P′ sont à une certaine distance l'un de l'autre ; ils sont situés sur une droite ayant une certaine direction. Cette distance et cette direction étant des conséquences obligées de la construction doivent pouvoir être déterminées en fonction des données, et l'étude de la Géométrie a pour objet de nous faire connaître les moyens à l'aide desquels cette détermination pourra se faire.

A cet effet, cette Science s'applique à rechercher et à évaluer autant que possible tous les rapports existant entre les diverses parties des tracés figuratifs que les ressources qui lui sont propres lui permettent d'établir, en allant du simple au composé, et l'art du géomètre consiste à savoir puiser dans ce recueil de vérités acquises celles qui lui paraissent les plus aptes, en raison de l'état même de la question, à le conduire au but qu'il se propose d'atteindre.

Mais dans cette Science, on le sait, il n'y a pas de méthode générale susceptible de guider l'opérateur dans le choix à faire de ces vérités, suivant les cas particuliers qu'il a à traiter. Plus il possédera de connaissances acquises, plus il apportera de sagacité dans l'emploi de ces connaissances, plus enfin il saura mettre son raisonnement en rapport avec les exigences de la question, et plus aussi il sera en droit d'espérer le succès. Quant à la certitude, nous le répétons, il n'existe pas en Géométrie de méthode propre à la lui assurer.

On peut dire qu'en Géométrie on voit parfaitement l'effet direct et immédiat des données, puisqu'on en possède la représentation figurée avec toute l'exactitude possible ; mais les conséquences plus ou moins éloignées de ces données sont loin d'être apparentes, et les liens qui doivent rattacher ces conséquences aux faits primitifs de l'énoncé ne sont pas toujours facilement saisissables.

Or c'est précisément le contraire qui arrive lorsque, au lieu de traduire les données d'une question à l'aide des éléments linéaires et angulaires de la Géométrie, on met en œuvre, pour cette traduction, les moyens que nous offre l'Algèbre, soit par l'usage du nombre, soit par celui des opérations qui sont propres à cette science. Il est certain, en effet, que l'aspect des expressions analytiques de diverses longueurs dirigées écrites les unes à la suite des autres est peu propre à nous éclairer sur l'enchaînement et la constitution actuels des données d'une question, ainsi que le fait dans la Géométrie l'image d'une figure présentant à la vue ces données telles qu'elles existent, et dans l'ordre même qui leur est assigné par l'énoncé. Dans la traduction algébrique tout cela nous échappe presque entièrement ; mais, d'un autre côté, lorsque les éléments analytiques, bien précisés au préalable par l'opérateur, auront été convenablement liés entre eux, suivant les conditions mêmes posées par la question, ils seront devenus alors parties intégrantes des équations représentatives de ces conditions, et la résolution de ces équations, dans lesquelles les quantités connues se trouvent logiquement et mathématiquement combinées avec celles à déterminer, donnera un moyen certain, infaillible, par la simple application des règles de l'Algèbre, de connaître tous les faits, d'évaluer tous les rapports qui sont des conséquences plus ou moins éloignées de la question proposée.

LXIX.

Je suis loin de prétendre pour cela que, dans l'exemple que je viens de citer et dans tout autre, les considérations pures de la Géométrie ne pourront pas conduire au but ; mais, comme ici il n'existe pas de méthode générale indicatrice, je ne dirai pas des meilleurs moyens à employer, mais d'un moyen quelconque à mettre en œuvre pour obtenir la solution, on pourra être exposé à chercher beaucoup avant d'avoir trouvé, et même à ne rien découvrir après un très-grand nombre de tentatives.

Avec les ressources de l'Algèbre, l'opérateur ne doit avoir qu'un seul souci, celui de mettre le problème en équation. Or cela sera toujours très-facile avec les équivalents directifs, puisqu'il n'y aura qu'à faire suivre à ces équivalents, combinés avec ceux des longueurs, les indications mêmes de l'énoncé et à écrire que ces expressions, représentatives des longueurs dirigées, satisfont aux conditions auxquelles cet énoncé déclare qu'elles doivent être soumises.

Par exemple, dans la figure ci-dessus, après avoir pris la direction de a comme point de départ, si l'on joint par une droite les points P, P′ et si l'on désigne par ξ la longueur inconnue PP′, par η l'angle que fait cette droite avec la ligne de base, il en résultera que la longueur dirigée PP′ aura pour équivalent algébrique

$$\xi(\cos\eta + \sqrt{-1}\sin\eta).$$

Quant à la longueur b, elle a pour équivalent

$$b(\cos\theta + \sqrt{-1}\sin\theta);$$

pour la longueur b' dirigée de M′ en P′, son équivalent est

$$b'(\cos\theta' + \sqrt{-1}\sin\theta'),$$

tandis que, dirigée de P′ en M′, son équivalent sera

$$-b'(\cos\theta' + \sqrt{-1}\sin\theta').$$

Ayant ainsi établi toutes ces équivalences et remarquant que a, b, ξ, b' considérés tant au point de vue des longueurs qu'à celui des directions forment un quadrilatère fermé, il n'y aura qu'à formuler la condition de cette fermeture, ce qui, au point de vue géométrique, revient à dire que

$$a \textit{ dirigé} + b \textit{ dirigé} + \xi \textit{ dirigé} + b' \textit{ dirigé}$$

conduit au point de départ, ou, en d'autres termes, que cette somme est nulle.

Dès lors, remplaçant ces diverses longueurs dirigées par leurs équivalents algébriques et ayant égard au sens suivant lequel elles marchent, la traduction immédiate de l'énoncé se fera par l'équation

$$\begin{aligned} a &+ b(\cos\theta + \sqrt{-1}\sin\theta) \\ &+ \xi(\cos\eta + \sqrt{-1}\sin\eta) - b'(\cos\theta' + \sqrt{-1}\sin\theta') = 0. \end{aligned}$$

Cela fait, il ne s'agira plus que d'exécuter de simples opérations de calcul bien connues pour obtenir ξ et η.

Égalant en effet à zéro et le réel et l'imaginaire, on aura les deux conditions

$$\xi \cos\eta = b' \cos\theta' - a - b\cos\theta,$$
$$\xi \sin\eta = b' \sin\theta' - b\sin\theta,$$

à l'aide desquelles les deux inconnues seront facilement obtenues.

Nous pouvons, avec la même figure, donner un second exemple de la simplicité de ces déterminations.

Si l'on prolonge respectivement MP et M'P' au delà des points P et P' jusqu'à leur rencontre en S, on obtiendra deux longueurs PS et P'S, dont les valeurs sont une conséquence nécessaire des données, mais qui ne sont pas immédiatement connues. Pour les obtenir, on remarquera que ces longueurs sont dirigées : l'une suivant θ, l'autre suivant θ', et que, combinées avec a, b et b', elles forment le contour triangulaire fermé M'MS. Dès lors, si on les désigne par x et x', la condition analytique de cette fermeture sera

$$a + (b + x)(\cos\theta + \sqrt{-1}\sin\theta)$$
$$-(x' + b')(\cos\theta' + \sqrt{-1}\sin\theta') = 0.$$

Parvenu à ce point et égalant séparément à zéro le réel et l'imaginaire, nous obtenons les deux conditions

$$a + (b + x)\cos\theta - (x' + b')\cos\theta' = 0,$$
$$(b + x)\sin\theta - (x' + b')\sin\theta' = 0,$$

dont la résolution fera immédiatement connaître les inconnues x et x'.

Veut-on dans le quadrilatère M'MPP' connaître en longueur et en direction la diagonale M'P, on remarquera d'abord que l'équivalent algébrique de cette longueur dirigée de M' vers P est

$$\lambda(\cos\omega + \sqrt{-1}\sin\omega),$$

λ désignant la longueur cherchée et ω l'angle que fait sa direction avec celle de a. On remarquera de plus que cette diagonale, combinée avec a et avec b, forme un contour triangulaire fermé, partant de M′ avec a et se terminant au même point avec PM′. Dès lors, en tenant compte que, pour cette fermeture, il faut que la diagonale marche en sens inverse, on trouvera pour la condition cherchée

$$a + b(\cos\theta + \sqrt{-1}\sin\theta) - \lambda(\cos\omega + \sqrt{-1}\sin\omega) = 0.$$

Égalant de part et d'autre à zéro le réel et l'imaginaire, on aura les deux conditions

$$a + b\cos\theta - \lambda\cos\omega = 0,$$
$$b\sin\theta - \lambda\sin\omega = 0,$$

à l'aide desquelles on obtiendra sans peine λ et ω.

Le lecteur voudra bien nous excuser d'être entré dans ces détails; mais il comprendra, nous l'espérons, combien ils sont propres, non-seulement à faire voir qu'en suivant la marche indiquée on sera toujours certain d'arriver à une solution, mais encore que la préparation de cette solution peut toujours être obtenue avec une grande facilité.

Le spécimen dont nous nous sommes occupé dans ce qui précède se rapporte à une figure tracée sur un plan. Nous avons cru que cette simplification ne pourrait au début être que favorable à l'exposé de nos idées et qu'elle était très-suffisante d'ailleurs pour mettre à jour toute la rationnalité du principe que nous avons eu en vue d'établir. Au reste, à ceux qui ne voudraient voir ici qu'une répétition de ce que nous avons dit à ce sujet dans notre première publication, nous allons donner une plus complète satisfaction en nous occupant des combinaisons de la longueur avec les directions dans l'espace. On jugera aisément, dès les premiers pas que nous ferons dans cette étude, que les mêmes idées, les mêmes moyens, les mêmes principes s'appliquent aussi bien aux cas les plus généraux de la science de l'étendue qu'au cas particulier des directions planes.

LXX.

Une des questions les plus simples qu'on puisse se proposer de résoudre est celle qui consiste à déterminer en grandeur et en direction la diagonale d'un cube.

Si l'on prend pour origine l'un des sommets de ce cube et pour axes des coordonnées les trois arêtes qui passent par ce sommet; si, en outre, on appelle a la longueur du côté du cube, les arêtes dirigées de ce cube seront successivement a, $a\sqrt{-1}$, $a\sqrt{-1}^{\sqrt{-1}}$, de sorte que, si, partant de l'origine, on parcourt à la suite l'un de l'autre ces trois chemins, leur somme $a+a\sqrt{-1}+a\sqrt{-1}^{\sqrt{-1}}$ conduira à l'extrémité même de la diagonale issue de l'origine. En conséquence, ξ étant la longueur de cette diagonale, α et β étant sa longitude et sa latitude, on devra avoir

$$\begin{aligned} &a+a\sqrt{-1}+a\sqrt{-1}^{\sqrt{-1}} \\ &\quad=\xi\left[\cos\beta\,(\cos\alpha+\sqrt{-1}\sin\alpha)+\sqrt{-1}^{\sqrt{-1}}\sin\beta\right].\end{aligned}$$

On voit d'après cela avec quelle simplicité le problème est mis en équation. Égalant maintenant ce qui est réel de part et d'autre, ainsi que les imaginaires de même ordre, on aura les trois conditions

$$a=\xi\cos\beta\cos\alpha,\quad a=\xi\cos\beta\sin\alpha,\quad a=\xi\sin\beta,$$

à l'aide desquelles on pourra évaluer ξ, α et β; les résultats de cette évaluation sont

$$\xi=a\sqrt{3},\quad \cos\alpha=\sin\alpha=\frac{1}{\sqrt{2}},\quad \cos\beta=\sqrt{\frac{2}{3}},\quad \sin\beta=\frac{1}{\sqrt{3}},$$

et l'on retrouve ainsi les valeurs ordinaires qu'on obtient par les moyens usuels de la Géométrie.

Passons à un cas un peu plus compliqué.

Supposons à cet effet que le volume dont on s'occupe possède comme le cube une base carrée, que de plus ses trois arêtes ont des longueurs égales que nous désignerons par a, que les deux faces latérales dont l'une passe par l'axe des x et dont l'autre est sa parallèle restent perpendiculaires au plan de base, mais que les deux autres font avec ce plan un angle θ.

Dans ces circonstances, les arêtes situées sur les axes des x et des y, ou qui leur sont parallèles, seront exprimées, comme précédemment, par a et $a\sqrt{-1}$; mais les autres parallèles au plan des xz, faisant avec l'axe des x un angle θ, auront pour expression

$$a\left(\cos\theta + \sqrt{-1}^{\sqrt{-1}}\sin\theta\right),$$

de sorte que la somme des chemins parcourus en suivant ces arêtes sera

$$a + a\sqrt{-1} + a\left(\cos\theta + \sqrt{-1}^{\sqrt{-1}}\sin\theta\right);$$

et, comme alors on est parvenu à la seconde extrémité de la diagonale, si l'on conserve à ξ, α, β les attributions précédentes, on devra avoir

$$\begin{aligned} &a + a\sqrt{-1} + a\left(\cos\theta + \sqrt{-1}^{\sqrt{-1}}\sin\theta\right) \\ &\quad = \xi\left[\cos\beta\left(\cos\alpha + \sqrt{-1}\sin\alpha\right) + \sqrt{-1}^{\sqrt{-1}}\sin\beta\right]; \end{aligned}$$

le problème se trouve ainsi mis en équation.

Égalant maintenant ce qui est réel de part et d'autre, ainsi que les imaginaires de même ordre, on aura les trois conditions

$$a + a\cos\theta = \xi\cos\beta\cos\alpha, \quad a = \xi\cos\beta\sin\alpha, \quad a\sin\theta = \xi\sin\beta,$$

qui serviront à évaluer ξ, α et β.

On élimine facilement ξ et β en divisant les deux premières l'une par l'autre, et l'on trouve

$$\operatorname{tang}\alpha = \frac{1}{1+\cos\theta};$$

par suite

$$\sin\alpha = \frac{1}{\sqrt{1+(1+\cos\theta)^2}}, \quad \cos\alpha = \frac{1+\cos\theta}{\sqrt{1+(1+\cos\theta)^2}}.$$

Pour avoir ξ, on fera la somme des carrés des trois conditions, ce qui donnera

$$\xi = a\sqrt{3+2\cos\theta},$$

moyennant quoi la troisième condition donnera

$$\sin\beta = \frac{a\sin\theta}{\xi} = \frac{\sin\theta}{\sqrt{3+2\cos\theta}}$$

et par suite

$$\cos\beta = \frac{2(1+\cos\theta)+\cos^2\theta}{\sqrt{3+2\cos\theta}}.$$

Après l'étude de ces circonstances qui sont fort simples, et qu'il convenait de choisir telles au début, nous pouvons passer à une question plus générale qui les résume toutes.

A cet effet, proposons-nous de déterminer en grandeur et en direction la diagonale d'un parallélépipède quelconque. Appelons a, b, c les longueurs des trois arêtes de ce parallélépipède; prenons un des sommets pour origine et la direction d'une de ses arêtes, celle a, par exemple, pour axe des x; supposons enfin que le plan de la face ab est celui des xy.

Si φ désigne dans ce dernier plan l'angle que fait b avec a, la longueur dirigée de b sera exprimée par

$$b(\cos\varphi + \sqrt{-1}\sin\varphi);$$

d'un autre côté, si l'on appelle μ et θ la longitude et la latitude de c, le représentant algébrique de la troisième arête dirigée sera

$$c\left[\cos\theta\,(\cos\mu + \sqrt{-1}\sin\mu) + \sqrt{-1}^{\sqrt{-1}}\sin\theta\right].$$

Cela posé, l'addition géométrique de ces trois arêtes conduisant à l'extrémité de la diagonale qui part de l'origine, il faudra que cette somme soit égale à la diagonale dirigée, de sorte que, ξ étant la longueur de cette dernière et α et β désignant sa longitude et sa latitude, les conditions géométriques auxquelles il faut satisfaire seront algébriquement représentées par

$$\begin{aligned} & a + b(\cos\varphi + \sqrt{-1}\sin\varphi) \\ & \quad + c\left[\cos\theta(\cos\mu + \sqrt{-1}\sin\mu) + \sqrt{-1}^{\sqrt{-1}}\sin\theta\right] \\ & \quad = \xi\left[\cos\beta(\cos\alpha + \sqrt{-1}\sin\alpha) + \sqrt{-1}^{\sqrt{-1}}\sin\beta\right]. \end{aligned}$$

Le problème se trouve ainsi mis en équation.

Égalant maintenant le réel au réel, puis les imaginaires des deux ordres, on obtient les trois conditions suivantes :

$$\begin{aligned} a + b\cos\varphi + c\cos\theta\cos\mu &= \xi\cos\beta\cos\alpha, \\ b\sin\varphi + c\cos\theta\sin\mu &= \xi\cos\beta\sin\alpha, \\ c\sin\theta &= \xi\sin\beta, \end{aligned}$$

à l'aide desquelles on déterminera ξ, α et β.

Prenant d'abord la somme des carrés, le second membre se réduira à ξ^2, et par suite on trouvera

$$\xi = \sqrt{a^2 + b^2 + c^2 + 2ab\cos\varphi + 2c\cos\theta[a\cos\mu + b\cos(\varphi - \mu)]}.$$

Divisant ensuite la seconde par la première, le second membre se réduit à $\tang\alpha$, et l'on a

$$\tang\alpha = \frac{b\sin\varphi + c\cos\theta\sin\mu}{a + b\cos\varphi + c\cos\theta\cos\mu}.$$

Enfin de la dernière on déduit

$$\sin\beta = \frac{c\sin\theta}{\xi} = \frac{c\sin\theta}{\sqrt{a^2 + b^2 + c^2 + 2ab\cos\varphi + 2c\cos\theta[a\cos\mu + b\cos(\varphi - \mu)]}},$$

et l'on obtient ainsi les trois inconnues en fonction des données.

Si l'on voulait de là revenir au cube, il faudrait pour ce cas particulier poser, savoir :

$$a = b = c, \quad \varphi = \frac{\pi}{2}, \quad \theta = \frac{\pi}{2}, \quad \mu = 0;$$

les formules générales donnent alors

$$\xi = a\sqrt{3}, \quad \tang\alpha = 1, \quad \text{d'où} \quad \sin\alpha = \cos\alpha = \frac{1}{\sqrt{2}},$$

enfin

$$\sin\beta = \frac{1}{\sqrt{3}},$$

ainsi que nous l'avons constaté ci-dessus.

LXXI.

Pour donner un exemple des procédés à suivre lorsque les droites, au lieu de passer par l'origine, sont situées d'une manière quelconque dans l'espace, nous chercherons à quelles conditions doivent satisfaire les éléments qui définissent deux droites pour que celles-ci se rencontrent.

Si l'on appelle R le point où une droite perce le plan des xy, si l'on désigne par r la longueur OR et par θ l'angle qu'elle fait avec l'axe des x, la droite dirigée OR aura pour équivalent algébrique

$$r(\cos\theta + \sqrt{-1}\sin\theta);$$

d'un autre côté, si ρ est la distance variable qui sépare R d'un point quelconque de la droite, si α et β sont la longitude et la latitude de celle-ci, le chemin parcouru pour aller de l'origine à tel point qu'on voudra de la droite sera algébriquement représenté par

$$r(\cos\theta + \sqrt{-1}\sin\theta) \\ + \rho\left[\cos\beta(\cos\alpha + \sqrt{-1}\sin\alpha) + \sqrt{-1}^{\sqrt{-1}}\sin\beta\right].$$

Un point quelconque d'une seconde droite dont les éléments directifs et de situation, par rapport à l'origine, seront représentés par les mêmes lettres accentuées, aura pour équivalent en Algèbre

$$r'(\cos\theta' + \sqrt{-1}\sin\theta') \\ + \rho'\left[\cos\beta'(\cos\alpha' + \sqrt{-1}\sin\alpha') + \sqrt{-1}^{\sqrt{-1}}\sin\beta'\right].$$

En conséquence, pour le point commun aux deux droites, lorsqu'il en existera un, il faudra que ces deux équivalents soient égaux. On voit donc que la mise du problème en équation est des plus simples.

De cette égalité on déduit, comme à l'ordinaire, les trois conditions suivantes :

$$r\cos\theta + \rho\cos\beta\cos\alpha = r'\cos\theta' + \rho'\cos\beta'\cos\alpha',$$
$$r\sin\theta + \rho\cos\beta\sin\alpha = r'\sin\theta' + \rho'\cos\beta'\sin\alpha',$$
$$\rho\sin\beta = \rho'\sin\beta'.$$

Dans ces conditions, tout est constant, excepté ρ et ρ'. Or, comme on a trois équations pour déterminer deux inconnues, on voit que le problème ne sera pas toujours possible, et que, pour qu'il le soit, il faudra que l'équation finale résultant de l'élimination de ρ et de ρ' soit satisfaite.

La dernière condition donne

$$\rho' = \frac{\rho\sin\beta}{\sin\beta'};$$

substituant cette valeur dans les deux premières, on a

$$r\cos\theta + \rho\cos\beta\cos\alpha = r'\cos\theta' + \rho\frac{\sin\beta}{\sin\beta'}\cos\beta'\cos\alpha',$$
$$r\sin\theta + \rho\cos\beta\sin\alpha = r'\sin\theta' + \rho\frac{\sin\beta}{\sin\beta'}\cos\beta'\sin\alpha',$$

et l'on en déduit les deux valeurs suivantes de ρ :

$$\rho = \frac{r\cos\theta - r'\cos\theta'}{\cos\beta'\cos\alpha'\dfrac{\sin\beta}{\sin\beta'} - \cos\beta\cos\alpha},$$
$$\rho = \frac{r\sin\theta - r'\sin\theta'}{\cos\beta'\sin\alpha'\dfrac{\sin\beta}{\sin\beta'} - \cos\beta\sin\alpha}.$$

Égalant donc ces deux valeurs, on aura pour la condition cherchée

$$\frac{r\cos\theta - r'\cos\theta'}{\cos\beta'\cos\alpha'\sin\beta - \cos\beta\sin\beta'\cos\alpha}$$
$$= \frac{r\sin\theta - r'\sin\theta'}{\cos\beta'\sin\alpha'\sin\beta - \cos\beta\sin\beta'\sin\alpha}.$$

Il n'est pas sans intérêt de faire voir que cette détermination, conséquence directe de la nouvelle théorie, est en complet accord avec les résultats obtenus par les procédés ordinaires de la Géométrie analytique.

En effet, lorsqu'on a recours à ces procédés, une droite quelconque est représentée par le système des deux équations

$$x = mz + \mu, \quad y = nz + \nu,$$

dans lesquelles μ et ν sont les coordonnées du point R où la droite perce le plan des xy, m est la tangente que fait avec l'axe des z la projection de la droite sur le plan des xz, enfin n est la tangente que fait avec le même axe la projection de la droite sur le plan des yz.

Une seconde droite, perçant le plan des xy en un point R', sera représentée à son tour par le système d'équations

$$x' = m'z' + \mu', \quad y' = n'z' + \nu'.$$

Cela posé, on déduit de là par voie de soustraction

$$x - x' = mz - m'z' + \mu - \mu', \quad y - y' = nz - n'z' + \nu - \nu'.$$

Or, lorsque les droites se rencontrent, on a pour le point commun

$$x = x', \quad y = y', \quad z = z'$$

et par suite

$$(m - m')z + \mu - \mu' = 0, \quad (n - n')z + \nu - \nu' = 0.$$

De ces deux équations, on déduit deux valeurs de z qui doivent être égales et qui conduisent ainsi à la condition

$$\frac{\mu - \mu'}{m' - m} = \frac{\nu - \nu'}{n' - n}.$$

Cette condition doit donc être identique avec celle que nous venons de trouver : c'est ce qu'il est facile de vérifier.

Et d'abord, d'après la définition de μ, ν, μ', ν', il est évident que l'on doit avoir

$$\mu - \mu' = r\cos\theta - r'\cos\theta', \quad \nu - \nu' = r\sin\theta - r'\sin\theta';$$

on voit donc que ces numérateurs sont les mêmes que les précédents.

Quant aux tangentes m, m', n, n', on remarquera que, si l'on transporte l'origine au point R où la première droite perce le plan des xy, les coordonnées ξ, η, ζ du point de la droite situé à la distance unité de cette nouvelle origine auront pour valeurs

$$\xi = \cos\alpha\cos\beta, \quad \eta = \sin\alpha\cos\beta, \quad \zeta = \sin\beta.$$

Dès lors m, qui est le rapport de ξ à ζ, sera $\frac{\cos\alpha\cos\beta}{\sin\beta}$ et n, qui est le rapport de η à ζ, sera égal à $\frac{\sin\alpha\cos\beta}{\sin\beta}$; on aurait de même

$$m' = \frac{\cos\alpha'\cos\beta'}{\sin\beta'}, \quad n' = \frac{\sin\alpha'\cos\beta'}{\sin\beta'}.$$

De là on déduit

$$m' - m = \frac{\cos\alpha'\cos\beta'\sin\beta - \cos\alpha\cos\beta\sin\beta'}{\sin\beta\sin\beta'},$$

$$n' - n = \frac{\sin\alpha'\cos\beta'\sin\beta - \sin\alpha\cos\beta\sin\beta'}{\sin\beta\sin\beta'}.$$

Or on reconnaît là, en faisant abstraction du diviseur $\sin\beta\sin\beta'$, qui serait commun aux deux membres, les dénominateurs des fractions dont l'égalité constitue notre équation de condition.

L'identité des résultats obtenus par les deux procédés se trouve donc ainsi parfaitement établie.

Dans le cas particulier ou α' est égal à α, les angles β et β' disparaissent d'eux-mêmes de l'équation de condition, qui se réduit à

$$\frac{r\cos\theta - r'\cos\theta'}{\cos\alpha} = \frac{r\sin\theta - r'\sin\theta'}{\sin\alpha}.$$

Si alors on désigne par a la distance comprise entre l'origine et le point M, où la projection de la première droite coupe l'axe des x et par b la distance comprise entre les points M et R, si l'on appelle a' et b' les longueurs analogues pour la seconde droite, on aura

$$r\cos\theta = a + b\cos\alpha, \quad r'\cos\theta' = a' + b'\cos\alpha,$$
$$r\sin\theta = b\sin\alpha, \quad r'\sin\theta' = b'\sin\alpha;$$

d'où l'on déduit

$$r\cos\theta - r'\cos\theta' = a - a' + (b - b')\cos\alpha,$$
$$r\sin\theta - r'\sin\theta' = (b - b')\sin\alpha.$$

Substituant dans la condition ci-dessus, il vient

$$\frac{a - a' + (b - b')\cos\alpha}{\cos\alpha} = b - b' \quad \text{et par suite} \quad a - a' = 0.$$

On conclut de là que, lorsque les projections des deux droites sont parallèles, la rencontre ne peut s'effectuer qu'à la condition que ces deux projections seront confondues. Dans ce cas, les deux droites sont évidemment situées dans un même plan, et l'on sait qu'alors la rencontre aura toujours lieu.

Quant aux distances auxquelles cette rencontre s'effectuera, elle sera obtenue pour la première droite par l'une ou l'autre des formules qui donnent ρ et qui, en ayant égard à la double égalité $\alpha = \alpha'$, $a = a'$, conduisent chacune à la valeur

$$\rho = \frac{b - b'}{\sin(\beta - \beta')}.$$

On conclura de là que, pour la seconde droite, la valeur de ρ' se présente sous la forme

$$\frac{b - b'}{\sin(\beta - \beta')}\,\frac{\sin\beta}{\sin\beta'}.$$

Ces deux valeurs sont toujours réalisables, sauf le cas où, β' étant égal à β, elles deviennent infinies. C'est qu'en effet les droites sont alors parallèles et situées dans le même plan.

LXXII.

Pour les plans, comme pour les droites, nous avons d'abord supposé qu'ils passaient par l'origine, et cela nous a suffi tant qu'il n'a été question que de la détermination de leurs directifs; mais nous avons déjà fait remarquer, au sujet des droites, qu'il n'est plus possible d'agir ainsi lorsque les questions que l'on a à résoudre ne portent pas exclusivement sur leurs directions, mais sur des combinaisons de celles-ci avec les longueurs. Alors il n'est pas permis de transporter ces droites parallèlement à elles-mêmes, de manière à les faire passer par l'origine, et il est nécessaire de les considérer avec toute la fixité même que leur impose l'énoncé et dans toute la généralité que comporte le système de coordonnées destiné à les représenter. Nous avons d'ailleurs indiqué dans l'article **LXIII** les moyens simples à l'aide desquels s'effectue alors la figuration des droites.

Des observations analogues s'appliquent aux plans, et nous allons indiquer les modifications additives que subissent leurs équivalents lorsque, au lieu de supposer que ces plans passent par l'origine, on veut les assujettir à occuper toute autre position définie et d'ailleurs invariable dans l'espace.

A cet effet, représentons par MN la trace d'un plan quelconque sur le plan des xy. Cette trace sera complétement déterminée lorsqu'on fera connaître, d'abord la distance OM qui sépare l'origine de son intersection avec l'axe des x, en second lieu l'angle μ qu'elle fait avec le même axe.

Quant au plan, s'il est incliné sur le plan des xy d'un angle A, et si l'on désigne par φ l'angle que fait avec la trace MN une droite variable passant par M, et assujettie à rester dans le plan, nous avons constaté, dans l'article **XLVI**, que le directif du plan considéré isolément a pour équivalent algébrique

$$(\cos\varphi + \sqrt{-1}\cos A \sin\varphi)(\cos\mu + \sqrt{-1}\sin\mu)$$
$$+ \sqrt{-1}^{\sqrt{-1}} \sin A \sin\varphi,$$

de sorte que, en appelant ρ la distance variable du point M à un point P quelconque du plan, le représentant analytique de ce point, rapporté au point M, sera égal au produit par ρ du directif ci-dessus.

Que restera-t-il donc à faire pour rattacher ce point à l'origine? Il suffira simplement d'ajouter à ce produit la longueur OM que nous représenterons par a; de ces explications il résulte que l'expression

$$a + \rho\Big[(\cos\varphi \sqrt{-1} \cos A \sin\varphi)(\cos\mu + \sqrt{-1}\sin\mu) \\ + \sqrt{-1}^{\sqrt{-1}} \sin A \sin\varphi\Big]$$

conviendra à tous les points du plan.

Dans cette expression, les quantités a, μ et A sont constantes, φ est un angle variable de zéro à 2π, et ρ est une longueur qui varie de zéro à l'infini et qui doit toujours être comptée à partir du point M.

A l'aide de cette préparation fort simple, combinée avec celle qui, d'après les indications de l'article XLIII, s'applique à la fixation des droites, il n'est pas de question, concernant les droites et les plans, qui ne puisse être facilement et immédiatement résolue.

Nous nous bornerons à en donner deux exemples dans lesquels nous combinerons d'abord une droite et un plan, en second lieu deux plans.

LXXIII.

Supposons en premier lieu qu'une droite et un plan sont situés d'une manière quelconque dans l'espace, et proposons-nous de rechercher leur intersection.

Si l'on accepte, pour le plan choisi, les données précédentes, son équivalent sera

$$a + \rho\Big[\cos\varphi + \sqrt{-1} \cos A \sin\varphi)(\cos\mu + \sqrt{-1}\sin\mu) \\ + \sqrt{-1}^{\sqrt{-1}} \sin A \sin\varphi\Big].$$

Quant à la droite, R étant le point où elle perce le plan des xy, si l'on désigne par r la longueur OR, par θ l'angle que fait celle-ci avec l'axe des x, par α et β sa longitude et sa latitude, enfin par ρ' une longueur variable comptée sur elle à partir du point R, son équivalent sera

$$r(\cos\theta + \sqrt{-1}\sin\theta) + \rho'\left[\cos\beta(\cos\alpha + \sqrt{-1}\sin\alpha) + \sqrt{-1}^{\sqrt{-1}}\sin\beta\right].$$

Or, comme pour le point commun ces deux équivalents doivent être égaux, il suffira d'écrire cette égalité, et le problème sera mis immédiatement en équation.

Égalant ensuite le réel de part et d'autre et les imaginaires des divers ordres, on aura les trois conditions

$$a + \rho\cos\varphi\cos\mu - \rho\cos A\sin\varphi\sin\mu = r\cos\theta + \rho'\cos\beta\cos\alpha,$$
$$\rho\cos\varphi\sin\mu + \rho\cos A\sin\varphi\cos\mu = r\sin\theta + \rho'\cos\beta\sin\alpha,$$
$$\rho\sin A\sin\varphi = \rho'\sin\beta.$$

Les trois inconnues sont d'abord les longueurs ρ et ρ', en second lieu l'angle φ que fait avec la trace du plan la direction suivant laquelle il faut appliquer ρ dans ce plan pour aboutir au point de rencontre.

Les valeurs de ces inconnues s'obtiendront d'ailleurs à l'aide des procédés ordinaires de l'Algèbre, et il est inutile d'insister ici sur ce point, qui rentre dans l'application des méthodes connues.

LXXIV.

Pour second exemple, proposons-nous de déterminer l'intersection de deux plans situés d'une manière arbitraire dans l'espace.

En adoptant pour les plans les notations dont nous avons fait usage dans les articles précédents, l'équivalent algébrique d'un plan quelconque sera

$$a + \rho\left[(\cos\varphi + \sqrt{-1}\cos A\sin\varphi)(\cos\mu + \sqrt{-1}\sin\mu) + \sqrt{-1}^{\sqrt{-1}}\sin A\sin\varphi\right].$$

En désignant par les mêmes lettres accentuées les données

analogues pour un second plan, l'équivalent algébrique de celui-ci sera

$$a' + \rho'\Big[(\cos\varphi' + \sqrt{-1}\cos A'\sin\varphi')(\cos\mu' + \sqrt{-1}\sin\mu') \\ + \sqrt{-1}^{\sqrt{-1}}\sin A'\sin\varphi'\Big].$$

Or, pour les points communs aux deux plans, il faudra que ces deux expressions soient égales ; le problème est donc ainsi mis immédiatement en équation, et se trouvera résolu après qu'on aura satisfait aux trois conditions

$$a + \rho(\cos\varphi\cos\mu - \cos A\sin\varphi\sin\mu) \\ = a' + \rho'(\cos\varphi'\cos\mu' - \cos A'\sin\varphi'\sin\mu'),$$

$$\rho(\cos\varphi\sin\mu + \cos A\sin\varphi\cos\mu) \\ = \rho'(\cos\varphi'\sin\mu' + \cos A'\sin\varphi'\cos\mu'),$$

$$\rho\sin A\sin\varphi = \rho'\sin A'\sin\varphi'.$$

Dans ces équations, les quantités A, μ, a et A', μ', a' sont constantes ; on peut prendre à volonté pour variable indépendante l'un des angles φ ou φ', et les trois inconnues sont ρ, ρ' et celui des deux angles φ ou φ' dont on n'aura pas disposé.

On aurait pu envisager la solution de cette question à un autre point de vue et lui appliquer les considérations suivantes.

Si les deux plans passaient par l'origine, leur intersection serait une droite dont nous avons déterminé le directif à l'article LI. Or ce directif, que nous désignerons par $\mathfrak{D}$, ne changera pas lorsque les plans seront retirés de l'origine parallèlement à eux-mêmes et transportés dans leur position actuelle ; de sorte que, si P est le point de rencontre des traces des deux plans, la droite cherchée passera par P, et un point quelconque de cette droite aura pour équivalent $r\mathfrak{D}$; la lettre r désignant une longueur variable comptée sur la droite à partir du point P, il n'y aura donc plus, pour représenter la droite dans sa véritable position, qu'à la rattacher à l'origine, c'est-à-dire qu'à ajouter à $r\mathfrak{D}$ l'équivalent du point P. Cet équivalent sera ou bien $a + \lambda\cos\mu$ si l'on veut suivre la première trace, ou bien

$a' + \lambda' \cos \mu'$ si l'on veut suivre la seconde, a, a', μ, μ' conservant d'ailleurs les désignations ci-dessus, et λ, λ' étant les longueurs interceptées sur les traces entre le point P et l'axe des x. La détermination de ces dernières longueurs s'effectuera très-facilement par les procédés ordinaires de la Géométrie plane, puisqu'elles sont situées l'une et l'autre dans le plan des xy.

LXXV.

Nous ne pensons pas qu'il soit nécessaire de multiplier ces exemples pour fixer suffisamment les idées sur les principes essentiels applicables, soit aux droites, soit aux plans, soit à leurs combinaisons. A cet égard nous ne saurions entrevoir aucune difficulté, et, sauf les questions accessoires de coordination et d'exposition méthodique, on peut, ce nous semble, considérer d'ores et déjà comme constituée dans ses bases et définitivement acquise toute la partie théorique qui concerne ces sortes de lignes et de surfaces.

Il n'en est pas de même pour les êtres géométriques dans lesquels les éléments exclusivement et invariablement linéaires sont remplacés par des éléments courbes, de manière à présenter sur toute l'étendue de leur parcours des directions soumises à d'incessantes variations.

Non-seulement les nouveaux points de vue que nous venons d'exposer ne sauraient nous dispenser de soumettre ce sujet à de sérieuses investigations, mais nous pouvons affirmer, et nous en donnerons des preuves suffisantes, qu'il y a beaucoup à reprendre, même dans les méthodes généralement acceptées et suivies, si l'on veut rationnellement réglementer la théorie des courbes et restituer à cette théorie, dans les rapports qu'elle doit avoir avec l'Algèbre, toute la précision, l'autorité, la puissance de production qui lui manquent et dont l'absence constitue un très-fâcheux état d'infériorité.

Les réflexions que nous aurions à présenter à ce sujet sont trop nombreuses, trop importantes et, nous ajouterons, trop contraires quelquefois aux idées reçues, pour que nous puissions en faire ici un exposé, qui ne pourrait être que fort incomplet. C'est une matière qu'il faut traiter, *in extenso*, en elle-même, en dehors de toute autre préoccupation, et qui, parce qu'elle est susceptible de nombreux redressements, exige une critique spéciale très-approfondie, très-développée.

Les considérations directives y sont incessamment mêlées avec le réel; or c'est précisément parce qu'on a voulu faire le silence au sujet des premières, parce qu'on s'est efforcé d'en dissimuler les effets, ou qu'on s'est évertué à leur échapper, que les méthodes d'exposition sont souvent vagues, diffuses, que, dans certaines circonstances, elles manquent de rigueur, que, quelquefois même, elles sont contraires aux vrais principes.

Cet important sujet formera la quatrième partie de nos recherches, dans laquelle nous traiterons à un point de vue plus large et plus général qu'on ne l'a fait jusqu'à ce jour la question si digne d'intérêt des rapports qui rattachent la science de l'Algèbre à celle de l'étendue, non-seulement pour ce qui concerne le réel, mais pour les cas bien plus nombreux et bien plus importants dans lesquels intervient l'imaginaire.

Déjà l'on a pu se convaincre de l'intérêt qui s'attache à ce sujet lorsque, dans notre seconde Partie, nous avons appris à construire géométriquement les racines des équations même lorsque, étant imaginaires, on leur refuse toute compréhension, ou lorsque, étant réelles, elles subissent tous les empêchements algébriques de l'irréductibilité.

Ce que nous avons dit dans les premiers Chapitres du présent Ouvrage, sur les erreurs qu'on a commises en voulant assimiler l'exponentielle à exposant imaginaire à une fonction de certaines lignes trigonométriques, ce que nous avons exposé sur l'utilité des considérations géométriques pour obtenir une extension remarquable du théorème de Moivre nous paraît aussi de nature à faire comprendre tout l'intérêt que doit présenter l'examen approfondi des questions que soulève une étude vraiment rationnelle des lois et des principes comparés de l'Algèbre et de la Géométrie.

Je ne crains pas de le dire, c'est dans les premiers pas qu'on a faits dans la Science qu'il faut chercher le point de départ de toutes les incertitudes qui nous assiégent. En Géométrie, le vrai rôle de l'attribut directif nous a échappé. Ce n'est pas que nous n'ayons eu une certaine intuition de la direction; mais la conception de cet attribut dans toute sa netteté, dans son action individuelle, propre et caractéristique, nous a fait défaut; nous avons vaguement reconnu son existence, nous ne l'avons pas franchement légitimée, nous n'avons pas su comprendre qu'il fallait en faire l'objet d'une catégorique et indiscutable affirmation, agissant en hommes disposés à croire qu'en matière doctrinale on doit ne rien admettre et tout démontrer.

Il faut cependant à toute science des origines, car, faire de la science, c'est raisonner. Or l'exercice du raisonnement ne se pratique pas dans le vide, et, sous peine de nullité, il lui faut un point de départ.

En Arithmétique, par exemple, cette origine c'est la conception préalable de l'idée de pluralité, et je défie les maîtres les plus habiles de faire comprendre les propositions les moins compliquées de la théorie des nombres à toute intelligence qui, réfractaire à l'idée de pluralité, n'a pas le sentiment de ce que peut être la collection de un avec un.

Si, dans les êtres géométriques, nous n'avions à considérer que les longueurs proprement dites, la conception préalable du seul principe de continuité serait suffisante; mais, parce que dans la Géométrie il y a autre chose que des longueurs, et que nous sommes ainsi faits que nous ne saurions nous empêcher de reconnaître qu'une même longueur peut occuper dans l'espace plusieurs positions différentes, nous devons en conclure que la constitution de ces êtres nous conduit nécessairement à deux ordres de considérations préalables, l'un concernant les grandeurs, l'autre les situations, et que, bon gré, malgré, il faudra que nous comptions avec l'un et avec l'autre.

Quant au premier, celui qui concerne le continu, les conséquences qui en découlent ont fait l'objet, de la part des géomètres, de nombreuses et productives études. Le second, au contraire, a été fort peu discuté en lui-même. On l'a subi, et il était impossible qu'il en fût autrement; mais, loin de prendre sa conception comme l'une des bases essentielles et inévi tables de l'enseignement, loin de reconnaître et de proclamer ses nécessités naturelles, absolues, on semble avoir pris à tâche, par je ne sais quelle inexplicable aberration, de lui refuser tout accès officiel dans l'exposition des méthodes. On l'a subi, je le répète, on n'a pas su même entrevoir toute la puissance de vivification qu'il est susceptible de communiquer à la Science.

C'est à cet oubli, dans lequel on a laissé le principe directif, qu'il faut attribuer les vices qu'on rencontre dans les premières notions de l'enseignement géométrique, c'est parce qu'on n'a pas su comprendre toutes les nécessités de sa consécration que nous en sommes encore à maintenir dans nos livres et dans nos leçons cette étrange doctrine, que la ligne droite est le plus court chemin d'un point à un autre; mais quand donc saurai-je ce qu'est un chemin, sinon lorsque je connaîtrai cette même Géométrie que je n'ai pas encore apprise? Comment ensuite apprendrai-je qu'un chemin est plus court qu'un autre? Ne sera-ce pas en m'appuyant sur des principes et en faisant usage de règles que l'étude à laquelle je vais procéder peut seule me révéler? Ne faudra-t-il pas comparer le chemin dont il est question avec des chemins courbes? Or quels sont ces chemins courbes d'après les définitions usitées? Ce sont ceux, répondra-t-on, qui ne sont pas celui dont on s'occupe. Est-ce assez d'obscurités et de pétitions de principe, et ne vaudrait-il pas mieux en vérité, lorsqu'il s'agit de ligne droite, se borner à tracer son image sur le tableau, plutôt que de chercher à faire pénétrer dans les esprits de semblables définitions? Enfin cette limitation imposée à la ligne droite, qu'on semble vouloir confiner entre deux points, n'est-elle pas antipathique à cette conception préexistante que nous avons de son prolongement illimité jusqu'à l'infini.

A vrai dire, cette définition de la ligne droite n'est nullement une explication primordiale de laquelle doivent être déduites toutes les propositions conséquentes intéressant ces sortes de lignes : c'est, au contraire, l'expression d'une de ses propriétés dont la connaissance ne pourra être légitimement acquise qu'à la suite de démonstrations ultérieures. En outre, cette propriété n'est pas individuelle, intrinsèque à la droite, indépendante de toute autre considération, puisqu'elle ne la caractérise que *comparativement* à d'autres espèces, lesquelles d'ailleurs ne sont pas autrement définies qu'en disant qu'elles ne sont pas la droite.

Pense-t-on, si je me laissais entraîner sur cette pente, que je serais bien accueilli des géomètres en venant leur dire, au début même des études sur le cercle, que la circonférence est une courbe qui jouit de cette propriété que, sous une même longueur d'enveloppe, elle embrasse la plus grande surface ? Cependant cette définition est exactement, pour la comparaison des surfaces enfermées dans une limite périphérique d'étendue invariable, la reproduction de celle qui, pour la ligne droite, s'applique aux comparaisons de longueurs comprises entre deux limites fixes ; mais les géomètres peu séduits, sans doute, par un pareil trait de génie, tout en reconnaissant la vérité d'une telle assertion, me renverraient sans hésiter au Calcul infinitésimal, et ils auraient parfaitement raison.

Il est grand temps d'effacer de pareilles taches, de savoir reconnaître que toute science a nécessairement pour point de départ des faits d'intuition primitive sans lesquels l'exercice du raisonnement serait impossible ; que, pour ces faits, on doit se borner à en admettre la conception intime et préalable, et que c'est une puérilité que de chercher à les définir, puisque, du moment qu'ils seraient définissables, ils cesseraient d'être primitifs pour devenir subordonnés.

Or ces redressements sont faciles en Géométrie, en attribuant au principe directif sa part de légitime et nécessaire influence. Pour peu qu'on y réfléchisse, on reconnaîtra sans peine qu'au sujet de la ligne droite les idées qui, involontairement peut-être, ont dirigé et entraîné les géomètres sont exclusivement celles de la continuité. Comparer entre elles les longueurs de différents chemins, c'est, en effet, du moins en apparence, ne faire que du continu ; mais tous les artifices de langage ne sauraient enlever aux choses naturelles rien de ce qu'elles possèdent par essence, et comme en Géométrie il n'est pas possible de concevoir une longueur qui ne soit pas dirigée d'une manière ou d'une autre, il faudra bien que, bon gré, malgré, l'idée de direction, quelque voilée qu'on veuille la faire, joue son rôle. C'est ce qu'on trouve, en effet, dans la définition ordinaire de la droite où, sous le couvert du mot *chemin*, l'idée de direction abonde ; mais le grand tort ici, c'est qu'au lieu de la considération d'une direction unique qui, en réalité, caractérise la droite on en fait très-inutilement intervenir une infinité, puisqu'un chemin ne saurait se concevoir sans direction et que ce qui distingue essentiellement les divers chemins qui vont d'un point à un autre, c'est l'ensemble et l'ordre des directions successives qu'on y rencontre.

Enfin, comment espérer qu'avec une définition qu'on a voulu subordonner aux seules considérations du continu, ou qui tout au moins ne saurait se passer d'elles, comment espérer, dirons-nous, qu'on pourra établir les propriétés de la droite qui intéressent uniquement le directif, c'est-à-dire tout ce qui a trait à la théorie exclusive du parallélisme. Aussi le point de départ rationnel de cette dernière théorie est-il toujours resté à l'état de *desideratum*.

Quant à nous, nous n'hésitons pas à déclarer que, vis-à-vis des personnes qui ne possèdent pas au préalable la conception du continu et celle de la direction, l'enseignement de la Géométrie est chose impossible ; mais en même temps nous affirmons que, lorsque, au contraire, ces deux conceptions sont nettement acquises et préalablement acceptées, il devra être possible de tout définir et de tout démontrer.

Dans cet ordre d'idées nous dirons que la ligne droite est celle qui, en chacun de ses points, possède constamment la même direction ; et l'on voit que cette définition, sans nous interdire de considérer telle partie restreinte de la droite qu'on voudra, en lui appliquant la conception de la longueur ou du continu, respecte l'idée que nous nous faisons de son prolongement indéfini.

On voit, en outre, que cette définition de la droite est directe, personnelle, pour ainsi dire, à l'objet défini, et ne fait aucun appel à des aperçus comparatifs entre elle et toute autre espèce de lignes.

Nous dirons ensuite que deux droites sont parallèles lorsqu'elles possèdent la même direction, d'où résulte immédiatement l'impossibilité qu'elles se rencontrent ; car là où cette rencontre aurait lieu, se manifesteraient nécessairement deux directions, ce qui est contraire à l'hypothèse que la direction est la même pour les deux droites.

Nous ajouterons que la ligne brisée est celle qui se compose de portions de lignes droites placées les unes à la suite des autres, et qui, par conséquent, possède la même direction sur des étendues finies et déterminées de son parcours.

Nous dirons enfin que la ligne courbe est celle pour laquelle il y a changement de direction d'un point à un autre, quelque rapprochés que soient ces points.

Il est temps maintenant de mettre un terme à ces réflexions dont l'à-propos et l'utilité sont incontestables sans doute, mais dont les développements nous feraient évidemment sortir du sujet spécial que nous nous sommes proposé de traiter dans le présent écrit. Si nous en avons consigné ici l'expression sommaire, c'est qu'il nous a paru convenable, au moment où nous venions de constater pour les directions dans l'espace les remarquables équivalences qui s'établissent entre les procédés de la Géométrie et ceux de la science analytique, il nous a paru opportun, disons-nous, d'appeler l'attention sur le rôle de plus en plus important que doit prendre le système directif dans l'étude de la Géométrie et dans celle des rapports qui lient cette science à l'Algèbre. Nous aurons ainsi donné un premier aperçu de l'intérêt qui s'attache à cet ordre d'idées; quant aux nombreux développements qu'il comporte, ils seront l'objet de la quatrième Partie de nos recherches.

FIN DE LA TROISIÈME PARTIE.

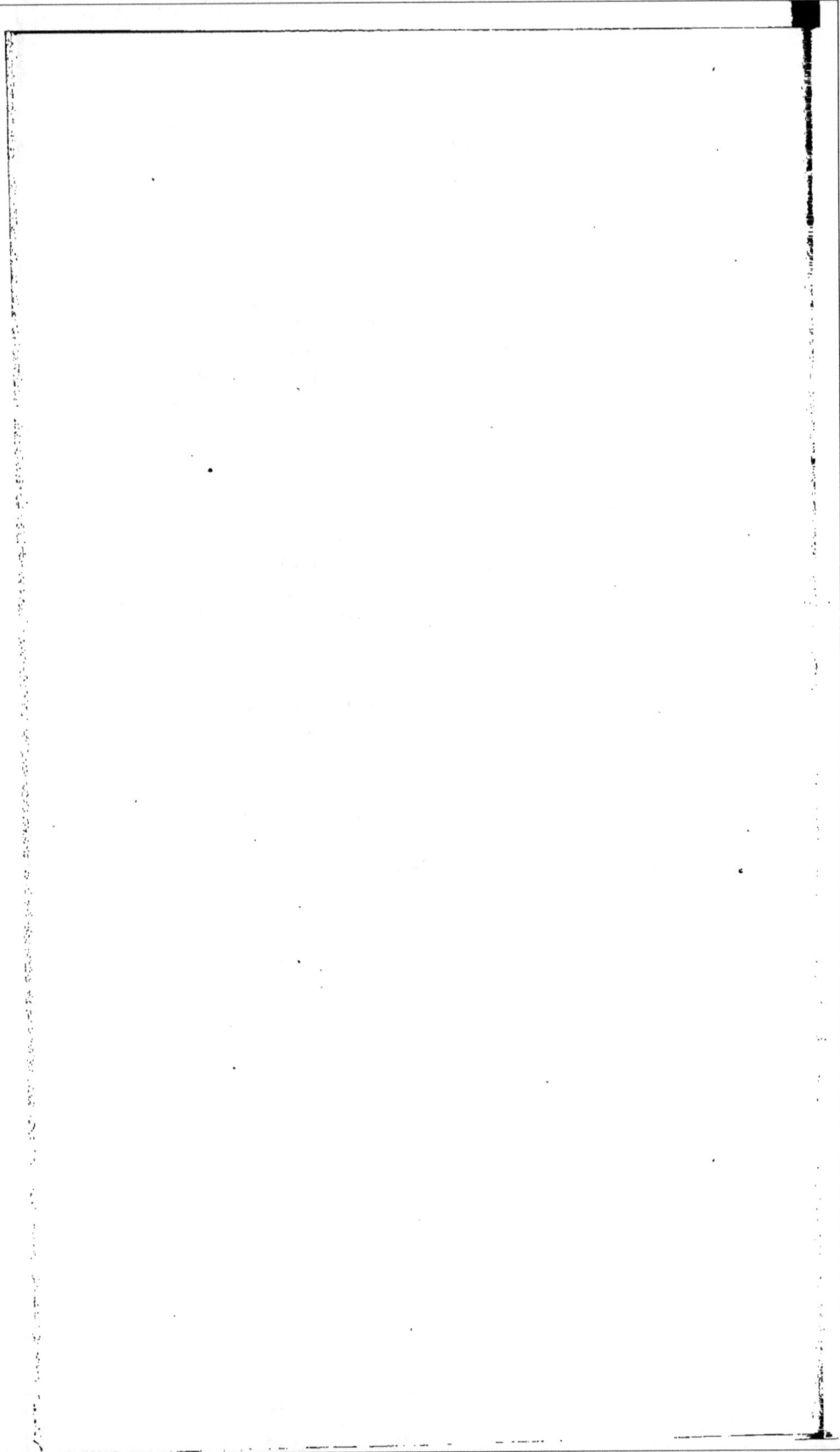

TABLE DES MATIÈRES.

CHAPITRE PREMIER. — *Principe général des perpendicularités dans l'espace, soit pour les droites, soit pour les arcs*.................. 1

SOMMAIRE. — I. Coup d'œil rétrospectif sur les directions planes. — II. Détermination de l'équivalent algébrique de la double perpendicularité. — III. Nécessité d'explications subsidiaires. — IV. L'impossibilité d'exécuter certaines opérations algébriques ne fait pas obstacle à ce qu'elles interviennent dans nos supputations. — V. Observations sur les exposants réels et imaginaires de $\sqrt{-1}$. — VI. De l'hypothèse des perpendicularités de divers ordres et de leur représentation algébrique. — VII. Objection déduite de ce que $\sqrt{-1}^{\sqrt{-1}}$ est réel. — VIII. Des arcs positifs, négatifs et perpendiculaires, de leur représentation et de celle des directions qui leur correspondent. — IX. Nécessité de bien distinguer, dans les lignes trigonométriques des arcs, ce qui concerne les longueurs de ce qui concerne les directions. — X. Le point de départ de la mesure des arcs est celui où l'axe des x rencontre la sphère de rayon unité ayant son centre à l'origine. Tous les arcs de grand cercle issus de cette origine ont leur cosinus réel. — XI. Discussion sur les erreurs commises au sujet de l'évaluation algébrique de $\cos(x\sqrt{-1})$ et de $\sin(x\sqrt{-1})$. — XII. Réfutation des assertions émises sur la réalité de $\sqrt{-1}^{\sqrt{-1}}$. — XIII. Le point de départ de ces assertions, la formule d'Euler, n'est qu'une hypothèse, et cette hypothèse n'est pas exacte. — XIV. Discussion à ce sujet. — XV. Examen de cette opinion, que la formule d'Euler serait non pas un théorème, mais une définition.

CHAPITRE DEUXIÈME. — *Valeurs des lignes trigonométriques des arcs, soit perpendiculaires à un plan de base, soit inclinés sur ce plan. — Détermination du directif algébrique d'une droite en fonction de sa longitude et de sa latitude. — Extension du théorème de Moivre*. 55

SOMMAIRE. — XVI. Équivalents algébriques des directions des droites situées sur les plans des coordonnées. Premières observations sur les différences qui existent entre ces trois sortes d'expressions. — XVII. Détermination des cosinus et sinus des arcs qui, partant de l'origine commune, sont inclinés sur le plan de base et revêtent la forme $\alpha+\beta\sqrt{-1}$. — XVIII. Les valeurs ainsi obtenues sont en parfait accord avec les principes déjà établis. — XIX. Erreurs des géomètres au sujet de l'évaluation de $\cos(\alpha+\beta\sqrt{-1})$ et de $\sin(\alpha+\beta\sqrt{-1})$. — XX. Détermination du directif des droites en fonction de leur longitude et de leur latitude. — XXI. Observations sur la constitution algébrique des directifs des droites. Caractères auxquels on reconnaît qu'un trinôme $A+B\sqrt{-1}+C\sqrt{-1}^{\sqrt{-1}}$ est un directif, propriétés qui en résultent. — XXII. Directifs des perpendiculaires aux droites qui sont situées sur les plans des coordonnées. — XXIII. Directif d'une perpendiculaire à une droite quelconque dans l'hypothèse où la perpendiculaire est située dans le même méridien que la droite. — XXIV. Confirmation de la valeur obtenue pour le directif d'une droite par la considération des arcs dirigés. — XXV. Observation sur les procédés mis en œuvre pour l'établissement de la formule de Moivre dans le cas où l'exposant est réel et positif. — XXVI. Examen du cas dans lequel l'exposant est réel et négatif. — XXVII. Extension de la formule au cas où l'exposant est imaginaire de la forme $\pm m\sqrt{-1}$. — XXVIII. Réflexions sur les erreurs auxquelles on peut être conduit en cette matière, lorsqu'on cède à l'entraînement des considérations analogiques.

Chapitre troisième. — *Formules directives pour les droites définies par d'autres éléments que ceux de la longitude et de la latitude......* 98

Sommaire. — XXIX. Diverses catégories d'éléments qu'on peut choisir pour définir les droites; notations relatives à ces éléments. — XXX. Variétés obtenues pour les directifs lorsqu'on rapporte la longitude et la latitude aux divers axes et plans des coordonnées; directif d'une droite définie par l'angle qu'elle fait avec l'un des axes et par celui que fait le plan de cet angle avec les plans des coordonnées qui contiennent l'axe en question. — XXXI. Directifs des droites définies, soit par les angles qu'elles font avec deux des axes des coordonnées, soit par ceux qu'elles font avec deux des plans des coordonnées. — XXXII. Procédé général pour obtenir l'expression des directifs correspondant à telle combinaison qu'on voudra des données ci-dessus. — XXXIII. Première application de ce procédé. — XXXIV. — Deuxième application. — XXXV. Accord des principes et des formules ci-dessus avec les propriétés connues du triangle sphérique rectangle. — XXXVI. Dans l'espace il n'existe pas, comme dans le plan, des opérations vraiment algébriques propres à faire passer d'une direction à une autre. — XXXVII. Les directifs des droites situées dans le plan des xz jouissent à cet égard des mêmes propriétés analytiques que ceux des droites situées dans le plan des xy; il n'en est pas de même pour les directifs qui appartiennent au plan des yz. — XXXVIII. Examen de la même question pour un directif quelconque; relation qui s'établit entre les directifs de deux droites à l'aide de l'angle qu'elles font entre elles, conséquences analytiques qui en résultent pour la question qui nous occupe. — XXXIX. Une droite étant donnée sur le plan des xy, lui mener une perpendiculaire dans un plan qui, passant par cette droite, fait un angle donné avec ce même plan des xy. — LX. Détermination de l'angle de deux droites à l'aide de leurs directifs.

Chapitre quatrième. — *Représentation algébrique des directions pour les plans. — Rapports des plans, soit entre eux, soit avec des droites, au point de vue directif*............................ 143

Sommaire. — XLI. Nécessité de se rendre compte des moyens géométriques à l'aide desquels on procède à la détermination des plans. Exemples divers et discussions y relatives. — XLII. Indication des principes à l'aide desquels il a été possible d'établir des analogies et des équivalences entre la Géométrie et l'Algèbre, en ce qui concerne les directions des droites. Conditions auxquelles devront satisfaire ces équivalences, si elles existent, pour ce qui est relatif à l'élément directif des plans. — XLIII. Détermination de l'équivalent algébrique de la direction des plans qui passent par les axes. — XLIV. Intersection de ces plans avec le plan des coordonnées auquel ils sont perpendiculaires. Intersection de deux plans passant par deux axes différents. Double forme sous laquelle se présente le directif de cette intersection. Identité de ces deux formes. — XLV. Directifs des plans perpendiculaires aux plans des coordonnées ou perpendiculaires à une droite tracée sur l'un des plans des coordonnées. Les correspondances géométriques qui existent entre ces deux catégories de plans et celle dont il a été question à l'article XLIII se reproduisent exactement en Algèbre. — XLVI. Directifs des plans passant par une droite tracée sur le plan des xy et qui font avec ce plan un angle donné. — XLVII. Intersections de ces plans avec ceux des coordonnées. Nouvelles concordances remarquables entre les faits géométriques et les principes analytiques. — XLVIII. Directifs des plans passant : 1° par une droite tracée sur le plan des xz et faisant avec ce plan un angle donné ; 2° par une droite tracée sur le plan des yz et faisant avec ce plan un angle donné. — XLIX. Détermination des angles A, B, C que fait un plan donné avec les trois plans des coordonnées. — L. Vérification des formules précédentes et usage des valeurs de A, B, C pour obtenir le directif d'une perpendiculaire à un plan. — LI. Détermination du directif de l'intersection de deux plans. — LII. Concordances entre les formules déduites des principes directifs et celles qui, d'après les seules considérations géométriques, constituent la théorie complète de la Trigonométrie sphérique. — LIII. Détermination de l'angle formé par l'intersection de deux plans. — LIV. Directif d'un plan faisant avec un autre plan un angle donné. Examen du cas particulier où cet angle est droit. — LV. Conditions auxquelles doit satisfaire une droite pour être contenue dans un plan donné. — LVI. Conditions auxquelles doit satisfaire un plan pour passer par une droite donnée. — LVII. Détermination de l'angle que fait un plan avec une droite donnée. — LVIII. Expression du directif d'un plan passant par deux droites données. — LIX. Examen des cas particuliers où les deux droites sont deux des axes des coordonnées. — LX. Limites entre lesquelles nous devons maintenir les présentes recherches. Grande rationnalité de la méthode directive. Supériorité de sa puissance productive sur celle des procédés ordinaires d'investigation.

CHAPITRE CINQUIÈME. — *Considérations sur les conséquences essentielles et sur l'application des principes ci-dessus exposés*.......... 212

SOMMAIRE. — LXI. Conséquences des faits développés dans les Chapitres précédents pour l'établissement d'une théorie au moyen de laquelle toutes les investigations de la Géométrie seront immédiatement ramenées à la résolution d'équations algébriques. Les bases de cette théorie sont dès à présent posées, des travaux ultérieurs la compléteront. — LXII. L'équivalent algébrique de la direction d'une droite dans l'espace conduit directement à l'équivalent des sphères et des cônes à axe vertical qui ont leur centre ou leur sommet à l'origine. — LXIII. Équivalent algébrique des longueurs dirigées ne passant pas par l'origine et situées d'une manière tout à fait arbitraire dans l'espace. — LXIV. Recherche de l'intersection de deux cônes à axe vertical ayant même angle générateur et dont les sommets sont situés sur le plan des *xy*. — LXV. Équivalents des sphères et des cônes dont le centre ou le sommet occupe une position quelconque. — LXVI. Équivalent des cônes à axes inclinés. — LXVII. Équivalents des cylindres dont les génératrices font avec le plan de base un angle quelconque. — LXVIII. Réflexions sur les deux principes générateurs des êtres géométriques. Comparaison entre les procédés directs d'investigation géométrique et ceux que l'Algèbre emploie. Les premiers ne consistent guère qu'en tâtonnements; avec les seconds on est toujours certain d'atteindre le but qu'on a en vue. — LXIX. Application à un exemple particulier. — LXX. Détermination par le procédé directif: 1° de la diagonale d'un cube; 2° de la diagonale d'un parallélépipède à base carrée ayant toutes ses arêtes égales, dont deux des faces latérales sont verticales et les deux autres inclinées d'une manière quelconque; 3° de la diagonale d'un parallélépipède à arêtes inégales et à inclinaisons arbitraires. — LXXI. Conditions auxquelles doivent satisfaire deux droites situées arbitrairement dans l'espace pour qu'elles se rencontrent. — LXXII. Équivalent algébrique des plans ne passant pas par l'origine et situés d'une manière quelconque dans l'espace. — LXXIII. Rencontre d'une droite et d'un plan dans le cas le plus général. — LXXIV. Intersection de deux plans situés d'une manière quelconque dans l'espace. — LXXV. Réflexions finales sur le système directif. Grande nécessité de son intervention, de son affirmation doctrinale dans les études de Géométrie. Discussion à ce sujet sur l'exposition vicieuse des premières notions de la Géométrie. Redressement facile de ces erreurs par les considérations directives.

FIN DE LA TABLE DES MATIÈRES.

2073 Paris. — Imprimerie de GAUTHIER-VILLARS, quai des Augustins 55.

www.ingramcontent.com/pod-product-compliance
Lightning Source LLC
Chambersburg PA
CBHW060343200326
41519CB00011BA/2019
* 9 7 8 2 0 1 4 4 8 3 2 7 7 *